山登りで出会った昆虫たち

とちぎの山 102山

稲泉 三丸
Inaizumi Mitsumaru

随想舎

はじめに

　本書は栃木県内の山に登ったときに、どんな昆虫類に出会ったかについて記述するとともに、その山の様子や自然状態などについて見たまま、感じたままをエッセイ風に綴ったものである。

　栃木県は関東地方の北部に位置し、北西部には日光国立公園の山々が遠望できる。栃木県の山はおおまかに言えば、北部の茶臼岳・三本槍岳などの那須連山、塩原・鬼怒川・川治温泉郷の日留賀岳・釈迦ヶ岳、西部の白根山（栃木県最高峰、2578m）・男体山・女峰山などの日光連山、足尾山地の皇海山・庚申山、東部の鷲子山・雨巻山などの八溝山地で代表される。

　筆者は、栃木県内に居住していることもあって、50年来、折に触れ栃木の山に登り、昆虫類の分布などを調べてきた。今回、改めて栃木県内の山の虫を調べてみようと思ったのは、登った時々の山でどんな昆虫に出会ったかを記録し、その山の自然環境の様子を表す資料として、将来に書き残しておきたいと考えたからである。

　どの山に登るかについては、2004年に栃木県山岳連盟よって選定された栃木百名山を中心に、そのほかの山も加えた中から、私がたくさんの昆虫の住んでいそうな山を選んで登ることにした。季節的な昆虫類の出現期を考えて、春は500m以下の低山から始め、6月には1000m前後の山、7〜8月には2000m前後の山と、高度を上げた。栃木の山には山小屋がほとんど無いため、日帰りかテント泊を強いられる。さらに、行程が10数時間におよぶ山や道の無い山もあり、最初から百名山全山の登頂は高齢でもある筆者には無理であると判断された。

　筆者はこれまで「日本百名山」と「花の百名山」の登頂を達成しており、それらの山々でも出会った昆虫類について調べてみようと思った

のであるが、大雪山や日本アルプスなど多くの山で国立公園の特別保護地区に指定されていて、昆虫採集は禁止されている。研究用であれば環境省の許可を得て採集することもできないわけではないが、いちいちの申請が面倒であり、採集は断念せざるを得なかった。昆虫類は捕まえてきて標本を作り、顕微鏡でのぞかないと、種名のわからないものが多い。そんなわけで、採集禁止区域の少ない栃木県内の山で調べてみようと思い付いたのである。ただ、栃木県の山の虫は栃木県内にしか棲んでいないというわけではなく、一部の山の固有種を除けば、全国各地の山にも共通して棲んでいるものが多い。したがって、本書に登場する多くの昆虫類はほかの県の山でも出会うことができるであろう。

　昆虫類は種類が多く全世界で100万種以上、栃木県だけでも約1万種が見つかっている。本書で扱った虫は一応昆虫類全般にわたっているが、全昆虫の約3分の1を占め、山でももっとも多く見かける甲虫類に関する記述が多くなっている。

　ちなみに、2003年に栃木県林務部のまとめた栃木県の昆虫目録では、栃木県から記録された全昆虫9600種のうち種類の多いベスト5は①甲虫類3528種(37%)、②ガ類2379種(25%)、③ハチ・アリ1265種(13%)、④カメムシ・セミ・ウンカ1101種(11%)、⑤ハエ・アブ・カ896種(9%)となっている。ガ類の多くは夜行性であり、日中、登山中にみかけることは少ない。ハチやアブ、ハエは飛び回っていることが多く、あまり目に入らない。これらに比較して、ハムシやゾウムシ、コガネムシなどの甲虫類や、カメムシ類は登山道沿いの植物の葉上や木にとまっていることが多く、もっとも目に付きやすい。中でも甲虫類のハムシやゾウムシ、カミキリムシなどは、もっとも多く山で出会う昆虫類であるため、本文中に名前を連ねることが多くなっている。

　本書では虫の名前がやたらと出てきて一般の方々には難解かなと思われるが、細かいところは飛ばしてお読みいただければ幸いである。

また、各山の文末に、その山で出会った主な昆虫類の学名や個体数などを記載したが、これは、学術的に記録として残すためのものである。虫名や学名に誤りがあるかと思われるが、ご容赦のほど願いたい。

　山登りでもっとも苦労したのは山の天気である。雨や霧、曇り、寒い日には昆虫はほとんど活動しないため、採集も観察もままならない。天気のよい日を狙って出かけたいのであるが、高い山では真夏に雷雨が発生しやすく、1日中好天に恵まれることは少ない。さらに、天気予報もしょっちゅう変わるため、出かける直前までそれに翻弄されることも多かった。

　私の山登りは昆虫採集をするためで、登りながら道端の植物の葉上に止まっている虫を探したり、飛んでいるチョウやトンボを追いかけたりして虫を採ることである。したがって、頂上にたどり着くまでに普通の人の3～5割増しくらいの時間を要する。そのため、従来は頂上にたどり着けるかどうかは二の次で、日帰りの時は、途中で時間切れとなって帰途につくことが多かった。しかし、今回の本シリーズではできるだけ多くの昆虫に出会えるよう、しっかり山頂まで登ることを原則とした。

　本書の対象は、主にアマチュアの昆虫愛好家と山登りをする人に置いて記述を進めた。昆虫は植物（花）や野鳥に比べれば、遙かに一般の方々の関心は薄い。山に登られる方が、1匹でも1種類でも出会った昆虫に興味を覚え、名前を調べてみようかな、という気になっていただければ著者にとってこの上ない喜びである。

　本文の半数ほどは、宇都宮大学農学部応用昆虫学教室内に本部を置く「とちぎ昆虫愛好会」の会報（インセクト）に2004年以来現在まで連載したものに若干修正を加えたものである。

山登りで出会った昆虫たち とちぎの山 102山

目　次

はじめに……………………………………………………………………… 1
登った山の位置図…………………………………………………………… 8
登った山……………………………………………………………………… 9

県北の山

1 三本槍岳、2 朝日岳、3 茶臼岳　登山道の石上に多いコメツキムシ　12
4 南月山、5 白笹山　ダニとサルとアカガネカミキリ……………………16
6 大倉山　栃木県最北の山に虫を追う……………………………………19
7 百村山　珍虫の棲むブナ類の森…………………………………………23
8 日留賀岳　種々の植生の森が育む豊かな昆虫相………………………27
9 安戸山　珍しい昆虫の多い不思議な山…………………………………31
10 弥太郎山　虫よりダニの多いカラマツとササの林……………………33
11 若見山　産卵中のオオホソコバネカミキリ……………………………37
12 富士山　深い森と湿地、沼を持つ県内屈指の好採集地………………40
13 塩沢山　多くの昆虫類を育むブナの森…………………………………44
14 釈迦ヶ岳、15 鶏頂山　湿原に宝石のように輝くキヌツヤミズクサハムシ　47
16 鶏岳　ふもとにハンミョウが健在！……………………………………50

日光の山

17 芝草山　ピラミダル、大岩、ゾウムシ類 ················· 56

18 田代山、19 帝釈山　湿原の花上に群がるアブ、ハエ類 ········· 59

20 鬼怒沼山　鬼怒沼湿原に健在なカオジロトンボ ············· 62

21 葛老山　広葉樹とササ原の森が育む昆虫の宝庫 ············· 66

22 南平山　栃木県から113年ぶりのヒメキマダラコメツキ ········· 70

23 月山　山頂で女性の顔の周りにまつわりつくキアゲハ ········· 73

24 赤薙山　シラネニンジンの花に集まるシラホシヒメゾウムシ ····· 76

25 女峰山　ササ原とカラマツ林がつくる単純な昆虫相 ··········· 80

26 太郎山、27 山王帽子山　お盆過ぎ気温低下で虫減少？ ········ 85

28 男体山　シャクナゲの花を訪れるヒメハナハカミキリ類 ········ 89

29 高山　少ないと感じたチョウの姿 ······················· 92

30 温泉ヶ岳　虫の姿薄い夏の終わりの亜高山帯 ··············· 95

31 金精山、32 五色山、33 前白根山、34 白根山
　　珍虫潜む高山の五色沼 ··························· 99

35 黒檜岳　シャクナゲ新葉上に集まるメダカヒシベニボタル ······ 103

36 半月山　ササ原で汗を舐めに飛来、エルタテハ ·············· 106

37 鳴虫山　登るにつれて平地性昆虫から山地生昆虫に入れ替わる ···· 109

38 外山　厚化粧のクチブトヒゲボソゾウムシ ················· 112

39 毘沙門山　果実害虫・チャバネアオカメムシの育つスギ・ヒノキ林 ···· 115

前日光・足尾の山

40 火戸尻山　虫の少ないスギの美林 ······················ 120

41 鶏鳴山　ハンミョウの棲むスギ、ヒノキの美林 ·············· 123

42 笹目倉山　草も生えない虫もいないスギ、ヒノキの人工林 ······· 126

43 羽賀場山　虫の少ないスギ、ヒノキの美林 ················ 129

44 岩山　陽射しの少ない岩山の連続に虫の影薄く ············· 132

45 二股山	シデムシもカニがお好き?		136
46 鳴蟲山	山名の由来は蝉しぐれ?		140
47 石裂山	クサリと梯子とアトコブゴミムシダマシ		143
48 薬師岳、49 夕日岳、50 地蔵岳	サルの糞がごちそうの食糞性コガネムシ		145
51 唐梨子山、52 大岩山、53 行者岳	禅頂行者道の山に虫を追う		150
54 古峰原	多様な昆虫相を育む広葉樹林		154
55 横根山	珍虫ガロアムネスジダンダラコメツキに出会う		157
56 地蔵岳	お地蔵さんのご利益により珍虫授かる		160
57 備前楯山	秋の草、ススキに集まる虫5種		164
58 庚申山	シカ食害で単純化した植生と昆虫相		167
59 袈裟丸山	広がるササ原とシカの楽園		172

県央・県東の山

60 羽黒山	低山ながら虫多く、珍虫も潜む		178
61 篠井富屋連峰	山頂を占有し、スクランブルを繰り返すミヤマセセリ		181
62 鞍掛山	山に相応しくない芝生の害虫・ヒラタアオコガネ		184
63 多気山	いっぱいに広がる鳴く虫たちの世界		188
64 古賀志山	マツの朽木の中からコメツキムシがぞくぞく		192
65 八溝山	スギの一大林業地帯なれど豊富な昆虫相		195
66 花瓶山、67 向山	移動中か、アサギマダラとアキアカネ		199
68 萬蔵山	39年ぶりに再発見のナガチャクシコメツキ		203
69 鷲子山	八溝山系に固有なシリアカタマノミハムシ		207
70 松倉山	陽光を浴びて飛び交う春のチョウ		211
71 鎌倉山	新緑を謳歌する多数のハムシ類		214
72 芳賀富士	早春の虫たちとSL列車の旅		218
73 鶏足山	ミヤマベニコメツキが謎の群生		222
74 高館山	芝生上で群飛するヒラタアオコガネ		225

75 高峯　　多く見られる松枯れとクチキムシ類……………………229
　76 仏頂山　立派なヒゲを生やした森の紳士・ヒゲコメツキ……………232
　77 雨巻山　鳴き声を競うセミ類5種……………………………………236

県南の山

　78 谷倉山　「渡り」の途中か、花上に群れるイチモンジセセリ…………240
　79 三峰山　アカソハムシ棲む信仰と石灰石採掘の山……………………243
　80 不動岳　下界は猛暑、山では多いカメムシ類に初秋を感じる………247
　81 尾出山、82 高原山　自然いっぱいで虫の多い環境保全地域………250
　83 氷室山、84 宝生山　全山に響くエゾハルゼミの大合唱……………254
　85 根本山、86 熊鷹山　キスジコガネの集団乱舞に遭遇………………258
　87 大鳥屋山、88 岳ノ山　スギの美林とヤマビルとカミキリムシ……262
　89 多高山　カシワが育む多くの昆虫類……………………………………266
　90 仙人ヶ岳　本地域の固有種アシカガミヤマヒサゴコメツキ…………269
　91 赤雪山　生きていると鮮やかな朱色のアカイロナガハムシ…………272
　92 太平山、93 晃石山　奇妙な産卵習性をもつカタビロハムシ………276
　94 諏訪岳、95 唐沢山　春を謳歌し歓喜に舞うアゲハチョウ類………279
　96 三毳山　公園の山に響くハルゼミの鳴声……………………………282
　97 大小山、98 大坊山　宝石のような美しさのフチトリヒメヒラタタマムシ　286
　99 行道山、100 両崖山　北米原産マツの害虫・マツヘリカメムシ……291
　101 深高山、102 石尊山　山頂付近で縄張りをつくるアオスジアゲハ…294

あとがき……………………………………………………………………………299
索引…………………………………………………………………………………302
主な参考図書………………………………………………………………………314

登った山の位置図

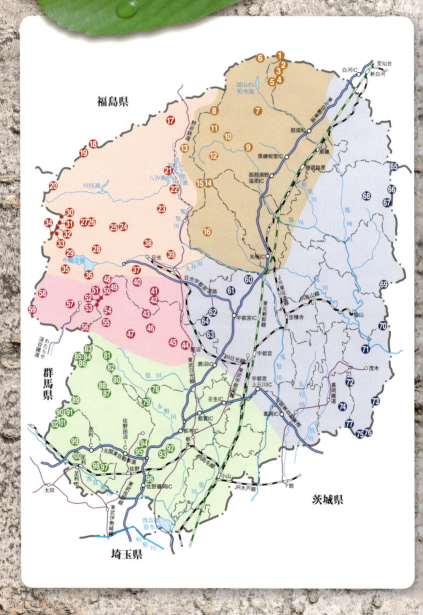

登った山 (カッコ内は標高と市町村名)

県北の山

1 三本槍岳
 (1917m、那須塩原市／福島県西郷村)
2 朝日岳 (1896m、那須町)
3 茶臼岳 (1915m、那須町)
4 南月山 (1776m、那須町)
5 白笹山 (1719m、那須塩原市・那須町)
6 大倉山
 (1889m、那須塩原市／福島県下郷町)
7 百村山 (1085m、那須塩原市)
8 日留賀岳 (1849m、那須塩原市)
9 安戸山 (1152m、那須塩原市)
10 弥太郎山 (1392m、那須塩原市)
11 若見山 (1120m、那須塩原市)
12 富士山 (1184m、那須塩原市)
13 塩沢山 (1264m、日光市)
14 釈迦ヶ岳
 (1795m、日光市・那須塩原市)
15 鶏頂山 (1765m、日光市・那須塩原市)
16 鶏岳 (668m、塩谷町)

日光の山

17 芝草山 (1342m、日光市)
18 田代山
 (1926m、日光市／福島県南会津町)
19 帝釈山
 (2060m、日光市／福島県南会津町・檜枝岐村)
20 鬼怒沼山
 (2141m、日光市／群馬県片品村)
21 葛老山 (1124m、日光市)
22 南平山 (1007m、日光市)
23 月山 (1287m、日光市)
24 赤薙山 (2010m、日光市)
25 女峰山 (2487m、日光市)
26 太郎山 (2368m、日光市)
27 山王帽子山 (2077m、日光市)
28 男体山 (2484m、日光市)
29 高山 (1668m、日光市)
30 温泉ヶ岳
 (2333m、日光市／群馬県片品村)
31 金精山 (2244m、日光市／群馬県片品村)
32 五色山 (2379m、日光市／群馬県片品村)
33 前白根山 (2375m、日光市)
34 白根山 (2578m、日光市／群馬県片品村)
35 黒檜山 (1976m、日光市)
36 半月山 (1753m、日光市)
37 鳴虫山 (1104m、日光市)
38 外山 (880m、日光市)
39 毘沙門山 (1104m、日光市)

前日光・足尾の山

40 火尻山 (852m、日光市)
41 鶏鳴山 (961m、日光市)
42 笹目倉山 (800m、日光市)
43 羽賀場山 (775m、鹿沼市)
44 岩山 (328m、鹿沼市)
45 二股山 (570m、鹿沼市)
46 鳴蟲山 (725m、鹿沼市)
47 石裂山 (879m、鹿沼市)
48 薬師岳 (1420m、日光市・鹿沼市)
49 夕日岳 (1526m、鹿沼市)
50 地蔵岳 (1487m、日光市・鹿沼市)
51 唐梨子山 (1351m、日光市・鹿沼市)

52 大岩山 (1267m、日光市・鹿沼市)
53 行者岳 (1329m、日光市・鹿沼市)
54 古峰原 (1378m、鹿沼市)
55 横根山 (1373m、鹿沼市)
56 地蔵岳 (1274m、日光市・鹿沼市)
57 備前楯山 (1272m、日光市)
58 庚申山 (1892m、日光市)
59 袈裟丸山
　(1878m、日光市／群馬県沼田市・みどり市)

県央・県東の山

60 羽黒山 (458m、宇都宮市)
61 篠井富屋連峰 (本山562m、宇都宮市)
62 鞍掛山 (492m、宇都宮市・日光)
63 多気山 (377m、宇都宮市)
64 古賀志山 (583m、宇都宮市)
65 八溝山 (1022m、大田原市／
　福島県棚倉町／茨城県大子町)
66 花瓶山
　(692m、大田原市／茨城県大子町)
67 向山 (548m、大田原市)
68 萬蔵山 (534m、大田原市)
69 鷲子山
　(468m、那珂川町／茨城県常陸大宮市)
70 松倉山 (345m、那須烏山市・茂木町)
71 鎌倉山 (216m、茂木町)
72 芳賀富士 (272m、益子町・茂木町)
73 鶏足山 (431m、茂木町／茨城県城里町)
74 高館山 (302m、益子町)
75 高峯 (520m、益子町／茨城県桜川市)
76 仏頂山 (431m、茂木町／茨城県笠間市)
77 雨巻山 (533m、益子町)

県南の山

78 谷倉山
　(599m、鹿沼市・栃木市・西方町)
79 三峰山 (605m、栃木市)
80 不動岳 (665m、鹿沼市・佐野市)
81 尾出山 (933m、鹿沼市)
82 高原山 (754m、鹿沼市)
83 氷室山
　(1123m、佐野市／群馬県みどり市)
84 宝生山
　(1154m、佐野市／群馬県みどり市)
85 根本山
　(1199m、佐野市／群馬県みどり市)
86 熊鷹山 (1169m、佐野市)
87 大鳥谷山 (693m、佐野市)
88 岳ノ山 (704m、佐野市)
89 多高山 (608m、佐野市)
90 仙人ヶ岳
　(663m、足利市／群馬県桐生市)
91 赤雪山 (621m、足利市・佐野市)
92 太平山 (314m、大平町・栃木市)
93 晃石山 (419m、大平町・栃木市)
94 諏訪岳 (342m、佐野市)
95 唐沢山 (214m、佐野市)
96 三毳山 (229m、佐野市・栃木市)
97 大小山 (314m、足利市・佐野市)
98 大坊山 (285m、足利市)
99 行道山 (442m、足利市)
100 両崖山 (251m、足利市)
101 深高山 (506m、足利市)
102 石尊山 (486m、足利市)

県北の山

① 三本槍岳　② 朝日岳　③ 茶臼岳
（さんぼんやりだけ）（あさひだけ）（ちゃうすだけ）
1917m　　　*1896m*　　　*1915m*

◆登山日　2011年7月18日
◆天　候　晴〜曇、雷雨
◆コース　峠の茶屋→峰の茶屋→朝日岳→熊見曽根→清水平→三本槍→〈峰の茶屋→茶臼岳往復〉→峠の茶屋

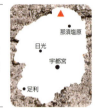

登山道の石上に多いコメツキムシ

　今回登るのは那須岳の主要な3峰である。那須岳は、栃木県北部に位置し、茶臼岳を中心に、北に朝日岳、三本槍岳（最高峰）、南に南月山、白笹山、黒尾谷岳を擁する広い山域の総称である。

　今日は「海の日」であるが、山の方も1年でもっとも登山者の多い日であるという。駐車場の確保の心配と、午後には夕立がくるかも知れないという予報なので、少し家を早出して登山口の「峠の茶屋」には午前6時過ぎに着いた。収容70台くらい？の駐車場に20台くらいしか止まっていなくて、まずは安心。早速朝食を摂り、6時半ころ出発。左前方に茶臼岳、右手前方に朝日岳を見て、まず、第1ポイントの「峰の茶屋」を目指す。まだ早朝ということで、虫の姿は目に入らないが、何気なく目を落とした石の上に本日第1号のキアシクロムナボソコメツキを見つけた。

　1時間足らずで「峰の茶屋」に着く。ここからまず茶臼岳へ登ってと思ったが、一番奥の三本槍岳まで行ってから、帰りに登ることにして朝日岳に向かって出発。途中の「剣が峰」付近はこの山一番の難所でクサリ場が連続する。強風時や冬季には遭難の絶えない場所でもある。慎重に登っていくと、足元の岩石上に今度は大きさ1.5cm、上翅が緑色のコガネコメツキ（写真❶）を見つけた。このコメツキは栃木県内では、この山と奥日光のみから知られている美しい種である。同じころ

岩場を飛び回るチョウに出会う。なんとか確認したらクジャクチョウであった。

この後、朝日岳に立ち寄り、熊見曽根の尾根道を経て清水平に向かう。途中、石ころの間を素早く歩き回る甲虫。捕まえて

写真❶ コガネコメツキ（スケールは5mm）

みると、亜高山帯のガレ場を住み家とするミヤマハンミョウである。また、登山道の石の上にはハエ類やハバチの一種、アカハムシダマシ、ムネナガカバイロコメツキなどが多く見られ、また平地の草地にいるはずのウリハムシモドキも。さらに、びっくりしたのは、山麓地帯などで種々の花上に見られたが、最近ほとんど出会うことがなくなった体長7mm、緑色に輝く美麗なミドリヒメコメツキ1匹が石の上から見つかったことである。

今回、登山道の石の上から5種類ほどのコメツキムシを採ったが、2001年6月26日にこの山の同じコースで出会ったコメツキムシはこんなものではなかった。種類数では9種。個体数では80個体ほどに上った。この中には、栃木県内でこの山でしか見つかっていないミヤマヒラタコメツキとチャイロヒメコメツキが含まれていた（稲泉、2001）。そのほかにもカミキリムシやカメムシなど種々の昆虫類も多く見られた。高い山の石の上に昆虫類が見られることはよくあることで、その理由の1つは、上昇気流によって山麓方面から運ばれてくることによる、ほかには近くに住む昆虫類が、活動に必要な筋肉を暖かい石の上で温めるため、などが考えられる。

清水平付近から三本槍にかけては、ガレ場からハクサンシャクナゲやミネヤナギ、ウダイカンバ、ダケカンバ、ナナカマド、ハイマツ、ササなどの茂る道に変わる。清水平ではワタスゲ、マルバシモツケ、イタドリが多く、特にイタドリにはクロホシビロウドコガネ（写真❷）が、マルバ

写真❷ クロホシビロウドコガネ（体長8mm）

シモツケの花にはヒメアシナガコガネが非常に多い。そのほかには、ルリオトシブミ、ウスイロオトシブミ、モンイネゾウモドキ、ドロハマキチョッキリ、ヤナギルリハムシ、セスジツツハムシ、ミドリトビハムシなどが見られた。

　清水平から40分ほど登ると那須岳最高峰の三本槍岳に着いた。頂上は40×30ｍほどの広さで、2～3人連れ4～5組ほどの登山者が頂上からの眺望などを楽しんでいる。清水平～三本槍間ではツノヒゲボソゾウムシ、ケブカトゲアシヒゲボソゾウムシ、ハチジョウノミゾウムシ、ナカムラノミゾウムシ、ルリイクビチョッキリ、トドキボシゾウムシなどのゾウムシ類のほか、ヒゲナガウスバハムシ、カバノキハムシなどが見られた。また頂上ではキアゲハ、クロヒカゲ、ヒメキマダラヒカゲが飛び回っていた。

　三本槍付近のハイマツ帯の草地で滝沢（2005）は、ツマキクロツツハムシという大珍品を得ている。このハムシは日光が原産地で、我が国では北海道、岩手県、三重県、岡山県などから少数の記録があるに過ぎない。私も、今日あわよくばと狙ってきたのであるが、そう簡単に見つかる代物ではなかったようである。

　帰路、清水平付近で4～5人の方が登山道の刈り払い作業をやっているのと出会った。登山道の整備の一環として栃木県林務部が主催して行っているものだそうで、「ご苦労さん」と声を掛けた。

　お昼を過ぎたころより雲行きが怪しくなってきた。私はまだ一登り、茶臼岳を残している。峰の茶屋に着くとすぐ、リュックを放置して茶臼へ向かう。途中、ロープウエイで上がってきたらしい大勢の人たちとすれ違う。茶臼へは4～5回登っていると思うが、なにせ岩ばかりで虫は採れそうもないので、最近は素通りすることが多い。石の上に

何かいないかと眺めながら行くと、2mmくらいの微小なカントウミズギワコメツキを見つけた。麓の水辺から吹き上げられてきたのであろうか。数十年前この山に登ったとき、頂上近くの噴気孔にたくさんの虫の死骸が詰まっているのを見たことがあり、なぜこんなところにと不思議に思った。

　頂上に着くやいなやゴロゴロ様が鳴り出した。峰の茶屋に着く頃にはポツリ、ポツリとやってきて、駐車場の手前からザーと降られた。

　今回、この山で得たハチ類をハチ研究者の片山栄助氏に見ていただいたところ、全国的に少なく、栃木県内では那須岳周辺のみから記録されているに過ぎないサッポロギングチが得られていることがわかった。

今日この山で出会った主な昆虫類

コガネコメツキ *Selatosomus puncticollis* (1ex.)、ミドリヒメコメツキ *Vuilletus viridis* (1ex.)、カントウツヤミズギワコメツキ *Oedostethus kanmiyai* (2exs.)、セスジツツハムシ *Cryptocephalus parvulus* (多数目撃)、ミドリトビハムシ *Crepidodera japonica* (3exs.)、モンイネゾウモドキ *Dorytomus maculipennis* (2exs.)、ハチジョウノミゾウムシ *Rhamphus hisamatsui* (2exs.)、ナカムラノミゾウムシ *Tachyerges nakamurai* (2exs.)、トドキボシゾウムシ *Pissodes cembrae* (2exs.)、サッポロギングチ *Crossocerus dimidiatus* (1♂)など。
＊ex. exs. は出会った虫数で、ex.は1匹、exs.は2匹以上を示す。

引用文献

稲泉三丸. 2001. 栃木県那須岳の岩石上で見られたコメツキムシ. インセクト 52(2): 130.
滝沢春雄. 2005. ツマキクロツツハムシの記録. インセクト 56(2): 225.

那須・南月山から茶臼岳を望む

④ 南月山 1776m ⑤ 白笹山 1719m

◆登山日　2006年8月3日
◆天　候　快晴
　　　　　近隣の黒磯の気温、最低20.4℃、最高31.8℃
◆コース　沼原駐車場→白笹山→南月山→日の出平（周回
　　　　　コース）→沼原駐車場

ダニとサルとアカガネカミキリ

　白笹山は那須連峰の最南端に位置し、おわんを伏せたような山容をしている。その北側に連なるなだらかな峰が南月山である。

　登山口の駐車場で出発の準備をしていると、石を敷き詰めた駐車場内の地面近くを素早く飛び回るチョウが目に入った。地面に止まったところを確認すると、テングチョウであった。歩き始めて間もなく、白い花の咲く2〜3mの高さの数本のノリウツギに出会う。その上を数匹のヒョウモンチョウ類が飛び回っているので、種名を確かめようと採集に専念。捕まったのは、オオウラギンスジヒョウモン、ウラギンヒョウモン、ミドリヒョウモン、キバネセセリ、イチモンジセセリで、オオウラギンスジがもっとも多い。

　登山道は始め広葉樹林帯を通っているが、登るにつれてコメツガ、モミの原生林となる。道の両側の林床には山名が由来するような背丈ほどもある笹がいっぱい。時折トリアシショウマが咲いており、ピドニア類のカミキリムシが見られる。ナナカマドやツツジ類、カエデ類、カンバ類などのスウィーピングでは、キアシイクビチョッキリ、ルリホソチョッキリ、ナカムラノミゾウムシ、ヒゲナガウスバハムシなどが得られた。チョウ類ではヒメキマダラヒカゲが特に多く、クロヒカゲも見られる。樹間からは時々麓の方に沼原調整池と湿原が見え、絶景かなである。

　2時間余りの急登の末、ピンク色のホツツジの花に囲まれた頂上に

着いた。ネコの額ほどの狭い頂上では、私より一足先に到着したらしい40代くらいの男性が汗を拭いている。その上空にはここの主なのだろうか、カラスアゲハが1匹旋回している。

写真❸ ツマグロシリアゲ（前翅長18mm）

　白笹山からの道はいったん下り、さらに南月山へのなだらかな上りが続く。このルートは大部分笹原で、カンカン照りのせいかアサギマダラ1匹を見た以外では、ツマグロシリアゲ（写真❸）とおびただしい数のアキアカネのほか、虫の姿はない。ただ粛々と稜線を登って行くと、突然視界が開け南月山山頂に着いた。眼前には蒸気を吹き上げるデッカイ茶臼岳がドンと迫ってくる。山頂付近は火山礫とハイマツ、シャクナゲの世界である。ところどころに黄色のコキンレイカやピンクのシモツケソウのほか、ウラジロタデ、ウスユキソウなどの花が見られる。

　南月山から日の出平に向かう途中、三脚を立てて大型カメラを構えたおじさんに出会ったので話しかけたが、何を狙っているのかは、ついに教えてもらえなかった。

　日の出平からは、ここを起点とする沼原への下り道に入った。あまり人が通らないとみえ、両側の植生が道を覆い、道は消えそうな感じ。しかし、それがかえって虫がたくさんいそうでいい。このルートでは本日初のアラハダトビハムシやクロツブゾウムシなどを得たほか、思いがけずレッドデータブックとちぎで準絶滅危惧種（Cランク）に指定されているアカガネカミキリ（写真❹）をオオカメノキの葉上より得た。

写真❹ アカガネカミキリ（スケールは3mm）

長い沼原への下り道も間もなく終えるころ、「駐車場への近道」（という道標あり）を歩いていると、突然、前方の道や林の中がキヤッキヤッと騒がしい。20〜30匹のサルの群れだ。一瞬どうしょうか迷った。まさか襲ってくることはないだろうと、何事もなかったようにまっすぐに歩き通すことにした。子ザルや赤ん坊を背負った母ザルは林の少し中の方に、大きいサルは道から1〜2mの林の中に陣取って、私の方をジッとにらみ付けている。しばしの静寂の後、お互いに平和主義を貫いて事なきを得た。

　今回と同じルートは、1994年8月2日に宇都宮大学農学部応用昆虫学教室の夏合宿の時、数名の学生たちと歩いている。その時、どんな虫を採ったかはさっぱり覚えていないが、1つだけ鮮明に記憶しているのはダニ事件である。白笹山を登っているとズボンの裾から膝付近にかけて数匹のマダニが付着しているのに気付いた。以後全員数十メートル毎にダニの検査を行いながら歩いたが、そのたびに何匹ものダニが付着。宿の板室（いたむろ）温泉に帰ってすぐ全員温泉に入って身体検査を行ったところ、M子さんの首筋に食いついた1匹を発見。お尻でなくてよかった！　と、こんなことのあったことを思い出したので、私も道中注意もし、帰宅してからよくよく身体各所を精査したところ、見事に足の脛に1匹が刺さっていた。吸血前であったが、既に口が深く皮下に食い込んでいて引っ張っても取れない状況。ピンセットでエイと引っ

今日この山で出会った主な昆虫類
ツマグロシリアゲ Panorpa lewisi（全域、多）、ヤマトアミメボタル Xylobanus japonicus（日の出平〜沼原1ex.）、ムネダカアカコメツキ Ampedus convexicollis（南月山1ex.）、ホソハナカミキリ Parastrangalis hosohana（白笹2exs.）、アカガネカミキリ Plectura metalica yoshihiroi（日の出平1ex.）、シバンガタノミヒゲナガゾウムシ Choragus anobioides（白笹1ex.）、ルリホソチョッキリ Eugnamptus amurensis（白笹2exs.）、キアシイクビチョッキリ Deporaus fuscipennis（白笹5exs.）、ナカムラノミゾウムシ Tachyerges nakamurai（白笹3exs.）、クロツブゾウムシ Sphinxis koikei（日の出平〜沼原1ex.）他。

張ったら頭が残ってしまった。やっとのことで口部を取り出したが、その後患部が赤く腫れ数日痛みが残った。

6 大倉山 （おおくらさん） *1889m*

◆登山日　2007年8月9〜10日
◆天　候　晴
◆コース　峠の茶屋駐車場→峰の茶屋跡→三斗小屋温泉
　　　　（泊）→大峠→流石山→大倉山（往復）

栃木県最北の山に虫を追う

　今回は栃木県の一番北の端の福島県境にある那須山系の大倉山を訪ねることにした。この山は、なにしろアプローチが長く、県営駐車場のある峠の茶屋から頂上までは11時間余りを要する。そこで、少しでも1日の歩程を少なくするため、1日目に三斗小屋温泉に泊まることにした。

　1日目。昼過ぎ駐車場から歩き始めると、家族連れや中学生の団体などが次々と下山してくるのに出会う。登山道沿いにはノリウツギやウラジロタデ、シラネニンジン（か）などの白い花がたくさん咲いている。ハナカミキリ類でもいないかと近寄ってみたが、いるのはハナアブやオオハナアブ、オオフタホシヒラタアブなどのアブ、ハエ類ばかり。ほかの昆虫では数匹のトゲカメムシが目に付いたくらい。

　足元の石の上には時々点々と黒っぽい甲虫が止まっている。ほとんどはキアシクロムナボソコメツキで、ムネナガカバイロコメツキとチャグロヒラタコメツキも少数見られる。ウラジロタデの葉上にはセスジツツハムシ、ルリオトシブミ、クロホシビロウドコガネといったこのコースの常連が顔を見せた。

　峰の茶屋、三斗小屋間の薄暗い広葉樹林帯では、アザミの一種の葉

写真❺ ブナの朽木上のヤマトヨツスジハナカミキリ(体長20mm)

上よりセダカカクムネトビハムシ、アカイロマルノミハムシ、タマゴゾウムシを得た。また、ブナと思われる直径20cmほどの立枯れ木では久しぶりにヤマトヨツスジハナカミキリ♀を見つけ、なんとか写真に納めた(写真❺)。道中のスウィーピングでは準珍品くらいのアカアシクチブトサルゾウムシ、ヒメトホシハムシ、アオグロツヤハムシなどを得て、まずまずの収穫。夜には宿の明かりに飛んできたエゾサビカミキリ、センノカミキリなどを得た。

　2日目。三斗小屋、大峠間では下はササ、上はブナなどの高い木に覆われたやや薄暗い森の中の道。早朝のため虫の姿はあまり目に入らないが、ササの上をすくってみるとオオハサミシリアゲ、クロホソクチゾウムシ、トゲアシヒゲボソゾウムシ、ヒロアシタマノミハムシなどが入った。路上で時々見られる正体不明の獣糞にはヨツボシモンシデムシとヒラタシデムシが潜っていた。このコース間には3つの沢があり、渡渉のスリルを味わうことができるが、それより、この水のなんと冷たいこと、うまいこと、救われる思いである。

　大峠、大倉山間。ここからは私にとって未知の世界に入る。まず、見上げるだけでうんざりの所要1時間級の急登が続く。ただ、この登りでは高山植物の花がすばらしい。今、たくさん咲いているのはオオバギボウシ、ハクサンフウロ、トモエシオガマなど。これらの花に慰められながら1歩1歩前に登る。後ろを振り返ると、大峠から三本槍への急な尾根道が延々と延びているのが見える。道沿いにたくさん咲いているシシウドと思われる大きな白い花上には、アブ類が多いが、時々ヒメクロツヤハダコメツキやムネナガカバイロコメツキが訪れている。

　急登を終えようやく1800m級の尾根に出る。背の低いシャクナゲや

ハイマツ、ナナカマドなどの生えた見通しの良い丘の上のようなコースとなる。ナナカマドなどの葉上をすくってみたら、6.5mmほどのナガタマムシの一種が採れた。下山後、タマムシの権威、大桃定洋氏に見ていた

写真❻ 126年ぶりに栃木県内から再発見されたルイスナガタマムシ（スケールは3mm）

だいたところ、ルイスナガタマムシ（写真❻）とわかった。本種はG. Lewisが、1881年に日光中禅寺で採集された標本により新種記載して以来126年ぶりの記録となった（稲泉・大桃、2008）。また、ミネヤナギの葉がひどく食い荒らされているので、もしやとよく見ると、県内では那須山系の高所にのみ見られるオオホソルリハムシである。またも路上に獣糞を見つけたので蹴飛ばしてみると、ホンドヒロオビモンシデムシ1匹が出てきた。そのほか、途中のスウィーピング※で県内での発見例の少ないキアシチビツツハムシやツノヒゲボソゾウムシをゲット。

大倉山山頂には三斗小屋から4時間ほどかかって到着。頂上はハイマツとシャクナゲとツツジ類に囲まれたごく狭い空間。しかし、360度の遠望が利き、三本槍、朝日、茶臼、南月山、白笹、沼原ダム、深山ダムなどの那須連山の大パノラマ。

帰路、頂上から少し下ったところで、本日はじめて人間に出会った。こんにちはと声をかけると、「稲泉先生ではありませんか」と返ってきた。そう言えば見覚えのある顔で、宇都宮大学農学部平成8年卒の上田正人君（現、栃木県職員）であった。花の写真を撮りに来たという。こんな山奥で知っている人に会うのは珍しく、大変にうれしい。

ところで、今回の目的の1つに那須岳にマガタマハンミョウがいるかどうかを調べることがあった。マガタマハンミョウは甲虫目、ハンミョウ科に属する日本固有種で、福井県、岐阜県から北海道南部にかけての主に日本海側に分布し、この近くでは福島県の会津駒ヶ岳、安達太

良山、新潟県の浅草岳、平ヶ岳等から知られている(大野、1991)。栃木県内では古く「那須嶽麓」からの記録がある(松下、1937；大野、1991から引用)。那須山系では、私がこれまで幾度か歩いた三斗小屋、大峠、三本槍、朝日、茶臼、南月山、白笹、沼原、深山ダム、板室、湯本、北湯、八幡からは発見されない。さらに今回、これまで未調査と思われる那須山系の最も奥で、福島県の産地により近い流石山、大倉山でも発見するには至らなかった。

なお、那須岳の標高の高い一帯にはミヤマハンミョウが生息しており、今回のルートでは峰の茶屋付近で多数目撃された。また、マガタマハンミョウの記録された場所が「那須嶽麓」とあるとこらから、低山地一帯に生息するニワハンミョウと間違えた可能性もある。いずれにしても、今回、およびこれまでの調査からマガタマハンミョウは那須には生息しない、という感を強くした。

※捕虫網で登山道沿いの草むらや樹木の葉上をバサバサ掬う採集法。葉裏などに止まっている小昆虫も得られて効果的。

今日この山で出会った主な昆虫類

ホンドヒロオビモンシデムシ *Nicrophorus investigator latifasciatus* (1ex.、大倉山)、ルイスナガタマムシ *Agrilus brevitarsis* (1ex.、大倉山)、チャグロヒラタコメツキ *Calambus mundulus* (1ex.、峰の茶屋)、コウノジュウジベニボタル *Lopheros konoi* (1ex.、三斗小屋温泉)、ヤマトヨツスジハナカミキリ(コヨツスジハナカミキリ) *Leptura subtilis* (1ex.、三斗小屋温泉)、エゾサビカミキリ *Pterolophia tsurugiana* (1ex.、三斗小屋温泉)、キアシチビツツハムシ *Cryptocephalus amiculus* (1ex.、大倉山)、アオグロツヤハムシ *Oomorphoides nigrocaeruleus* (1ex.、大峠)、ヒメトホシハムシ *Gonioctena takahashii* (1ex.、大峠)、オオホソルリハムシ *Phratora grandis* (多、大倉山)、セダカカクムネトビハムシ *Asiorestia gruevi* (4exs.、三斗小屋温泉)他。

引用文献

稲泉三丸・大桃定洋.2001.ルイスナガタマムシ.126年ぶりに栃木県内から発見.インセクト 59(1): 16.

大野正男.1991.マガタマハンミョウの知見総説.昆虫と自然、26(10): 2-8.

⑦ 百村山 (もむらやま) *1085m*

◆登山日　2014年7月2日
◆天　候　曇時々晴
　　　　　那須町の気温、最低14.2℃、最高24.2℃
◆コース　百村本田、光徳寺→頂上（往復）

珍虫の棲むブナ類の森

　百村山は那須連山の南側にあり、板室温泉に近い大佐飛山（おおさびやま）、黒滝山から延びる尾根の一角に位置する那須連山の前衛の山である。

　登山口は百村本田の光徳寺で、その入り口にある公民館に駐車させていただき、数百年生のスギの巨木の並ぶお寺の参道を進む。しかし、お寺の境内には百村山への道標らしきものはなく、あちこち墓地の中を探しても判然としない。結局、お寺の方にお聞きして、本堂脇の草に覆われたコンクリート製の橋を渡り、少し行ったところにある水道記念碑の側に登山口の道標を見つけた。

　ここからの登りは薄暗いスギ林の中で、道端にはシダ類やコアジサイ、ツツジ、スズタケ（か）などの茂るジグザグの登りが続く。ふと気が付くと前方に1匹のアサギマダラが飛んでいる。ゆったりと何かを探しているかのように、下草すれすれにフワッ、フワッと上下に波打つように飛んでいて、幻想的な光景を見る感じである。

　スギ林の道は1時間ほどして、突然陽光いっぱいの林道、木ノ俣巻川線に飛び出した。右手に少し下ったところに道標と石の階段があり、尾根に取り付く。本格的な昆虫採集はここから始まった。登山道の両側にはミズキやヤシャブシ、ヤマボウシ、ホオノキ、ツツジ、アカマツほか、種々の広葉樹が茂り、下草には葉の広いミヤコザサが頂上まで続く。

　このササの葉上を目視しながら、また時々スウィーピングを試みる

と、種々の昆虫類が見られ面白い。特に多いのは甲虫類で、その中でもゾウムシ類、ハムシ類、コメツキ類、ベニボタル類が多く見られる。

コメツキムシ類では体長12mmほどで、濃いグレーをしたヒラタクロクシコメツキがもっとも多く、次いで多いのは意外にも体長16mmとやや大型で褐色をしたハネナガオオクシコメツキである。そのほか、カバイロコメツキ、キアシヒメカネコメツキ、ケブカコクロコメツキが見られる。

実は、この山でこれまで特記すべき2種のコメツキムシが得られているのである。1つはナルカワナガクシコメツキで、体長17mm、暗褐色をした大型の種で、1996年7月17日に渡辺邦夫さんが麓の大巻川付近で1♂を発見している。日本で3番目の記録で、2000年当時、山形、千葉、三重、熊本の各県からごく少数の記録しかなかった。

もう1種はアイズミヤマヒサゴコメツキ。本種は体長11〜13mmで、体色は暗褐色。福島県二岐山から得られた1♂についてKishii(1994)がミヤマヒサゴコメツキの新亜種として記載したもの。その後、本種は栃木県内では百村山と、それに近い旧黒磯市大川林道から記録されている。今回は、残念ながらこの2種のコメツキムシには出会うことはできなかった(本種に近縁のアシカガミヤマヒサゴコメツキ写真**146**の写真が仙人ヶ岳の項*270P*にあり)。

いくつかのアップダウンを経て、2時間30分余りを要して頂上に到着。やや広々としたスペースで、50〜60人が同時に弁当を広げられそう。ただ、周囲はダケカンバ、ミズナラ、リョウブ、ブナなどの高木に囲まれていて遠望は利かない。一休みして耳を澄ましていると、エゾハルゼミの鳴き声が聞こえてくる。また、立て看があるので見てみると、百村愛林会と黒磯山岳会によるもので、「この一帯はカタクリの群生地なので、ロープ内への立ち入りはご遠慮願いたい」旨が書かれていて、周りにロープが張られている。この山では一帯にカタクリやショウジョウバカマ、イワウチワが群生しているとのことで、シーズンには

素晴らしい光景が見られることであろう。

頂上を後にして下山していると、50代くらいの地元のオッサンに出会った。「途中で2匹のマムシに出会った。ヤブの中に放り投げてきたので心配ないと思うが」とのこと。私は虫採りに夢中でヘビのことはまるで頭になかったので、まずはやられずに済んでホォ。この人、散歩がてらにこの山にしょっちゅう登っていて、時々はチェンソウを担いできて、登山道の下草刈りをしているという、大変にありがたいオッサンである。

今日この山で出会った昆虫類のうち、ハムシ類ではクロセスジハムシ、キイロクビナガハムシ、ムネアカサルハムシ、カバノキハムシ、ヒロアシタマノミハムシほか。この中でヒロアシタマノミハムシはササの葉に白いかすり状の食痕を残す種で、大きさ2.5mm、体色は橙色。ササ葉上に夥しく発生している。特記すべき種としてはクロセスジハムシ（写真❼）が挙げられよう。体長4mmほど、からだの表面は黒色。栃木県内では、これまで旧今市市、茂木町、鹿沼市からごく少数の記録しか知られていない。

ゾウムシ類では、オオタコゾウムシ、トゲカタビロサルゾウムシ、ルリイクビチョッキリ、ミヤマイクビチョッキリ、ムモンチビシギゾウムシ、キボシトゲムネサルゾウムシ、ニセチビヒョウタンゾウムシなどで、最後に挙げた2種は栃木県内からの記録の少ない種である。また、種名不明のサルゾウムシの一種が得られたが、下山後、堀川正美氏に見ていただいたところ、ツツジ類に付くまだ名前のついていないトゲムネサルゾウムシの一種とのことである。

カミキリムシ類では、ヒゲナガシラホシカミキリ、ヒメリンゴカミキリ、ヌバタマハナカミキリほ

写真❼ クロセスジハムシ（スケールは1.5mm）

写真❽ ヒゲナガシラホシカミキリ（スケールは3mm）

かが見られたが、この中のヒゲナガシラホシカミキリ（写真❽）は体長11mm、上翅には5対の白色微毛斑がある。栃木県内では、これまで日光市以外からの記録は無かったようである。

ベニボタル類では、ヒゲブトジュウジベニボタル、ヤマトアミメボタル、コクシヒゲベニボタル、フトベニボタルほかが見られた。

また、今回得られたハチ類を片山栄助氏に見ていただいたところ、栃木県内では稀なヒメエンモンバチが含まれていることが分かった。同氏によれば、本種は体長4mmほどの小型の狩蜂で、アブラムシ類を狩るという。

百村山の奥には栃木百名山に選定されている黒滝山（1754m）と大佐飛山（1908m）がある。黒滝山には百村山からさらに3時間40分を要し、大佐飛山へは無雪期で黒滝山からまたさらに3時間以上の道のないヤブ漕ぎとなるらしい。特に大佐飛山は簡単に虫採りに出かけられる山ではないと諦めた。なぜ多くの人が行けそうもない山が百名山に選定されたのであろうか。

今年（2014年）の関東地方の梅雨入りは6月5日。拙宅のある宇都宮市では6月5日～7月4日の1ヵ月間で雨の降った日は22日、曇

今日この山で出会った主な昆虫類

キアシヒメカネコメツキ *Limonius approximans*（1ex.）、ハネナガオオクシコメツキ *Melanotus japonicus*（5exs.）、ヒゲブトジュウジベニボタル *Lopheros crassipalpis*（1ex.）、ヤマトアミメボタル *Xylobanus japonicus*（2exs.）、ヒゲナガシラホシカミキリ *Eumecocera argyrosticta*（1ex.）、ヒメリンゴカミキリ *Oberea hebescens*（1ex.）、クロセスジハムシ *Japonitata nigrita*（1ex.）、ニセチビヒョウタンゾウムシ *Myosides pyrus*（1ex.）、オオタコゾウムシ *Hypera punctata*（1ex.）、キボシトゲムネサルゾウムシ *Mecysmoderes ater*（1ex.）など。

りの日は4日、晴れの日は4日という具合で、山登りや虫採りのできる晴天の日はごくごくわずかであった。この日も那須塩原地方は午前中は晴、午後は雷雨という予報であったが、なかなか出かけられなくて腐っていたので、降られるのを覚悟で久々に出かけることにした。天気はお昼過ぎまでは薄日も差すまずまずであったが、午後には山の上方に黒い雲が懸かり、帰路につくと間もなくポツリ、ポツリやってきた。

8 日留賀岳 (ひるがたけ) *1849m*

◆**登山日** 2012年8月10日
◆**天 候** 晴
◆**コース** 中塩原白戸→林道終点→木の鳥居→日留賀岳頂上（往復）

種々の植生の森が育む豊かな昆虫相

この山は塩原温泉の北部、男鹿山塊の南部に位置している。山名の由来は新日本山岳誌（日本山岳会編著、2005）によれば、「日の留まる山」で、塩原地方で一番高い山とされ、どの山よりも早く朝日に輝くところからきているという。また、この山は別称「蛭ヶ岳」ともいうそうで、筆者はヤマビルがいるのかな、と思ったが、登山道沿いにはヒルの生息しそうな沢や湿地はないようであった。

登山口は、塩原温泉街から3kmほど離れた白戸（しらど）集落の小山秋雄さん宅の庭先にあり、そこに車を止めさせていただいて出発。ジグザグのヒノキ林を約40分ほど登ったところで、送電用鉄塔下に到着した。まず一休みとリュックを降ろして、かたわらのヤナギ科樹木の幹（地上1m、直径約10cm）に目をやると、大型の甲虫2匹が止まっている。アミを木の下にあてがって、木の枝でアミの中に落とそうとしたところ、

1匹は素直に入ったが、もう1匹は幹の裏側に逃げて見失った。捕まったのは体長2.3cm、黒褐色のオオクロカミキリのメスであった。逃げられた方は、これまでも何度か見かけたことのあるコメツキガタナガクチキであった。

　鉄塔からは道幅3mほどの未舗装の車道（林道）へ。山の斜面に造られた道で、左側は山、右側は切れ落ちている。両側には種々の広葉樹が茂っていて、虫のいそうな環境である。間もなく白と紫の花のクサギ花上で吸蜜するキバネセセリを見つけた。また、道端に咲く白いオトコエシの花上では1000mくらいから姿を見せるシラホシヒメゾウムシに出会った。さらに、スウィーピングを続けながら歩いていくと、サシゲトビハムシ、ヒゲナガホソクチゾウムシ、トゲカタビロサルゾウムシなどに混じって、しばらくぶりの甲虫2種が捕まった。

　1つは、チャイロツヤハダコメツキ（写真❾）。体長1cm。からだは光沢のある橙黄色。県内では那須塩原市、日光市などから得られているが、記録は少数しかない。もう1つは、クロバヒゲナガハムシ。体長4mm。頭・胸部は黄褐色で、上翅は黒色。県内では日光市、鹿沼市、足利市のほか、旧黒羽町などの八溝山系から得られているが、あまり多くない。

　登山口から1時間余りで林道終点へ。遠くの方からコエゾゼミと思われる鳴声が聞こえてくる。また、この時期高い山に集まってくるアサギマダラ1匹を目撃。ここからは、いよいよ本格登山が始まる。先ず、林床にミヤコザサの茂るカラマツ林のジグザグ道。続いて「ふくべの曽根」と呼ばれるブナやアスナロの林の中の急登。合わせて2時間級の長い長い登りである。前半のカラマツ林ではササの葉上などからブチヒゲケブ

写真❾ チャイロツヤハダコメツキ（スケールは3mm）

カハムシ、ヒゲナガウスバハムシ、クロツヤハダコメツキ、リンゴヒゲボソゾウムシ、トゲアシゾウムシ、フタモンアラゲカミキリ、シロオビチビカミキリ、クリイロジョウカイなどを得た。

　午前10時、3時間ほどかかって、このルートのポイントの1つ「木の鳥居」（標高約1500m）に着いた。木で造られた高さ2m余りの朽ちた鳥居2本である。ここからはクマザサとシャクナゲ、コメツガ、オオシラビソなどの茂る1時間30分級の急登が続く。春には、途中に山菜で有名なギョウジャニンニクが生えているとのことであるが、最近は乱獲によって激減しているという。ギョウジャニンニクといえば、だいぶ前、百名山に挑戦中に北海道の雄阿寒岳に登ったとき、麓の旅館でおひたしに出されたのを食べ、そのおいしさに惚れ込んだ記憶がある。その後、尾瀬ヶ原で見つけたが採取禁止区域であるため、諦めざるをえなかった。

　ふくべの曽根から頂上にかけては、キバネシリアゲ、ムネナガカバイロコメツキ、セダカカクムネトビハムシ、キアシイクビチョッキリ、クロシギゾウムシ、ノコギリクモゾウムシ、アオグロナガタマムシなどに出会ったほか、ヒメクモゾウムシとハモグリゾウムシの一種と思われる名前のわからない2種を得、さすがに奥深い山だなという印象を強くした。その後、ヒメクモゾウムシの一種はゾウムシ研究者の野津裕氏の同定により栃木県初記録のヤマトヒメクモゾウムシ（写真❿）と判明した。

　頂上近くに到着したところで、高い木が消えてハクサンフウロ、コメツツジ、ホツツジ、エゾリンドウなどのお花畑に変わった。そして、登山口から5時間余りを要してようやく頂上に着いた。長かった。よく来れた、な、が本音である。頂上は10畳くらいの広さで、白御影石で造られた日

写真❿ ヤマトヒメクモゾウムシ（スケールは1.5mm）

留賀岳神社の祠（*149P*参照）がある。周囲にはシャクナゲ、ハイマツ、ツツジ類が茂り、そして、目を遠方に移すと、尾瀬の燧ヶ岳、越後の平ヶ岳、会津駒ヶ岳、日光連山、那須連山などの眺望がすばらしい。

　頂上でご飯をたべていると、キアゲハ、キベリタテハ、ツマグロヒョウモンが飛び回っているのが見られ、いつもの縄張り争いかなと思ったら、今日は少し様子が違った。3匹のチョウが、私の身体のあちこちに止まっては口吻で舐め回す動作を繰り返し始めたのである。私の汗に含まれる塩分と水分が欲しいのであろう。こういう動作は時々見かけるのであるが、3匹同時というのは初めての経験である。

　この後、下山には4時間を要し、昆虫採集をやりながらとは言え、本日の登山は合計9時間がかりとなった。私のような高齢者には、こんな難しい山はめったに登れるものではない、と感じつつ無事の下山を山の神様に感謝！

今日この山で出会った主な昆虫類

キバネシリアゲ *Panorpa ochraceopennis*（1ex.）、チャイロツヤハダコメツキ *Parathous comes comes*（1ex.）、オオクロカミキリ *Megasemum quadricostulatum*（1ex.）、フタモンアラゲカミキリ *Rhopaloscelis maculatus*（1ex.）、ブチヒゲケブカハムシ *Pyrrhalta annulicornis*（2exs.）、クロバヒゲナガハムシ *Taumacera tibialis*（3exs.）、セダカカクムネトビハムシ *Asiorestia gruevi*（1ex.）、トゲアシゾウムシ *Anosimus decoratus*（1ex.）、シラホシヒメゾウムシ *Anthinobaris dispilota*（1ex.）、ヤマトヒメクモゾウムシ *Ellatocerus japonicus*（1ex.）、ノコギリクモゾウムシ *Mecopomorphus griseus*（1ex.）など。

⑨ 安戸山 *1152m*

◆登山日　2004年5月25日
◆天　候　快晴
　　　　　近隣の黒磯市の気温、最低10℃、最高22℃
◆コース　塩原町蟇沼→安戸山山頂→関谷上町（行程約9.5km）

珍しい昆虫の多い不思議な山

　安戸山は関谷から北西方向に望まれる塩原温泉郷の前衛の山である。麓には別荘地や畜産農家の牧草地が広がっている。この山は人里に近いこともあって、中腹まではスギ、ヒノキの植林地で、上部が広葉樹林となっている。また、東南面には頂上付近を通る林道も開設されている。
　蟇沼の登山口から歩き始めると、まず人家の庭先や林縁を飛び交うウスバシロチョウが目に入った。しかし、山道はすぐに薄暗いスギ林に入ったため、チョウやトンボのような大型の飛翔性昆虫は見られない。林床にはテンニンソウ、コアジサイ、タチシオデ、コクサギ、フジなどがまばらに自生している。あまり期待はできないな、と思いながらもそれらの葉上のスウィーピングを重ねているうちに、ものすごい珍品が採れた。これまで県内から数匹しか記録のないオビモンナガハムシ（写真⓫）である。気をよくしてさらにスウィーピングを続けると、これまた県内での発見例の少ないアカタマゾウムシやヨツモンクロツツハムシなどが採れた。

写真⓫ オビモンナガハムシ（スケールは1.5mm）

　標高1000m近くに達したところでようやくスギ林を抜けて、陽の当たる林道と広葉樹林へ出た。ヤマハンノキ、ヤシャブシにはこの植物の常連であるトホシハムシ、チャイロサルハムシ、ル

リハムシ、ミヤマヒラタハムシがフルメンバーで出迎えてくれた。近くの林の中からはエゾハルゼミのコーラスも聞こえてくる。広葉樹林の下草をすくってみると、2mmほどの黒っぽくて丸いハムシの一種が得られた。帰ってからハムシ類の権威、滝沢春雄氏に見て頂いたところ、栃木県から未記録のタマノミハムシの一種、Sphaeroderma atrum Jacobyであることが分かった。

　頂上は6畳間ほどの広さで、周囲はササやカンバの一種、ミズナラ、ヤマツツジなどに覆われており、視界はほぼゼロである。頂上に着くと、スズメバチと思われるやや大型の虫が飛び回っていて、時々ホバリングをして突然の侵入者である私を警戒している様子。これではおちおち弁当も食べていられないなと思い、この虫を捕獲することに決めた。捕まえた時はヒメスズメバチかなと思って、丁重に扱って持ち帰ったが、展翅をする段になって羽が2枚しかないことに気付いた。アブかハエではないか。それにしても、よくもまあ、スズメバチそっくりに擬態したものである。早速図鑑で調べてみたが、ぴったりの種が見あたらない。ハチモドキバエというそれらしい名前の仲間があるのでその一種かも。なお現在までの調査ではナガハナアブ族の一種（写真⓬）というところまでしか判明していない。頂上では、そのほかグミの一種の黄色の花で吸蜜中のカバイロコメツキとマルハナバチ2種、および葉上には栃木県内初記録のシリダコグミトビハムシが見られた。

　この山にはイワウチワの花が見られると登山案内書に書かれていたが、花期が過ぎたのか登山路沿いでは見られなかった。今回この山で見た主な花はヤマツツジ、ウツギ、ツクバネウツギの一種、ユキザサくらいであった。

　下山は元来た道を戻らず、関谷方面に延びている林道を下る

写真⓬ スズメバチそっくりのナガハナアブ族の一種（スケールは10mm）

ことにした。途中、チョウではカラスアゲハ、ヤマキマダラヒカゲ、キアゲハ、ミヤマセセリなどの普通種、甲虫ではピックニセハムシハナカミキリ、フタオビノミハナカミキリ、オオアカマルノミハムシなど多数を得て、まずまずの収穫であった。

　この山は一般にはあまり知られていないのと、この日は火曜日であったためか、山では誰にも出会わなかった。また、いくつかある林道の入口には進入禁止のバリケードが設置されていたためか、車は1台も見かけなかった。この山は過去において天然林の伐採や林道の開設などでかなりの自然破壊が行われたが、現在は人も車もあまり入らない状態にあり、ゆっくりと自然が回復しつつあるのではないか、と今回この山で出会った虫たちから感じた。

今日この山で出会った主な昆虫類

ヒメツノカメムシ *Elasmucha putoni*（1ex.）、キシタトゲシリアゲ *Panorpa fulvicaudaria*（2exs.）、テングベニボタル *Platycis nasutus*（1ex.）、ミヤマベニコメツキ *Denticollis miniatus*（3exs.）、ピックニセハムシハナカミキリ *Lemula rufithorax*（2exs.）、オビモンナガハムシ *Zeugophora unifasciata*（1ex.）、ヨツモンクロツツハムシ *Cryptocephalus nobilis*（1ex.）、シリダコグミトビハムシ *Zipanginia tuberosa*（2exs.）、リンゴノミゾウムシ *Rhamphus pulicarius*（1ex.）、アカタマゾウムシ *Stereonychus thoracicus*（3exs.）など。

---

⑩ 弥太郎山（やたろうやま） *1392m*

◆登山日　2011年7月6日
◆天　候　晴
◆コース　那須塩原市木の葉石（車）→塩那道路→土平（駐車）→山頂（往復）

虫よりダニの多いカラマツとササの林

　弥太郎山は塩原温泉街のすぐ北にある山で、通常、塩那道路を標高

約1000mまで車で上った土平(つちだいら)が登山口になっている。

　塩那道路は栃木県が昭和38年に着工し、8年後の昭和46年に貫通させた塩原～那須板室間38kmの山岳道路である。工事には自衛隊も参加して行われ、山肌がジグザグに削り取られた破壊の様はすさまじいものがあり、当時、自然破壊の標徴として全国的に知られることになった。当初は観光目的で塩原、那須の2つの温泉をつなぐスカイラインとして利用する方針であったが、完成までの工事費が莫大なものになることと、自然保護運動の高まりなどから全面開通はあきらめざるを得ない状況である。現在の舗装化は両温泉側からわずかの区間となっているが、それでも大部分を占める残り区間の毎年の維持管理費は莫大な額に達しているという。

　そんなわけで、この山の登山道は塩那道路の塩原側から8kmのところにある土平が出発点となっている。登山口から頂上にかけては3本ある東京電力の送電線の巡視路となっていて大変に良く整備されている。コースは全体的に植林されたカラマツ林に覆われているが、若干ブナやミズナラ、ツツジ類などの広葉樹が混じっている。林床にはほぼ全域でササが茂っている。薄暗い登山道をジグザグに登っていくと、まず最初に目に入ったのは虫ではなく、紫・ピンク色の大変に美しいオカタツナミソウの群落である。植物に素人の私は、この花をこんなに多数見たのは初めてであり、こんなにたくさん見られるところはほかにはあまりないのではないかと思う。

　虫の方はどうか。歩き始めて30分ほど道端の草木葉をスウィーピングしながら進むと、1本目の9号送電線鉄塔に着いた。周辺の木々が少々苅払われ、陽当たりも良く、遠くの景色も眺められる。ここまでの獲物はとアミの中を見ると、ヒゲナガウスバハムシ、ルイスクビナガハムシ、ヒゲナガルリマルノミハムシ、ヒメケブカチョッキリ、ガロアノミゾウムシ、ルリオトシブミ、カバイロコメツキ、ヒラタクロクシコメツキ、カクムネベニボタル、マダラカミキリモドキなどあまりパッとしな

いが、1つだけオヤと思ったのはルイステントウ。このテントウムシは体長3.5mmほどで、翅には黒地に4つの黄色の紋がある。カラマツにつくカサアブラムシを捕食することで知られている。

さらに少し登ったところの道端で獣の糞を見つけた。木の枝でひっくり返してみると、7mmほどの黒っぽいクロツヤマグソコガネ（か）が5～6匹潜っていた。この虫の仲間は糞虫といい大型動物の糞を食べて生活する自然界の掃除屋である。糞がなければ出会えない虫なのでありがたく頂戴。この日、ほかに丸っこいシカの糞をたくさんみかけたが、古くなったのか糞虫は1匹も見られなかった。

1時間15分ほどで2つ目の8号鉄塔に着いた。ここからは今日初めて頂上方面が見えたほか、目線を左右に振ると日留賀岳や高原山などが遠望できる。1つ目の鉄塔（9号）と8号鉄塔間では、カバノキハムシ、キアシイクビチョッキリ（写真⓭）、リンゴノミゾウムシ、アカアシクロコメツキ、ケブカコクロコメツキ、ヒメベニボタルに混じって、栃木県内での発見例の少ないウスモンチビシギゾウムシが得られた。このあたりまででもっとも多くの個体が見られたのは、いずれも緑色の鱗片を装ったコブヒゲボソゾウムシ、ケブカトゲアシヒゲボソゾウムシ（写真⓮）、リンゴヒゲボソゾウムシの3種。また、シリアゲムシ類も多数見られ、いくつか採ってみると、プライアシリアゲ、スカシシリアゲモドキ、キバネシリアゲの3種が含まれていた。

登山口から2時間半ほどで3つ目の7号鉄塔を経て、すぐ隣の頂上に着いた。頂上は8畳間くらいの広さで、周りに木が生い茂り展望はない。登りの道のほとんどは薄暗い林の中だったためチョウの仲間はクロヒカゲとヤマキマダラヒカゲ、ヒメキマダラヒカゲの3種くらいしか目に入

写真⓭ キアシイクビチョッキリ（スケールは1mm）

写真⑭ ケブカトゲアシヒゲホソゾウムシ（体長10mm）

らなかったが、開けた陽の当たる頂上ではたくさんのチョウが飛び交っている。種名を確認できたのはクロアゲハ、ウラギンヒョウモン、ルリシジミ、ウラジャノメ、ダイミョウセセリ、コチャバネセセリ。

　頂上でご飯を食べていると1匹の大型のハチが顔の周りを飛び始めた。あまり刺激しないように知らんふりをしていたが、なかなかしつっこい。カミさんの作った弁当に好物のものでもあるのか、はたまた私の汗の塩分でも舐めたいのか。次第に危険を感じて、ついに我慢しきれずアミを振ってしまった。採れたのはニホンキバチ（か）であった。

　もう1つヒヤリとしたことがある。ごはんを食べながらなにげなくズボンの裾付近を見ると体長7mmほどのマダニがはい回っている。それも1匹ではなく、5〜6匹もである。登山口に降りてから見ると、また2匹。家に帰ってからもリュックから1匹発見。幸い吸血されずにすんで良かった。ササの多い山に登る時は要注意。

　頂上からの下山途中、ヤマブドウからセスジクビボソトビハムシ、ササ葉上からニホンカネコメツキ、ヒメベニボタル、エゾサビカミキリ、ルリイクビチョッキリなどを得たが、そのほか、私にとって初めての大きさ3mmくらいの黒っぽいゾウムシ2種を見つけた。ゾウムシ類の研

今日この山で出会った主な昆虫類

キバネシリアゲ *Panorpa ochraceopennis*（1ex.）、ニホンカネコメツキ *Limoniscus niponensis*（1ex.）、アカアシクロコメツキ *Ampedus japonicus japonicus*（1ex.）、ケブカコクロコメツキ *Ampedus aureovestitus aureovestitus*（1ex.）、ルイステントウ *Adalia conglomerata*（1ex.）、エゾサビカミキリ *Pterolophia tsurugiana*（1ex.）、セスジクビボソトビハムシ *Pseudoliprus suturalis*（1ex.）、キアシイクビチョッキリ *Deporaus fuscipennis*（1ex.）、リンゴノミゾウムシ *Rhamphus pulicarius*（1ex.）、ウスモンチビシギゾウムシ *Curculio minutissimus*（1ex.）など。

究者の堀川正美氏に見ていただいたところ、両種ともまだ名前の付いていない種とのことである。1つはハモグリゾウムシの一種で、もう1つはツツキクイゾウムシの一種であった。

⑪ 若見山 *1120m*
わかみやま

◆登山日　2006年6月20日
◆天　候　晴時々曇
　　　　　近隣の黒磯の気温、最低15.7℃、最高25.6℃
◆コース　上塩原温泉→18号鉄塔→頂上→17号鉄塔
　　　　　→18号鉄塔→上塩原温泉

産卵中のオオホソコバネカミキリ

　この山の登山口は、塩原の温泉街から三依方面に向かった上塩原の国道400号沿いにある。この山は一般に良く知られた山というほどではないので、いつものことながら、登山口がすぐにわかるか不安であった。しかし、栃木百名山ガイドブック(栃木県山岳連盟、2005)に記載の通り、登山口は簡単に見つかり、その後のコースも赤いテープの目印があり、まずまずわかりやすい。この山の登山道は、東京電力が送電線の鉄塔を保守するための巡視路として開設したものだという。若見山には頂上を挟んで18号と17号の鉄塔2基が立っている。

　登り始めはスギ、ヒノキの薄暗い植林地が続くが、次第に雑木やアカマツが混じってくる。ところどころスギ林が途切れたところには、種々の草木に陽光が当たっていて、緑色の鱗片を装うリンゴヒゲボソゾウムシやケブカトゲアシヒゲボソゾウムシ、ヒラズネヒゲボソゾウムシ、コブヒゲボソゾウムシがやたらと多い。

　1時間20分ほどで18号鉄塔に着いた。鉄塔の周囲は草木が刈り払われていて、塩原の温泉街や周辺の山々が一望できて眺めがいい。まずは一休みしていると、アサギマダラがやってきて、ゆったりと舞っ

写真⓯ ビロウドアシナガオトシブミ（スケールは1.5mm）

ている。この日見たチョウは、この後少し上の方で出会ったコミスジとクロヒカゲ、ダイミョウセセリくらい。少ないのは、私の目線がいつもごく近い草木の葉上の甲虫を探していたせいかも知れない。

　頂上近くでは、ツツジ類のスウィーピングでムネスジノミゾウムシやチビクチカクシゾウムシ、ビロウドアシナガオトシブミ（写真⓯）、ネジキトゲムネサルゾウムシ、栃木県から2例目と思われるジュウジトゲムネサルゾウムシなどを得て大満足。コナラでは、葉上を活発に歩き回る小型のシギゾウムシの仲間のレロフチビシギゾウムシ、ムモンチビシギゾウムシが見られた。また、山の中腹ではヤマハンノキ、ネズミモチを食草とするキバネマルノミハムシが多数見られた。

　最後の急坂を登り、登山口から2時間余りで頂上に着いた。ホッとして気が付くと、エゾハルゼミの大合唱で、山は割れんばかりである。頂上はかなり広く平坦であるが、ブナやハナヒリノキ、ツツジ類の自生する樹林の中にあり、景色は望めない。まずは、昼食にしょうと腰を下ろすと、周辺にかなり多数のギンリョウソウがニョキニョキ。あまり気持ち良い花ではない。ご飯を食べていると、顔の周りに微小なハエの一種らしきものが集まってきた。うるさいなと思いながら顔の前でネットを振りながら食べていると、首筋や額がかゆくなってきた。これは一大事、ヌカカの大来襲ではないか。急ぎメシを詰め込んで頂上から退散した。

　頂上から17号鉄塔に向かうゆったりとした尾根道は、ブナの巨木の生えた森といった感じですばらしい。道端に1本のブナの枯れた大木が現れた。もしかしたら……、いた、いた、ネキダリスの一種、オオホソコバネカミキリ1♀が長さ3cm近くもある産卵管を木の奥深くに

差し込んで産卵中であった（写真⓰）。同じ木の上の方では、カナブンかオオチャイロハナムグリらしきものが飛び回っていたが確認できず。また、少し下ったところで、ブナの倒木に生えたサルノコシカケからコブスジツノゴミムシダマシ、クロチビオオキノコ、カタアカチビオオキノコ、マダラヒメキノコムシなどを得た。この後、17号鉄塔に立ち寄り、18号鉄塔への巻き道をたどり、頂上近くで釣鐘様の白い花をつけたアブラツツジと、春の名残りの数輪の花をつけたヤマツツジに出会い、登山口に戻った。

写真⓰ 産卵中のオオホソコバネカミキリ（体長25mm）

今日この山で出会った主な昆虫類

キアシヒメカネコメツキ *Limonius approximans*（1ex）、クロスジヒメコメツキ *Dalopius patagiatus*（1ex.）、ヒメカクムネベニボタル *Lyponia osawai*（2exs.）、マダラヒメコキノコムシ *Litargops maculosus*（1ex.）、コブスジツノゴミムシダマシ *Boletoxenus belliosus*（3exs.）、オオホソコバネカミキリ *Necydalis solida*（1ex.）、ビロウドアシナガオトシブミ *Himatolabus cupreus*（1ex.）、ジュウジトゲムネサルゾウムシ *Mecysmoderes kerzhneri*（1ex.）、チビクチカクシゾウムシ *Deiradocranus setosus*（1ex.）、マツコブキクイゾウムシ *Xenomimetes destructor*（1ex.）など。

半月山からの男体山と中禅寺湖

⑫ 富士山 *1184m*

- ◆登山日　2011年8月11日
- ◆天　候　晴時々曇
- ◆コース　大沼→富士山→新湯→よし沼→大沼

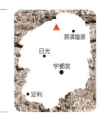

深い森と湿地、沼を持つ県内屈指の好採集地

　富士山は塩原温泉の奥、新湯温泉にある1200m足らずのおわん型をした山である。麓には温泉のほか、沼や湿地ががあり、昔から虫仲間には好採集地の1つとして知られている。

　ところで、この山の名前の富士山であるが、登山案内書や国土地理院の2万5千分の1の地形図には単に「富士山」と記載されていて、あの日本一高い富士山と同名で扱われている。ちなみに日本山岳会編（2005）の新日本山岳誌を見ると、「富士山」として記載されているのはあの日本一の山のみである。○○富士となると、有馬富士（兵庫県）、伊予富士（愛媛県）など6山と、別名を○○富士というのが2山ある。そのほか、通称、愛称となると津軽富士（岩木山）や出羽富士（鳥海山）など多数が知られている。今回、この山の頂上に到着して山名板を見ると「新湯富士」とあり、やっぱりこの名前の方がしっくりくるなと感じた。

　今日は午前8時ころ大沼に着き、塩原自然研究路を富士山頂を経て新湯、よし沼、大沼方面への周遊コースを歩き始めた。トチノキ、ウリハダカエデ、トウゴクミツバツツジなどの茂る薄暗い広葉樹林の中の、やや急なジグザグの道を登って行く。

　歩き始めて間もなく、足元から数匹のキンバエが飛び立った。石の混じった湿った路面を見ると、体長10cmほどのヒキガエルらしい腐乱死体が横たわっている。木の枝でひっくり返してみると、5、6匹の

クロボシヒラタシデムシ（写真⓱）と十数匹のコクロシデムシのほか。ヨツボシモンシデムシ、センチコガネ各１、ハネカクシ類３匹などが逃げ回っている。これは願ってもないチャンスと、数匹を頂戴した。

写真⓱ クロボシヒラタシデムシ（スケールは５mm）

　頂上近くまで来たとき、上方から40代くらいのオッサンが降りてきた。「どちらから」と声を掛けると、「千葉から。この山はアブやカが多くてまいりました」と。同感である。私も手の甲や首筋を３カ所も刺され、かゆくてたまらない。

　登山口から１時間ほどで頂上に着いた。ここまでは虫の姿は少ないようで、見かけたのはヒゲナガウスバハムシ、アラハダトビハムシ、キクビアオハムシ、ナラルリオトシブミなどと、私にとって初めての出会いとなり、栃木県内では２番目の記録となるキンケノミゾウムシ（写真⓲）を得た。そのほか、遠くの方から、標高から見てコエゾゼミと思われる鳴声を聞いた。頂上は６畳間ほどの広さで、ネズコやヒノキ、ウラジロモミ、ツガなどの大木と岩のある空間である。

　頂上から新湯温泉への道はアスナロ、クロベ、サワラ、カラマツ、ミズナラなどの林で、林床にはササが茂っている。なかなか気持ちの良い森の中の道といったところであるが、虫の方の姿は薄い。それでもササの葉上から県内での発見例が余り多くないクロツブゾウムシ、チャマダラヒゲナガゾウムシ、オオクチカクシゾウムシ、ツヤチビホソアリモドキなどが得られた。もう少し早い時期であれば、面白い虫がたくさんいそう

写真⓲ キンケノミゾウムシ（スケールは１mm）

な感じを受けた。頂上から１時間半ほど下ったところで、硫黄臭が漂い、噴気を上げる泉源の上部に出た。真下には新湯温泉の旅館街が見下ろされる。

ここから少し下ったところから富士山の西南麓を巻く「よし沼」へのコースに入る。広葉樹とササの道である。この間ではクリイロクチブトゾウムシ、クロシギゾウムシ、ヘリアカアリモドキ、ダイミョウツブゴミムシ、ヒメヒゲナガカミキリなどが見られた。

よし沼では終わりかけのウバユリ、サワギキョウ、クルマユリなどが咲き、陽当たりの良い草地ではカラスアゲハ、オオウラギンスジヒョウモン、クロヒカゲ、モンシロチョウ、キチョウ、ヒメキマダラセセリが飛び回っている。

湿地の北西端には、この湿地からの排水が流出する幅1m、深さ３〜５cmの１本の小川がある。その側を通った時、１匹のオニヤンマ（オニAとする）が少し下流との間を行ったり来たりしている。縄張りを作っているのであろう。数回往復すると、岸辺の草の茎に止まって一休み。その時、上空から別のオニヤンマ（オニB）が水辺に入ってきた。するとすぐにオニAとオニBとの空中戦が始まって視界から消えた。数十秒後、１匹が戻ってきて水辺の同じ茎に止まった。オニAが追い払ったのである。そんなことを繰り返しているとき、少し小型で濃緑の金属光沢のあるトンボCが飛び込んできた。なんだろうと思っているうちにオニAと空中戦となり、Cはいずこへともなく飛び去った。私としては、このCがなんだったのか確かめたいと、しばらく観察を続けたが、残念ながら再会できなかった。考えられるのは、カラカネトンボかタカネトンボなのであるが。

お昼近くになったのと、午後の雷雨が心配されたので、よし沼を後にしすぐ隣にある「大沼」に移動し昼食。大沼では15名くらいの親子連れや、３〜４組の中高年の夫婦連れなどが散策に訪れている。沼の方は、このところの連日の雷雨によると思われる大水で、木道はあち

こちで水没しているほか、周囲の草葉も水をかぶり、ドロが付着していて虫の気配は無い。ただ、周りの草むらには多数のツマグロイナゴモドキを見かけた。

　また、どのあたりで得たか判然としないが、今回得た若干のハチ類を片山栄助氏に見ていただいたところ、栃木県のレッドリストで要注目種に指定され、全国的にも産地の少ないニッポンホオナガスズメバチが得られていることがわかった。

　大沼で虫を探していると、突然、環境省の職員だという女性が現れて、「ここは国立公園で、観光地でもある。それに、子どもたちも見ているのでアミを振らないでほしい」と。ここは国立公園の普通地域であり、採集禁止区域ではない。研究用に最小限の個体を採っているに過ぎない。観光地と言っても、たくさんの人で混雑しているわけでもなく、来訪者に迷惑をかけるような行為はしていない。さらに意味不明なのは、子どもたちとのこと。昆虫採集は悪いことなのだろうか。子どもたちには大いに昆虫採集をやって頂きたいし、カブトムシやクワガタムシ以外の虫にも親しんでもらいたいものである。とにかく、私としては何を言われているのか釈然とせず、後味の悪い採集行となった。

今日この山で出会った主な昆虫類

ダイミョウツブゴミムシ *Pentagonica daimaiella*（1ex.）、クロボシヒラタシデムシ *Oiceoptoma nigropunctatum*（2exs.）、ヘリアカアリモドキ *Anthicomorphus suturalis*（3exs.）、ツヤチビホソアリモドキ *Anthicus laevipennis*（1ex.）、チャマダラヒゲナガゾウムシ *Acorynus latiirostris*（1ex.）、クリイロクチブトゾウムシ *Cyrtepistomus castsneus*（1ex.）、クロツブゾウムシ *Sphinxis koikei*（1ex.）、クロシギゾウムシ *Curculio distinguendus*（1ex.）、キンケノミゾウムシ *Orchestes jozanus*（2exs.）、ニッポンホオナガスズメバチ *Dolichovespula saxonica nipponica*（1♀）など。

⑬ 塩沢山 (しおざわやま) *1264m*

◆登山日　2008年6月10日
◆天　候　快晴
◆コース　旧藤原町独鈷沢・ふれあい広場→頂上（往復）

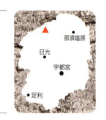

多くの昆虫類を育むブナの森

　この山は旧藤原町五十里湖(いかりこ)上流の東部に位置している。本山は栃木百名山に選定されているが、一般にはあまり知られていない山の1つであろうか。いつものことながら、登山口がすぐにわかるか不安であったが、案の定、通り過ぎた。少し戻って国道121号に接する「ふれあい広場」を探したら、なんとか見つかった。この広場はかなり広く、ベンチや藤棚、駐車場などもあるのに、あまり利用されないのか、管理が行き届かないのか、1mもある雑草に埋もれていてわかりにくい。この広場のすぐ上の121号の道端に塩沢山への小さな道標があった。

　登山道はしばらく薄暗いスギ林の中のジグザグ登りが続く。まだ朝9時過ぎとあって下草には露が付いていて、虫の姿はない。ただエゾハルゼミの鳴声だけが聞こえてくる。標高750m付近で本コース唯一の水場である渓流を渡る。ここからさらにスギと広葉樹の混じったジグザグ登りが続く。登山道に長さ5cmくらい、紫と白色の混じったアサガオのような花がたくさん落ちている。その主の木は高くて判然としないが、持ち帰って調べてみたらキリの花であった。鳥が種を運んできたのであろうか。なかなか虫がいないなと思っていると、フタリシズカの葉上にカミキリらしい虫。カメラより先に手が出てセミスジニセリンゴカミキリを捕まえた。写真に撮ればよかったかな。しかし、まずは本日の獲物第1号である。この先もしばらくスギ・ヒノキ林内の急登が続き、下草のスウィーピングでも緑色をしたケブカトゲアシヒゲ

ボソゾウムシとトゲアシヒゲボソゾウムシばかりがやたらと多い。この調子では本日の収穫が思いやられる。

　950m付近の尾根上に休憩用のベンチ1脚。それではと一休みしていると、足元を本日初のチョウが飛んでいる。コジャノメである。このあたりからツツジなどの広葉樹が増えてきた。虫の方ではキシタトゲシリアゲ、スカシシリアゲモドキ、ヒゲナガウスバハムシ、トホシハムシなどの山地性種が顔を出し始めた。

　1000mを超えたあたりから植物相が一変。下はササ、上はミズナラやカラマツに混じってブナの大木が点々と見られるようになった。と同時に獲物にも変化が。ササの葉上にはウンモンテントウや、オオルリヒメハムシ、ツチイロゾウムシ、ガロアノミゾウムシ、マルムネチョッキリ、アカアシクロコメツキ、タテジマカネコメツキ、コゲチャホソヒラタコメツキ、ヒメカクムネベニボタルなどなどの甲虫類が急に増え始めた。おや、久しぶりに見るコメツキムシだな、と思ったのはG. Lewis（1894）が日光ほかから新種記載したウスチャイロカネコメツキであった。本種の県内記録は旧栗山村からのごく少数しかない。また、ササ葉上から得た小型で緑色の鱗片を装ったゾウムシの一種は、その後、堀川正美氏の同定により栃木県初記録のチビヒゲボソゾウムシ（写真⓲）とわかった。ブナの森はたくさんの昆虫類を育んでいるんだなあーと実感。

　登り始めてから3時間ほどかかってササとハナヒリノキの生えた頂上についた。頂上は8畳くらいの広さだが、周囲にはブナの森が広がっていて、遠望は利かない。弁当を広げていると、2匹のミヤマセセリがからまりながら飛び回っている。時々1匹のダイミョウセセリが参入するが、追い払われる。私の顔の周りには数匹のメマトイがまつわりつき、うる

写真⓲ チビヒゲボソゾウムシ（スケールは1.5mm）

写真⑳ 獣糞に集まったセンチコガネ（体長17mm）とクロバエ科の一種

さくてたまらない。ブナの林を少し歩いてみると、ササの葉上にテツイロハナカミキリ、ヒゲナガシラホシカミキリ、フタオビノミハナカミキリなどが見られ、なかなかいい。ただ残念ながらネキ（ホソコバネカミキリ類）の集まりそうな枯れ木は見当たらない。

　下山途中の路上2カ所で獣糞を発見。標高950m付近のものではセンチコガネ（写真⑳）とサビハネカクシの仲間やハエの一種がきていた。また、640m付近のものではセンチコガネ1匹とクロマルエンマコガネ5匹が潜っていた。

今日この山で出会った主な昆虫類

キシタトゲシリアゲ *Panorpa fulvicaudaria*（3exs.）、ウスチャイロカネコメツキ *Cidnopus marginicollis*（1ex.）、タテジマカネコメツキ *Limoniscus vittatus*（1ex.）、コゲチャホソヒラタコメツキ *Corymbitodes obscuripes*（2exs.）、テツイロハナカミキリ *Encyclops olivacea*（2exs.）、ヒゲナガシラホシカミキリ *Eumecocera argyrosticta*（1ex.）、セミスジニセリンゴカミキリ *Eumecocera trivittata*（2exs.）、チビヒゲボソゾウムシ *Phyllobius variabilis*（1ex.）、ツチイロゾウムシ *Cotasteromimus morimotoi*（1ex.）、マツコブキクイゾウムシ *Xenomimetes destructor*（1ex.）など。

白根山山頂付近

⑭釈迦ヶ岳 1795m ⑮鶏頂山 1765m

◆登山日　2004年6月5日
◆天　候　快晴
　　　　　近隣の塩谷町の気温、最低10.8℃、最高28.7℃
◆コース　旧藤原町鶏頂山荘スキー場→枯木沼→弁天沼→釈
　　　　　迦ヶ岳→鶏頂山→弁天沼→鶏頂山荘

湿原に宝石のように輝くキヌツヤミズクサハムシ

　両山とも高原山塊に含まれ、釈迦ヶ岳が最高峰である。私はこれまで本ルートおよび八方ヶ原ルートから両山の中腹くらいまでは何回か登っているが、いつも虫採りに熱中のあまり、時間切れとなって頂上まで到達していなかった。今日こそは両山の頂に登る決意である。

　登山道を兼ねるススキ、イタドリ、アザミ類、シダ植物などの生えたゲレンデを登り始めると、エゾハルゼミの合唱が聞こえてきた。この鳴声は上に登るほど大きくなった。登山者に混じってリックを背負わないビニール袋持参の一団に出会う。ワラビ、ウドなどの山菜取りのおじさん、おばさんたちである。枯木沼の手前まで来たとき思いがけず雌雄のアサギマダラがもつれ合って飛んでいるのに遭遇した。アサギマダラは春〜初夏にかけて台湾や南西諸島から日本へ北上し、初秋に南へ帰る長距離移動することが知られている。さて、この個体はこの辺で生まれたものか、それとも南方からやって来たものであろうか？長谷川（新・栃木県の蝶、2000）によれば、栃木県内でも幼虫で越冬し、ごく少数は春に成虫になるが、5、6月に見られる個体の大部分は南からの移動個体であると推定されるという。春の、しかも標高1000m以上からの記録は少ないようで、まずは良い収穫が得られたと思う。

　枯木沼ではやや乾いた湿地の方には小さなハルリンドウが満開。ぽつぽつ見られるレンゲツツジは咲き始めたばかり。このあたりはまだ早春の候といった感じで、虫の気配はない。水のある沼の方に行って

写真㉑ スゲの一種の葉上から飛び立とうとするキヌツヤミズクサハムシ(体長9mm)

みると、水面に野球ボールくらいの白い寒天様のものがたくさん浮いており、岸辺には黒いオタマジャクシが無数にうごめいている。水中にはイモリが泳ぎまわっている。しかし、ゲンゴロウなどの虫の姿はない。ここはこの時期両生類の天下なのであろう。最後の望みと水辺に生えているスゲ類をすくってみると、やはりいた。銅、赤銅、紺など様々な色彩の宝石のようなキヌツヤミズクサハムシ（写真㉑）が健在であった。静かな沼周辺のカラマツ林からはウグイスの鳴き声やトロロロというキツツキの木をつっつく音が聞こえてくる。

再びゲレンデを登りながらササやヤマハンノキなどの葉上を眺めていると、シデムシの仲間でありながら腐肉には集まらず樹上の毛虫などを捕食するヨツボシヒラタシデムシやハムシなどの幼虫を補食するカメノコテントウ（写真㉒）、私にとって初めてお目にかかる、栃木県から初記録と思われるキヌゲマルトゲムシ（写真㉓）ほかが得られた。

ゲレンデ道が終わると暗いヒノキ林の中の道になった。途中、こもれ陽の射している空間に自生しているマユミの葉上にワモンナガハムシを見つけた。ヒノキ林の終わるところに弁天沼があった。何かいるかと水面を見るとたくさんのヒメアメンボが水上スケートを楽しんでいる。浅い水中にはマメゲンゴロウとマツモムシがいた。水辺には花の終わりかけた数株のミズバショウが見られ驚いた。

弁天沼から3回ほど急坂を登り詰めて釈迦ヶ岳の頂上に着いた。頂上は15畳くらいあり、や

写真㉒ カメノコテントウ(体長10mm)

や広い。周囲は笹原で、傍らにはここまで運ぶのは大変だったろうなと感心させられるようなお釈迦様の石像が鎮座している。これを見て、なるほどこの山はお釈迦様の山であったな、と合点。頂上で賑やかにお昼ご

写真㉓ キヌゲマルトゲムシ（スケールは1.5mm）

飯を食べている登山者は25人くらい。この日山で会った人は全部で80人くらいに上った。頂上ではカラスアゲハやキアゲハのほか、無数の小さいハエ、アブ、ハチ、甲虫などが飛び回っていて、食事もままならない。隣の女性は刺されたら大変と虫よけクリームを塗りまくっている。手当たり次第に網を振ってみると、ヒメカメノコテントウ、カバイロコメツキのほか、おびただしい数のアカアシノミゾウムシ、微小なハネカクシの一種などが入った。このノミゾウムシは平地でも見られるので、気流で吹き上げられてきたのであろうか。

　この1時間余り後、釈迦ヶ岳から南へ約1.2km離れた鶏頂山の頂上に到着した。こちらでもたくさんの虫が飛び回っているのかなと思いきや、ほとんどいない。山の高さも、陽当たりも、植物相も大体同じような両山頂でのこの差は一体何なんだろう。

　鶏頂山からの下山の途中、弁天沼の手前に分かれ道があり「霊泉御

今日この山で出会った主な昆虫類

コブヒゲカスミカメ *Harpocera orientalis*（2exs.）、キヌゲマルトゲムシ *Cytilus sericeus*（1ex.）、ヨツボシヒラタシデムシ *Xylodrepa sexcarinata*（1ex.）、マメゲンゴロウ *Agabus japonicus*（1ex.）、チャグロヒラタコメツキ *Calambus mundulus*（1ex.）、ミヤマホソチャバネコメツキ *Ampedus tokugoensis*（1ex.）、ワモンナガハムシ *Zeugophora annulata*（2exs.）、セダカカクムネトビハムシ *Asiorestia gruevi*（1ex.）、ハモグリゾウムシ *Adorytomus bicoloripes*（1ex.）、アカアシノミゾウムシ *Orchestes sanguinipes*（多数）他。採集地名は全て旧藤原町高原山としておきたい。

水授所」という角柱が立っていた。行ってみるとビールより美味しい？冷水が浸み出ていた。この山に登られたらぜひこの水を飲んでほしい。

16 鶏岳 (にわとりだけ) 668m

◆登山日　2007年9月4日
◆天　候　快晴
◆コース　西船生バス停（車）→西古屋→林道西前高原線→登山口→頂上→登山口→西古屋ダム付近林道（車）→西船生バス停

ふもとにハンミョウが健在！

　この山は栃木県中央部より少し北の塩谷町船生にあり、地元では「にわとりさん」と呼ばれているという。

　国道461号の西船生（にしふにゅう）バス停わきの細い道を北の方角に向かって車を走らせると、前方に鶏の頭のような格好のピークを持った山が迫ってくる。あーあれだなと見当を付けて近づく。しかし、道がいくつにも分岐していて判然としない。いつもながら登山口を見つけるのが大変である。西古屋（にしごや）集落の駄菓子屋で道を教わり、なんとか登山口に着く。

　登山口という看板のある階段を上ると、スギやブナなどの高い木の生い茂る薄暗い登り道が延びている。周辺からミンミンゼミとツクツクボウシに混じってエゾゼミの鳴声が聞こえてくる。道の両側にはツツジ類やコアジサイ、トネリコ、シラキなどの植物が続く。こんな状態ではチョウのような空中を飛ぶ虫は期待できないな、と思っていると、突然フワッと忍者のような物体が眼前を横切る。とっさにネットを振ったらウスバカゲロウが入った。ツツジの小枝の間を音もなく飛んでいるのはホソミオツネントンボ。もう、越冬場所でも探しているのであろうか。また、大きな倒木の根元付近を飛び回る大型のハチを見つけた。すくってみるとニホンキバチであった。

登山道沿いの低木の葉上をスウィーピングしてみると、ガロアノミゾウムシ、ヒゲナガホソクチゾウムシ、アカクチホソクチゾウムシ、ツヤヒメゾウムシ、マダラアラゲサルハムシ、ツブノミハムシ、カシワクチブトゾウムシなどなど、思ったより虫の数は多い。そのあと、さらに栃木県内からの記録があまりないツチイロゾウムシ、キボシトゲムネサルゾウムシ、マルヒメキノコムシ、クビアカモリヒラタゴミムシも得られた。

　登山道は3分の2くらい登ったところで、「ロープに沿って登って下さい」という標識のある急な登りにさしかかった。20分くらいでバテ気味の大量の汗をかいて、突然平らな頂上に着いた。

　頂上は30畳ほどもあり、かなり広い。中央に祠があり、お賽銭箱も置いてある。周囲にはミズナラやブナなどの高い木が茂っているが、西側の一角だけが伐採されていて、真下には西古屋ダム、遠くには日光連山が一望できてすばらしい。周辺の葉上をバサバサすくってみたら、なんとこれまで旧馬頭町、旧田沼町、足利市などから少数しか採れていないムネアカウスイロハムシと、栃木県のレッドデータリストで準絶滅危惧種（Cランク）に指定されているアヤヘリハネナガウンカが採れた。どこに、何がいるかわからないものだ、と痛感。また、1本のミズナラと思われる木の樹幹から流れ出ている樹液にはナガゴマフカミキリが陣取っていた。

　高い山のテッペンに登るのは人間も好きだけれど、チョウチョも好きなようである。頂上でお昼ご飯を食べながらフト頭上を見ると、キアゲハ3匹、カラスアゲハ2匹、ルリシジミ2匹などが激しい空中戦を展開していて賑やかである。時々、モンキアゲハやヒョウモンチョウの一種、コミスジも参戦したが、結局キアゲハ軍が制空権を獲得したようである。しかし、今度はキアゲハ同士の争いも熾烈で、しばらく空中戦は終わりそうもない様子であった。

　下りは登山口に降りたあと、麓まで林道を採集することに。今度は陽の当たる道沿いであるため、目に入る虫の種類もガラッと変わった。

写真❷ カワラタケの一種を摂食中のミヤマオビオオキノコ（体長13mm）

甲虫ではサシゲトビハムシ、サメハダツブノミハムシ、ダイコンナガスネトビハムシ、ヒラタチビタマムシ、マメチビタマムシなどを得た。西古屋ダム近くでは思いがけず、久々ハンミョウに出会って感激。山道の舗装化や車の乗り入れによって全国的に少なくなっている昆虫の1つであるが、末永く生き残って欲しいものである。

　2008年7月15日に再度この山に訪れる機会を得た。今回は頂上には向かわず、麓をぐるっと回るように走る林道の一部を歩いてみることにした。

　始めに入った西古屋湖の側を通る林道では、早速枯れ木に生えたカワラタケの一種からミヤマオビオオキノコ（写真❷）を得た。間もなく湖から離れ、薄暗い林道沿いでスウィーピングを行っていると、手の甲に3cmくらいのナメクジのような生き物が付着しているのに気づく。とっさに数年前新潟県内の山で大襲撃を受けたヤマビルと直感。これは一大事とズボンの裾を見ると、すでに5、6匹付いているではないか。それではとクツを脱いで靴下の間を見るともう4、5匹潜っていて吸血中であった。栃木県内でヤマビルに遭遇したのは初めてである。

　ヤマビルのいる林道を逃げ出して、陽の当たる別の林道に移って採集を続行。そこで得た主な種はミヤマオビオオキノコ *Episcapha gorhami*（1ex.）、ホソクビナガハムシ *Lilioceris parvicollis*（1ex.、とちぎレッドリスト要注目種）、キアシヒゲナガアオハムシ *Clerotilia flavomarginata*（1ex.）（写真❷）、

写真❷ キアシヒゲナガアオハムシ（スケールは1.5mm）

ヒメカミナリハムシ *Altica caerulescens*（1ex.）、ミヤマイクビチョッキリ *Deporaus nidificus*（3exs.）など。

今日この山で出会った主な昆虫類

アヤヘリハネナガウンカ *Losbanosia hibarensis*（1ex.）、ハンミョウ *Cicindela chinensis japonica*（1ex.、他に3匹目撃）、クビアカモリヒラタゴミムシ *Colpodes rubriolus*（1ex.）、ヒラタチビタマムシ *Habroloma subbicorne*（1ex.）、マルヒメキノコムシ *Aspidophorus japonicus*（1ex.）、ムネアカウスイロハムシ *Monolepta kurosawai*（1ex.）、ヒゲナガホソクチゾウムシ *Apion placidum*（3exs.）、ツヤチビヒメゾウムシ *Centrinopsis nitens*（1ex.）、ツチイロゾウムシ *Cotasteromimus morimotoi*（1ex.）、キボシトゲムネサルゾウムシ *Mecysmoderes ater*（1ex.）など。

塩谷町・鶏岳

宇都宮市篠井富屋連峰（中央が本山）

那須・流石山付近から白笹山(左)と沼原調整池(下方)

54

流石山付近からの大倉山(右奥)

日光の山

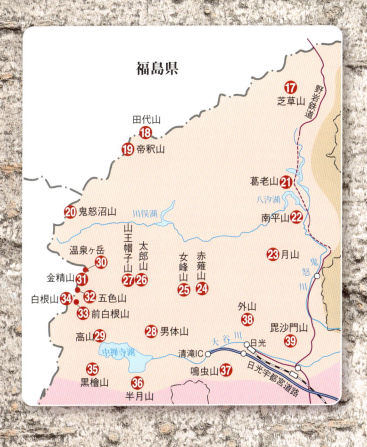

⑰ 芝草山 *1342m*

◆登山日　2012年7月9日
◆天　候　晴
◆コース　中三依(車)→入山沢林道・登山口→33鉄塔→
　　　　　大岩→頂上(往復)

ピラミダル、大岩、ゾウムシ類

　芝草山は栃木県北西部の旧藤原町中三依(なかみより)に位置し、野岩(やがん)鉄道の中三依駅付近から西方にピラミッド形の端正な山容の望まれる独立峰である。

　中三依から入山沢に沿って林道に入ると、ところどころで渓流釣りの人の姿が見える。登山口の看板があると登山案内書に書いてある三依渓流釣りセンター前に着いたが、看板らしいものは見当たらない。もう少し奥かなと、車を100mほど進めたところ、いきなりけたたましい鳴き声と共に30匹余りのニホンザルの群れに出会った。突然の侵入者にパニック状態のおさるさんたちにゴメン、ゴメンと謝りながら後退する。結局、登山口の看板は釣りセンターより少し中三依寄りにあった。木の葉に隠れていて見えなかった。

　15分ほど時間をロスして登山開始。早速、スギ林の中のジグザグの急登である。道端にはハナヒリノキ(ツツジ科、この後頂上にかけてもっとも多い植物)やコナラ、ウリハダカエデ、ツツジなどの広葉樹が多く、虫のいそうな予感。登山路は、この先にある東京電力の送電鉄塔の巡視路を兼ねている(どちらが、どちらを兼ねているのかは知らないが)ため、非常に良く整備されていて、すこぶる歩きやすい。

　40分ほどして明るく開けた33番鉄塔下に着いた。まずは一休みと荷物を降ろし、近くの葉上に目をやると、あらまあ、お久しぶり。綺麗な虫で有名なミドリカミキリではないか(写真❷)。この虫は大きさは

15mmほど。通常、からだは緑色をしているが、今回の個体では頭胸部は緑色であるが、翅は赤紫色で大変美しい。栃木県内では平地〜山地帯で花や枯れ木に集まる。珍しい種ではないが、筆者にとっては10年振りくらいの出会いである。

写真㉖ ミドリカミキリ（スケールは5mm）

　美しいと言えば、今日、5、6匹にお目にかかったオオトラフコガネ（写真㉟*156P*参照）がある。この虫は体長が15mmほどで、メスは全体黒っぽくて目立たないが、オスは茶色や白、黒などで彩られ美しい。県内では山麓〜山地の花に集まっているのに時々出会うが、今日のようにたくさん見かけるのは珍しい。

　登山口から鉄塔までの間で出会った種はルリウスバハムシ、ナガトビハムシ、チビヒョウタンゾウムシ、カシワクチブトゾウムシ、ベニボタル、ユアサクロベニボタルなどで、特にめぼしい種は見当たらない。

　鉄塔をすぎると、間もなく登山道は巡視路から分かれ、細い尾根道となる。両側は急斜面で広葉樹が茂っている。採集を楽しみながら歩いていると、突然、目の前に大きな岩の壁が立ちはだかった。以前から登山案内書などで見ていて、この大岩を登れるか不安に思っていた。高さは30m超。ぶら下がっているロープと木の根や岩につかまりながら、懸命によじ登る。北アルプスの剣岳や槍ヶ岳のクサリを使った登りほどではないが、それらとまたひと味違うスリルである。

　鉄塔〜大岩間ではキバネマルノミハムシ、ケブカクロナガハムシ、ネジキトゲムネサルゾウムシ、ウスモンチビシギゾウムシ、ナラルリチョッキリ、ケブカトゲアシヒゲボソゾウムシ、クロツヤヒラタコメツキ、クロハナボタルなどが得られ、手応え十分。この中のウスモンチビシギゾウムシは2mmほどの微小種で、県内では旧栗山村（現日光市）と那須から

写真㉗ ウスチャイロカネコメツキ（スケールは3mm）

ごく少数の記録しかない珍しい種である。

　大岩の上に到達してつかの間、こんどは結構長い急登の始まりである。クマザサやブナの生えたトレイルをスウィーピングしながら我慢の前進。時々アミの中をのぞき、オヤっと思う種を見つけ救われる。そのような1つが、ウスチャイロカネコメツキ（写真㉗）。体長8mmほど。体色は黄褐色。1894年にルイスが日光から原記載した種で、その後、県内では栗山村から数匹の記録があるのみ。

　そのほか、大岩〜頂上間ではジュウジトゲムネサルゾウムシ、キアシイクビチョッキリ、コナライクビチョッキリ、マダラノミゾウムシ、クリイロクチブトゾウムシ、トホシハムシなどが得られた。

　大岩から1時間ほどかかってシャクナゲの茂る陽当たりの良い頂上に着いた。広さは4畳間くらいであまり広くない。北西方向には栃木百名山で、私のまだ登っていない荒海山が見えている。平地から越夏のため山に上るアキアカネが既に到着して、たくさん飛び交っている。

　お昼ご飯を摂っていると、地上5mくらいの上空に1匹のカラスアゲハと、1〜2m低空を素早く飛び回る小型のチョウの存在に気づく。低

今日この山で出会った主な昆虫類

ウスチャイロカネコメツキ *Cidnopus marginicollis*（1ex.）、クロツヤヒラタコメツキ *Calambus japonicus*（1ex.）、ユアサクロベニボタル *Cautires yuasai*（1ex.）、ミドリカミキリ *Choloridolum viride*（1ex.）、キアシイクビチョッキリ *Deporaus fuscipennis*（1ex.）、チビヒョウタンゾウムシ *Myosides seriehispidus*（1ex.）、マダラノミゾウムシ *Orchestes nomizo*（2exs.）、ウスモンチビシギゾウムシ *Curculio minutissimus*（1ex.）、ジュウジトゲムネサルゾウムシ *Mecysmoderes kerzhneri*（1ex.）、ネジキトゲムネサルゾウムシ *Mecysmoderes brevicarinatus*（3exs.）など。

空のチョウは時々侵入するジャノメチョウの一種を追い回している。この縄張りの主を確認せねばとアミを構えて、エイ、ヤーと燕返し。まぐれで入ったのはアオバセセリでした。

　今回の登山記のキーワードはサブタイトルにあげた3つ。ピラミダルは、三角形をした端正なこの山の容姿。大岩は、3分の2ほど登ったところの30m級大岩の急斜面をロープを使って登るスリル。ゾウムシ類は、今日出会った昆虫類ではゾウムシ類がもっとも多く、ウスモンチビシギゾウムシやジュウジトゲムネサルゾウムシなどの珍しい種が得られたこと。

⑱田代山 (たしろやま) *1926m* ⑲帝釈山 (たいしゃくざん) *2060m*

◆登山日　2004年8月2日
◆天　候　快晴。登山口近くの湯ノ花温泉の最低気温17℃、帝釈山頂正午の気温24℃
◆コース　福島県舘岩村湯ノ花温泉（泊、車）→猿倉登山口→田代山→帝釈山（同じ道戻る）

湿原の花上に群がるアブ、ハエ類

　田代山、帝釈山はいずれも栃木県と福島県の県境に位置しているが、この時点では、栃木県側からは旧栗山村内の林道が崩壊しているためアプローチできない。奥鬼怒日光沢から鬼怒沼経由で入ることもできるがあまりにも遠い。したがって、現在は道路、案内標識ともよく整備されている福島県側から入山するのが一般的である。

　猿倉の登山口は標高1300mである。歩き始めてすぐ、たくさんの虫で賑わっているシシウドとヤマアジサイの花が目に止まった。常連のハナカミキリ類がたくさんいるのかなと思ったら、ニンフハナカミキリ、マルガタハナカミキリなど普通種が3種類ほどで、ほかはハナアブやシロスジベッコウハナアブ、オオヨコモンヒラタアブなどのアブ、ハエ類が

写真㉘ 湿原のシラネニンジン花上に止まるオオヨコモンヒラタアブ（体長12mm）

ほとんどなのだ。ほかには、ベニモンツノカメムシ、オオチャバネセセリ、ハバチの仲間が少々見られたぐらいで、種々の花上でアブやハエ類の多い傾向はこの後登った湿原や山頂方面でも続いた。このおびただしいアブ、ハエ類の中には平地で見かける種類も多い。すると、これらはアキアカネのように夏の間涼を求めて、または豊富にある花蜜を求めて高い山の上に移動してきているのであろうか。

　一汗かいて田代山頂に着いた。山頂といっても真っ平らな湿原そのもので、どこにもピークらしいところはない。まず目に付いたのはイワショウブ（白とピンク）、シラネニンジン（白）、キンコウカ（黄）などの湿原固有の花々である。それらの花上には、またしてもアブやハエ類ばかり。ならばと、湿地内のスウィーピングを試みたが、獲物はアブ、ハエ、ヨコバイ類ばかり（写真㉙）。おかしい、虫が少ないぞ、と思いながら、入ってはいけないのだが人影の無いのを見計らって、湿原内に踏み込んで池塘をのぞいて見た。目に付いたのは数匹のマツモムシの親子のみで、期待したゲンゴロウ類やネクイハムシ類はまったく見つからない。代わりなのか、思いがけず大型で綺麗なツノアオカメムシが水辺のスゲ類で3個体も見られ少々驚いた。湿原の周辺にはこのカメムシの食草となるカンバ類が多数自生してはいるが、なぜこんなところにいたのかは分からない。この湿原では木道に止まっているたくさんのアキアカネのほか、ルリボシヤンマ（またはオオルリボシヤンマ）とサナエトンボの一種を目撃したくらいで、虫の方は期待はずれであった。今年は5、6月の気温が高かったため、季節の進行が例年より早く、高い山にはもう秋風が吹いているように思われた。しかし、湿原周辺で得たシリアゲムシの一種を下山後調べてみたところ、なんと栃

木県内から2匹目のミスジシリアゲ（写真㉙）であった。また、登山口から田代山頂までに見たチョウ類はオオチャバネセセリ（1匹）のほか、サカハチチョウ1匹、カラスアゲハ（またはミヤマカラスアゲハ、3匹）、ミドリヒョウモン1匹、スジグロシロチョウ（多）、ヒメキマダラヒカゲ（もっとも多い）であった。

写真㉙ ミスジシリアゲ（前翅長のスケールは5mm）

　湿原の状況がわかったところで、田代山から2.5kmほど離れた帝釈山へ向かう。帝釈山への道はオオシラビソの樹林内で、薄暗く展望も得られない。登山案内書には、この間でオサバグサの大群生が見られること、トゲのある木に注意することが記されている。オサバグサ（ケシ科）の花期は6～8月とされるが、今回は花は終了したとみえ、1本も目に入らず。代わりにカニコウモリ（キク科）がたくさん見られた。トゲのある木の方はハリブキ（ウコギ科）であった。この植物は登山道に沿って多数見られたが、全身鋭いドゲの生えた低木であるため、この上に座ったり、手でつかんだりしたら大変な目に遭う。

　このルートでも肝心な虫の方はさっぱり。スウィーピングによりシラネヒメハナカミキリ、カバノキハムシ、キアシイクビチョッキリ、コブ

今日この山で出会った主な昆虫類

ミスジシリアゲ *Panorpa trizonata*（田、1ex.）、キバネシリアゲ *Panorpa ochraceopennis*（田、1ex.）、オオヨコモンヒラタアブ *Ischrosyrphus glaucius*（田・帝、多数）、ベニモンツノカメムシ *Elasmostethus humeralis*（田、1ex.）、キスジナガクチキ *Mikadonius gracilis*（田、1ex.）、シラネヒメハナカミキリ *Pidonia obscurior obscurior*（帝、1ex.）、セダカカクムネトビハムシ *Asiorestia gruevi*（田、1ex.）、ルリイクビチョッキリ *Deporaus mannerheimi*（田、1ex.）、キアシイクビチョッキリ *Deporaus fuscipennis*（帝、1ex.）、ミカドキクイムシ *Scolytoplatypus mikado*（田、1ex.）など。＊田：田代山、帝：帝釈山。

ヒゲボソゾウムシなどの甲虫を少数得たのみであった。

　山頂に着くと5人ほどの先客があり、遠方に見える山座の同定で賑わっている。南には日光連山、西には至仏、燧、平ヶ岳、北には会津駒ヶ岳など。つい2週間ほど前、この山頂直下で雷に打たれ東京の人が亡くなられたばかり。長居は無用とおにぎりを食べ、お天気の神様に感謝して下山についた。

⑳ 鬼怒沼山 (きぬぬまやま) *2141m*

- ◆登山日　2013年8月8～9日
- ◆天　候　晴
  　　　　　奥日光の気温、最低17.4℃、最高27.1℃
- ◆コース　日光市川俣女夫渕→日光沢温泉(泊)→鬼怒沼→
  　　　　　鬼怒沼山(往復)

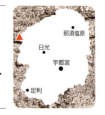

鬼怒沼湿原に健在なカオジロトンボ

　登山口の奥鬼怒女夫渕(めおとぶち)の大きな駐車場に車を止め、1時間40分ほど先の日光沢温泉を目指す。歩き出してすぐ以前来た時とルートが異なっているのに気付く。この年の春に発生した奥日光を震源とする強い地震により、鬼怒川沿いのガケが大規模に崩壊したため、広範囲に迂回路が設置されているのである。

　鬼怒川に沿ったサワグルミやカツラ、ヤマハンノキ、イタヤカエデ、トチノキなどの生えたやや平坦な路上で最初に目に入ったのはミスジチョウで、3匹ほど見かけた。その後、日光沢までに目撃したチョウ類はコムラサキ、ミドリヒョウモン、ルリタテハ、オオチャバネセセリ、スジグロシロチョウ、アサギマダラなど。このルート沿いには昔からオオゴマシジミが生息することが知られていたが、マニアによる乱獲に遭い最近は見かけなくなった。本種はシソ科のカメバヒキオコシを食草としているが、4齢以降にはアリの巣に寄生してアリの幼虫を食べて成長

するという。栃木県内では奥鬼怒のほか、日光戦場ヶ原や那須町、鹿沼市古峰ヶ原などから見つかっているが、絶滅が危惧されている。

　本ルートの中間点近くの鬼怒川河原で昼食を摂っていると、ススキの葉上に多数のハネナガヒシバッタを見つけた。鮮やかな緑色をした体長3cmほどで、イナゴによく似ている。また、すぐ近くの林縁沿いの草むらでは体長3cmほどで、褐色をしたヒロバネヒナバッタも見られた。

　そのほか、女夫渕〜日光沢間で出会った主な昆虫類は、ミドリトビハムシ、オオキイロノミハムシ、ホソツヤハダコメツキ、ツヤクロツブゾウムシ、ヒメシギゾウムシ、ルリホソチョッキリ、キンスジコガネ、ホソベニボタル、ケナガクビボソムシ、メスグロカミキリモドキ、クロアシコメツキモドキなど。これらの中で特に注目すべき種はヒメシギゾウムシ（写真㉚）。体長4mmほどで、からだは茶色。栃木県内では湯西川、旧藤原町横川、那須大川林道、塩谷町からごく少数が見つかっているに過ぎない。

　日光沢温泉近くの八丁の湯付近まで来たところで1人の釣り人に出会った。「釣れましたか」と声を掛けると、「まあまあです」と釣果を見せてくれた。25〜6匹のイワナとヤマメである。「わあ　凄い、食べたいな」と私。今晩の宿でイワナにありつけることを願って日光沢温泉に着くと、入り口近くのイケスで30cm級のイワナ数匹が出迎えてくれた。夕食には15cm級の塩焼きが出て、久し振りに舌鼓を打った。

　2日目、7時少し前に宿を出て、歩程2時間半の鬼怒沼へ向かう。何度来ても、このルートの急登には難儀を強いられる。アスナロ、ウラジロモミ、コメツガ、トウヒ、モミなどの針葉樹林の中のトレイルである。林床

写真㉚ ヒメシギゾウムシ（スケールは1.5mm）

にはチシマザサが茂っている。遠くの方からは微かなコエゾゼミの鳴き声が聞こえてくる。時々、道端の草地をすくってみると、ハエやアブ、ハチ類ばかりで、甲虫類はほとんど見られない。チョウ類ではヒメキマダラヒカゲを数匹見掛けた程度。

日光沢温泉〜鬼怒沼間で出会った主な種類は、ヒゲナガウスバハムシ、ナカグロヒメコメツキ、ゴマダラモモブトカミキリ、クロニセリンゴカミキリ、ケブカトゲアシヒゲボソゾウムシなど。

長い登りを終えて急に明るく開けた鬼怒沼 (176P参照) に躍り出た。鬼怒沼は標高2030mで、日本一高いところにある高層湿原である。木道を通って湿原内に入っていくと南に白根山、北に燧ヶ岳が遠望でき、250を超える地塘とたくさんの花々の景観がすばらしい。今回、目についた花はキンコウカ、イワショウブ、ワタスゲ、タテヤマリンドウ、サワラン、コバノギボウシ、イワオトギリなど。中でも多くの湿地から盗掘により姿を消しつつある濃いピンク色の花をつけたサワランが散見され大感激。いつまでもここで咲いててほしい花の1つである。

鬼怒沼の代表的な昆虫で、現在、栃木県内での確かな生息地はここだけではないかと思われるものに、カオジロトンボとアシボソネクイハムシ、メススジゲンゴロウがある。鬼怒沼は国立公園の特別保護地区に指定されていて、昆虫採集は禁止されていることと、湿原を自由に歩き回ることができないため、メススジゲンゴロウとアシボソネクイハムシは今回確認することができなかったが、カオジロトンボ (写真㉛) は多数見られ健在であった。このトンボはアカトンボ (アキアカネ) より少し小型で、腹部は黄褐色〜赤褐色のまだら模様をしており、顔面が鮮やかな乳白色。北海道と東北、上信越の山岳地帯の湿地に点地的に分布してい

写真㉛ 木道に止まるカオジロトンボ♀ (腹長24mm)

る。

　鬼怒沼からは今回の最終目的地点である鬼怒沼山に向かう。沼から尾瀬方面に向かって約1時間余り、鬼怒沼山への道標があった。その分岐からは先人が木の枝に着けて下された色テープに導かれて、ようやく頂上に到着。頂上は畳2枚ほどの広さで、周囲はササとモミに囲まれている。木に山名札がぶら下がっているほかは何もないヤブの中の頂上である。

　鬼怒沼〜鬼怒沼山間で出会った昆虫類はヤマトヒメクモゾウムシ、コウノジュウジベニボタル、クロバヒシベニボタル、マエアカクロベニボタル、クロバチビオオキノコなど少数であったが、この中のヤマトヒメクモゾウムシは体長3mmほどで、からだは黒色。背面に黄色毛がまばらに生えている。栃木県内では那須塩原市の日留賀岳と奥日光の山岳地帯からごく少数個体しか見つかっていない珍しい種である。

　今回採集したハチ類をハチを研究している片山栄助氏に見て頂いたところ、いずれも日光市からの古い記録が1例ずつあるだけのクワヤマギングチとタケウチアオハバチが得られていることがわかった。

今日この山で出会った主な昆虫類

クワヤマギングチ *Rhopalum kuwayamai*（1♀、鬼怒沼山）、タケウチアオハバチ *Tenthredo takeutii*（1♀、日光沢）、カオジロトンボ *Leucorrhinia dubia orientalis*（多数目撃、鬼怒沼）、ハネナガフキバッタ *Ognevia longipennis*（多数目撃、日光沢）、ヒロバネヒナバッタ *Stenobothrus fumatus*（1ex.、日光沢）、クロバヒシベニボタル *Dctyoptera elegans*（1ex.、鬼怒沼山）、マエアカクロベニボタル *Caufires zebradniki*（1ex.、鬼怒沼山）、メスグロカミキリモドキ *Indasclera carinicollis*（1ex.、日光沢）、ケナガクビボソムシ *Neostereopalpus niponicus*（1ex.、日光沢）、クロニセリンゴカミキリ *Eumecocera unicolor*（1ex.、日光沢）、ツヤクロツブゾウムシ（ニセクロツブゾウムシ）*Sphinxis crypticus*（1ex.、日光沢）、ケブカトゲアシヒゲボソゾウムシ *Phyllobius armatus*（2exs.、日光沢）、ヒメシギゾウムシ *Curculio fulvipennis*（1ex.、日光沢）、ヤマトヒメクモゾウムシ *Ellatocerus japonicus*（1ex.、鬼怒沼山）など。

㉑ 葛老山 *1124m*

◆登山日　2011年6月15日
◆天　候　晴
◆コース　栗山村村営団地→展望所→頂上（往復）

広葉樹とササ原の森が育む昆虫の宝庫

　葛老山は川治温泉の少し北の野岩鉄道会津鬼怒川線湯西川温泉駅近くの、五十里湖と八汐湖の間にあり、一般にあまり知られない静かな山である。

　登山ガイドブックの案内にしたがい、湯西川温泉駅まではたどり着いたが、トンネルのある新道が完成していて、ここでまずまごついた。「道の駅」でお聞きして、登山口の栗山村村営団地は簡単にわかった。今度は登山口の道標がどこにもなくてウロウロ。結局、団地の方にお聞きして林道脇の細い登り口を突き止めた。教えていただかなければ林道の奥に迷い込んでしまったかも知れない。団地の方によれば、最近道の駅付近に新しく登山口ができたらしく、ここから登る人は少ないらしい。

　登山道に入ったすぐの所に、「展望所」という朽ちかけた古い道標があり、登山道に間違いないことを確認。道がわかってホッとすると急にエゾハルゼミの大合唱が耳に入ってきた。また、道端のヤシャブシの葉に目をやると、この植物に常連のチャイロサルハムシと金緑色に輝くルリハムシの姿が見える。少し登っていくと、周囲の木が伐採され展望の利く東京電力の送電用鉄塔下に着いた。コナラやホオノキ、キイチゴなどの茂るヤブをすくってみると、オオヘリカメムシやアカスジキンカメムシ、レロフチビシギゾウムシ、シロオビナカボソタマムシなど山麓の見慣れた仲間が入った。

ここからさらに登ったところに東京電力の2本目の鉄塔があり、そのあたりから頂上にかけては林床にササが茂り、一部スギ、ヒノキ、アカマツの混じるブナやカエデ類、カシワ、トチノキ、ツツジ類、ツノハシバミなどの広葉樹の尾根道となる。

　登山口から30分、標高800mほどに上ったところで、真新しくて立派なあずま屋に到着。荷物を下ろして東方に目をやると、真下に真っ青な五十里湖の絶景。ここが「展望所」と呼ばれてきたところなのか、と納得した。

　ここから頂上にかけては、やや薄暗く広葉樹の深い森の中を感じさせる道が続く。ササの葉上に目をやりながら登って行くと、意外にたくさんの昆虫類が止まっていて面白い。最初に目についたのは体長1cmほどで、その倍以上の触角を持つドウボソカミキリ。そのほか、カミキリムシではチビコブカミキリの一種、キバネニセハムシハナカミキリ、ゾウムシではガロアノミゾウムシ、セアカホソクチゾウムシ、マルムネチョッキリ、コメツキムシではムネダカアカコメツキ、ベニコメツキ、栃木県初記録となるケブカコクロコメツキ、ハムシではケブカクロナガハムシ、県内記録の少ないセスジトビハムシ。そのほかの昆虫ではホソベニボタル、ミヤマヒシベニボタル、ツツオニケシキスイ、トウヨウダナエテントウダマシなどなど。

　950m付近まで上ったところでササ葉上に珍虫のラクダムシ（写真㉜）を発見。私は50年以上昆虫をやっていて、この虫と出会ったのはほんの数回しかない。しかし、今年は当たり年らしく、5月中旬に訪ねた栃木県足利市の両崖山で1匹と出会っている。この虫はクサカゲロウなどと同じ仲間に属し、幼虫はマツなどの樹皮下に住み、小昆虫を食べるとい

写真㉜ ラクダムシ（スケールは3mm）

写真❸ マダラクワガタ（スケールは1.5mm）

う。成虫の首が異様に長いところからラクダムシの名があるらしい。

　標高1000m付近のササ葉上からはキボシクチカクシゾウムシ、クロツブゾウムシ、クロシギゾウムシ、リュイスアシナガオトシブミ、マダラホソカタムシ、クロツヤヒラタコメツキ、カクムネベニボタル、ニセヨコモンヒメハナカミキリとともに、私にとって初めての出会いとなるマダラクワガタ１♂（写真❸）を得た。この種はクワガタムシの仲間とはいっても、ノコギリクワガタやミヤマクワガタのような立派な大あご（大鰓）はなく、よく見ないとわからないような小さなキバしかなく、知らなければクワガタムシの一種とは思えない。

　登り始めてから２時間ほどで、広々とした森の中の頂上に着いた。中腹の展望所にあったものと同じような立派なあずま屋とベンチが設置されていて、ゆっくり昼寝でもしたくなるような雰囲気である。今日は誰も人間は登って来ない。その代わりなのかヤマキマダラヒカゲとクロヒカゲがたくさん飛び回っていて、時々あずま屋の柱や梁に止まっては戯れている。頂上からの周囲の眺望は木に遮られて判然としない。木々の間から青い色がのぞいているので空の色かと思ったら五十里湖と八汐湖の水の色であった。

　お昼ご飯の後、頂上付近のササ原を散策。枯れた立木があるので皮を剝いでみると、びっくり。ベニヒラタムシと数匹のオオクチカクシゾウムシが現れた。このゾウムシにはめったに出くわさないので、ヤッター！そのほかにも、ササ葉上からコガタシモフリコメツキ（ヘリアカシモフリコメツキ）、ミヤマタテスジコメツキ、テングベニボタル、クロナガハナゾウムシ、ユアサハナゾウムシ、クリチビカミキリ、クリイロクチブトゾウムシ、筆者にとって初めてお目にかかるムモンノミゾウムシなど

大収穫！

　展望所から上部の道のところどころには所要キロ数を書き込んだ真新しい道標が設置されていて、登山者にとっては大変心強い。また、登山道も非常に良く整備されているほか、背丈50〜60cmほどの七福神の彫像があちこちに鎮座していて登山者を眺めている光景はなんともユーモラスである。

　今日この山で見た花について一言。登り始めて間もなく林縁にフタリシズカがポツポツ見られた。その後うす暗い林内の道が続いていたので花のことは忘れていたが、中腹より少し上で1株のコケイランに出会った。茎の高さ30cmほどで、黄褐色の小さな花を総状に着けていてかわいらしい。願わくば誰にも盗られずに毎年ここで咲いていて欲しい。

今日この山で出会った主な昆虫類

ラクダムシ *Inocellia japonica* (1ex.)、マダラクワガタ *Aesalus asiaticus* (1ex.)、ミヤマタテスジコメツキ *Ampedus gracilipes* (1ex.)、ケブカコクロコメツキ *Ampedus aureovestitus aureovestitus* (2exs.)、チビコブカミキリの一種 *Miccolamia* sp. (1ex.)、セスジトビハムシ *Lipromela minutissima* (2exs.)、セアカホソクチゾウムシ *Apion sulcirostre* (1ex.)、クロツブゾウムシ *Sphinxis koikei* (2exs.)、ムモンノミゾウムシ *Orchestes aterrimus* (2exs.)、オオクチカクシゾウムシ *Syrotelus septentrionalis* (4exs.) など。

七福神の彫像が立つ葛老山

㉒ 南平山 (なんだいらさん) *1007m*

◆登山日　2007年8月1日
◆天　候　晴
◆コース　野岩鉄道会津鬼怒川線・川治湯元駅→黄金橋→
　　　　　あじさい公園→あずま屋→頂上（往復）

栃木県から113年ぶりのヒメキマダラコメツキ

　この山は川治温泉のすぐ西側にそびえるオワン形をした山である。
　川治温泉のはずれから野岩線の川治湯元駅までは迷わず来られたが、その先は迷路のようで行ったり来たり。鬼怒川に沿って運動公園があり、そこが駐車場で登山口となっている。公園にはテニスコート、野球場、プールがあるが、今日はまだ誰もいない。川の方を見るとカナディアンカヌー会場という看板があり、1人や2人乗りのカヌー数艘が涼しそうに河面を滑っている。「気持ちよさそう」だなと横目に見ながら鬼怒川にかかる黄金橋を渡ると、続いて「あじさい公園」に入った。終わりかけてはいるが、種々の品種のたくさんのアジサイが植栽されており、花にはヨツスジハナカミキリやカラスアゲハが訪れている。公園を出て間もなく、「南平山登山案内」の看板。この山には平家の黄金埋蔵伝説があること、頂上まで2時間30分、往復5時間と書かれている。「よし、ついでに埋蔵金も探してみるか」と意気込んで登山開始。
　山は全体ミズナラやブナ、カエデ類の高い木に覆われた鬱蒼としたやや暗い森の景観。そこにジグザグの山道が頂上方に向かって延々と続いていて、それをひたすら登ることに。この調子だと空中を飛ぶようなチョウやトンボなどは期待できそうもないなと。いや、そのほかの昆虫もダメかも知れない、と不安が走る。
　道沿いには丈の低いコアジサイ、ツツジ類、トネリコ、フジ、オオバアサガラなどが群落をつくっている。よし、まずこれらをバサバサす

くってみることに。何かいるかとアミをのぞいてみて仰天！これまで採ったことのない大きさ4mmくらいで黄色の斑紋のあるコメツキムシが数匹入っているではないか。帰ってから調べてみたところ、これは113年前の

写真㉞ 栃木県から113年ぶりに記録されたヒメキマダラコメツキ（スケールは1.5mm）

1894年にG. Lewisが、日本のFukusima、Nikko、Osakaから新種として記載したヒメキマダラコメツキ（写真㉞）であった。

　これに気をよくしてスウィーピングを続けていくと、ヘリアカアリモドキやアシマガリニセクビボソムシ、ビロウドアシナガオトシブミ、ニホンカネコメツキ、コゲチャホソヒラタコメツキ、キアシヒゲナガアオハムシなどの上物が続々。飛ぶ昆虫はダメかなと思ったら頭の上で、ブーンと大型甲虫の羽音。アミを放り投げて撃墜すると、なんだ、ミヤマクワガタのメスであった。その後も、地面近くを素早く飛び回る甲虫がいるのですくってみると、こちらはセンチコガネであった。

　中腹あたりで急に明るく開けた場所に出た。送電線の鉄塔のある鞍部である。ここだけは木が伐採されていてすぐ下方には川治温泉の街並み、遠方には高原山系の山並みが望まれる。ここでは本日唯一の花タケニグサ、ボタンヅル、クズが咲いていて、イチモンジセセリが飛び回っている。

　この後、森の中のオオバアサガラやあずま屋付近に群生するカメバヒキオコシなどの葉上から県内2例目となるワシバナヒラタキクイゾウムシ、コブルリオトシブミ、ホソツヤハダコメツキなどを得た。

　また、薄暗い登山道沿いには種々の倒木やキノコの生えた朽ち木が多く、それらからはケヤキナガタマムシ（写真㉟）やムネアカクシヒゲムシ、コモンチビオキノコ、マエグロチビオオキノコ、ホソスジデオキノコムシなど多数の甲虫を得た。

写真㉟ ケヤキ倒木上のケヤキナガタマムシ（体長9mm）

　頂上近くで、思いがけず下りてくる60歳代くらいの男性2人に出会った。今日山で会った人はこれだけ。景色も見えない、何もない山のようだが、山があればやはり人は登るのであろうか。もしかしたら埋蔵金探し、いや栃木百名山に挑戦中の人かも知れないな。

　午後1時ころ3時間かかって頂上に着いた。静けさの中にカナカナというヒグラシの鳴き声が聞こえてくる。頂上は細長くやや広いが、高い木が茂っていて遠望は利かない。山頂の標識の隣に大きな看板。読んでみると、虫採りに夢中になっていてすっかり忘れていた埋蔵金のことが詳しく記されている。800年ほど前に源平の戦いに敗れた平家の大将、米沢淡路守は、さらに奥の湯西川方面に落ち延びる際に、金銀の財宝や漆をこの山のどこかに埋めたのだという。早くお昼ご飯を食べて、下りには本格的に宝探しでもしようか。いや、今日は私にとってはどんな宝物にも勝るたくさんの珍虫を得ることができ、これ以上の望みはない。山の神様に感謝しつつ下山についた。

　2008年6月25日（曇）、もう一度宝探しをしてみようかと当山を訪れた。天気があまり良くなかったせいか、宝物級の珍品は得られなかっ

今日この山で出会った主な昆虫類

ホソスジデオキノコムシ *Ascophus tibiale*（1ex.）、コゲチャホソヒラタコメツキ *Corymbitodes obscuripes*（1ex.）、ニホンカネコメツキ *Limoniscus niponensis*（1ex.）、ヒメキマダラコメツキ *Gamepenthes similis*（5exs.）、コモンチビオオキノコ *Tritoma cenchuris*（1ex.）、クロモンケブカテントウダマシ *Ectomychus musculus*（1ex.）、キアシヒゲナガアオハムシ *Clerotilia flavomarginata*（1ex.）、ビロウドアシナガオトシブミ *Himatolabus cupreus*（2exs.）、コブルリオトシブミ *Euops pustulosus*（1ex.）、ワシバナヒラタキクイゾウムシ *Cossonus gibbirostris*（1ex.）など。

たが、県内からの記録があまり多くないクロバチビオオキノコ *Pseudamblyopus similis*（1ex.）、シロオビゴマフカミキリ *Falsomesosella gracilior*（1ex.）、セスジトビハムシ *Lipromela minutissima*（1ex.）、ヒメイクビチョッキリ *Apoderites commodus*（1ex.）などを得た。

　下山途中の午後1時ころ、標高680m付近で上空5～30mを北東から南西に向かって飛翔する多数のアカトンボを目撃した。やっとのことで1個体を捕獲して種名を確認したところアキアカネであった。アキアカネは6月に平地で生まれ、その後山地に移動することが知られているので、その途中だったのであろうか。

月山（がっさん） *1287m*

- ◆登山日　2013年8月17日
- ◆天　候　晴のち曇
  奥日光の気温、最低15.9℃、最高25.0℃
- ◆コース　鬼怒川温泉（車）→日蔭牧場（車）→栗山ダム広場→
  尾根コース→頂上→ダムサイトコース→ダム広場

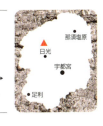

山頂で女性の顔の周りにまつわりつくキアゲハ

　この山は、旧栗山村の日蔭（ひかげ）から日蔭牧場を経て4kmほど入った栗山ダム南側にそびえる山で、春にはヤシオツツジの花の名所として知られているという。西の方角には赤薙山や女峰山などの日光連山と霧降高原近くにかかる白い六方沢橋がくっきりと眺望できる。この山の名前の由来は不明であるが、山登りをされる方なら、まず山形県の月山（1984m）を、また、栃木県内の方なら那須連山の一角を占める南月山（1775m）を想起されることであろう。

　高く石を積み上げた栗山ダムサイトの大きな壁のあるダム広場に車を止めて、登山口のあるはずの南へ向かってアスファルト道路を歩き出す。15分ほど行ったところで道は行き止まりとなったが、登山口は

見つからない。おかしいな、と少し戻ってみると、急斜面の道端に登山口の標識を見つけた。いきなり、ミズナラやナツツバキ、ヤシオツツジ、リョウブ、コアジサイなどの広葉樹と林床にササの茂った急登が始まる。15分、20分と尾根を登るにつれて汗が吹き出した。途中、北側の展望の利くところから下方をのぞくと、奥行き800m、中央付近の直径380mほどの青々と水を湛えた栗山ダムが目に飛び込んできた。素晴らしい眺めにしばし一息入れる。

　急登に息が上がり、疎かになっていた虫採りの方はどうか。道端の樹木の葉や下草をすくいながら進み、エモノはどうだろうかと、一度アミの中をのぞいてみると、ムナグロツヤハムシやツブノミハムシ、ヒゲナガウスバハムシ、クチブトコメツキほか、ハエ、アブ、ハチなどで、これといっためぼしいものは見当たらないようである。しかし、老眼を大きく見開いてアミの底をよくよく見ると、体長3mmほどのゾウムシの一種が入っている。しかも、筆者のまだ見たことのない種のようである。新種とはいわないが、栃木県初記録の種かも知れない。下山後、野津裕氏に見て頂いたところ、ヤナギノミゾウムシ（写真❸）とわかった。本種は、栃木県内では日光と那須塩原市から2例の記録しかない珍しい種。体長3mm。体は黒色で、胸と上翅に白い鱗片による斑紋がある。野津氏によれば、分布は北海道、本州で、ヤナギ類に付くという。

　登山口から1時間ほどで頂上に着いてしまった。頂上は4畳半くらいの広さで、周囲はツツジ、ミズナラ、ミズキなどで覆われているのと、モヤがかかっているためか、あまり眺望は利かない。片隅には祠があり、手を合わせた後一休みしていると、群馬県桐生から来られたという60代く

写真❸ ヤナギノミゾウムシ（スケールは1mm）

らいのご夫婦が登ってきた。ダンナさんと話をしていると、奥さんが「いやん」といって顔の周りを手で払っている。高い山のてっぺんが大好きなキアゲハが奥さんの顔の周りを舞いながら、まとわりついているのだ。女性の化粧品の匂いに引きつけられたのか、あるいは、汗の中の塩分が欲しかったのか。私たち男2人には寄ってこなかったので、前者が正解かな！

　頂上までに出会ったそのほかの種は、ナラルリオトシブミ、ヒメシギゾウムシ、キアシイクビチョッキリなどのゾウムシ類、ヒメクロツヤハダコメツキ、ツヤヒサゴゴミムシダマシなど。チョウ類ではヤマキマダラヒカゲとクロヒカゲを見たのみ。この中のヒメシギゾウムシは珍しい種であるが、つい最近登った日光沢温泉付近でも出会っている（関連記事鬼怒沼山の項にあり）。

　帰路はそのままダムの貯水池に飛び込めそうなダムサイトコースを辿る。急な下りが40分ほど続き、ダムの岸辺まで降りた。途中で出会った昆虫類はキクビアオハムシ、ルリマルノミハムシ、ミドリトビハムシ、エゾアリガタハネカクシ、ニイジマトラカミキリなど。この中でやや珍しい種はニイジマトラカミキリ（写真㊲）で、体長1cmほど。体は黒地に黄色と赤味がかったトラのようなまだら模様。栃木県内では日光市、那須塩原市、塩谷町などから記録されているがあまり多くない。今日はササの葉の上に止まっているのを見掛けた。写真を撮りたかったが、久々の出会いのため捕まえる方が先になってしまった。

　ダムサイトまで降りて、広場の草地を歩いていると、丸っこいシカのものと思われる糞を多数見つけた。比較的新しいものを木の枝で突っついてみると、大きさ6mmほどの黒いマエカドコエンマコガネが出てきた。この

写真㊲ ニイジマトラカミキリ（スケールは3mm）

虫は成虫も幼虫も獣の糞を食べて生活しており、自然界の掃除屋的存在を担う大変ありがたい虫である。

今日この山で出会った主な昆虫類

マエカドコエンマコガネ Caccobius jessoensis（1ex.）、ヒメクロツヤハダコメツキ Hemicrepidius desertor desertor（1ex.）、ツヤヒサゴミムシダマシ Misolampidius okumurai（1ex.）、ニイジマトラカミキリ Xylotrechus emaciatus（1ex.）、ナラリオトシブミ Euops konoi（2exs.）、キアシクビチョッキリ Deporaus fucipennis（1ex.）、ヤナギノミゾウムシ Tachyerges salicis（1ex.）、ヒメシギゾウムシ Curculio hime（1ex.）など。

赤薙山 （あかなぎさん） *2010m*

◆登山日　2014年8月4日
◆天　候　晴のち雷雨
　　　　　奥日光の気温、最低16.5℃、最高25.4℃
◆コース　霧降高原第1駐車場→キスゲ平→小丸山→焼石金剛→頂上（往復）

シラネニンジンの花に集まるシラホシヒメゾウムシ

　赤薙山は日光連山の東の端に位置し、ニッコウキスゲの群落で知られる霧降（きりふり）高原に登山口がある。

　今回、その登山口へ10年ぶりに来てみると、周囲の景色が一変しているのに驚いた。前回来たときには、ニッコウキスゲの見られるキスゲ平にはスキーリフトがあって、花を見たり、山麓を散策する人はそれに乗って、標高1600mの「小丸山」まで300mほど上っていた。一方、赤薙山や女峰山方面に登る人の多くは、キスゲ平の縁にある登山道を利用していた。

　では、現在はどうなっているのかというと、登山道の方はそのまま存在するらしいが、スキーリフトの方は全部撤去されて、キスゲ平には長い階段と、ところどころに花を観賞するための遊歩道が設置され

ているのである。今回は、この階段の方を登ってみようと歩き出すと、二度びっくり。階段は少し登ったところからまっすぐ「小丸山」まで延びていて、まるで天空への道のようである。階段の数は1445段と案内板にあった。

　階段を登りながら、両側の草地や時折横に造成された遊歩道沿いの草地で採集を行った。ニッコウキスゲの花はとっくに花期（6月中旬〜7月上旬）が終わっていて、1本も見られないが、今日は紫色のギボウシやピンクのシモツケソウが満開で美しい。また、白〜淡紅紫色のヨツバヒヨドリの花にはアサギマダラが訪れていて、往路で3匹に出会った。このチョウは間もなく南西諸島方面へ渡っていく。このほか、階段周辺の草地ではキアシルリツツハムシ、ツブノミハムシ、ヒロアシタマノミハムシ、ミドリクチブトゾウムシ、クロツブゾウムシ、オトシブミ、ハイイロビロウドコガネ、ツマグロシリアゲ、マルバネシリアゲなどを見掛けた。

　この中で、あまり見掛けないかな、と思われる種はクロツブゾウムシとミドリクチブトゾウムシの2種。クロツブゾウムシは体長2.5mmほど。体色は黒色で目立たない微小種である。栃木県内では日光市、那須塩原市、大田原市、塩谷町などからポツポツ見つかっている。ミドリクチブトゾウムシ（写真㊳）は体長4.5mmほどで、体は灰緑色や褐色。栃木県内では平地から山地帯まで広く見られるが、個体数は少ない。今回は階段脇の草本上でかなり多数見受けられた。

　昔は、キスゲ平のニッコウキスゲは大群落を作っていて、満開時にはすばらしい眺めだった。しかし、近年シカの増加に伴う食害で激減し、現在、キスゲ平全体に防鹿柵を設置し、山の上と下には扉を付けてシカの侵入

写真㊳ ミドリクチブトゾウムシ（スケールは1.5mm）

写真㊴ シラホシヒメゾウムシ（スケールは1.5mm）

を防いでいる。同時に、ニッコウキスゲの苗の育成と移植を行って復元をはかっているようである。

　長い長い階段を登り終えて、ようやく第1ポイントの「小丸山」に着いた。一休みして、次のポイントの「焼石金剛」に向かう。ここから先は石のゴロゴロしたササの生えた斜面の登りである。岩の間からは花の終わりかけたコメツツジとホツツジが見られる。ところどころには薄青紫のヒメシャジンの仲間やピンクのアズマギクの花が美しく咲いている。また、小さな白い花の集まったシラネニンジンの花にはチョット綺麗なゾウムシの一種、シラホシヒメゾウムシ（写真㊴）が訪れている。本種は体長5mm前後、体は全体黒色であるが、胸の両側や肩の周り、翅の後寄りに鱗片による黄色の斑紋があり美しい。栃木県内では山地帯に広く分布し、種々の花上で見られる。

　小丸山から1時間ほどかかって焼石金剛に着く。石の祠があり、本日の大漁を祈願する。周りを何気なく眺めると、アキアカネがワンサといるのに気付く。6月ころ平地の水辺で羽化し、夏は涼しい山で過ごしている。今頃、高い山に登るとどこでもこのトンボは多く見られるが、今日は特別に多いような気がする。

　金剛を発ってしばらくすると、コメツガの樹林帯に入った。少し薄暗く、木の根が多く歩きにくい。金剛から1時間ほどで最終ポイントの頂上に着いた。頂上はコメツガとダケカンバの混じった樹林の中にあり、あたりの眺望はまったくなし。広さは8〜10畳くらいで、木の鳥居と石の祠がある。頂上には10名ほどの団体の先客がいた。何かのサークルのお仲間かと思ったら、東京から来られたというおじいちゃんとその娘さん2人と、その娘さんの子どもさん7名の2家族さんでした。

小丸山〜頂上までに出会ったそのほかの主な昆虫類は、セダカカクムネトビハムシ、クロツヤハダコメツキ、ナガナカグロヒメコメツキ、ヒメアシナガコガネ、ハイイロビロウドコガネ、キスジナガクチキなど。特にこれはというものはなし。とにかくなぜか虫が少ないという感じである。夏の日光の山では、何処でもそんな感じがしてならない。シカの食害による植生の単純化が原因なのかも知れない。

　今回得られたハチ類を片山栄助氏に見ていただいたところ、栃木県内では珍しい高山性のホソハラアカヒラタハバチとムネトゲアシブトコバチが含まれていた。

　頂上から下山の途中、焼石金剛あたりまでできたら霧がかかってきた。霧降高原というだけあって、霧の出ることが多いのだろうか。しかし、その後そんなものでは済まなくなった。黒い雲が出て、雷様も鳴り出し、ポツポツ落ちてきた。

　12時頃小丸山まで降りてきた。雨はポツリポツリ程度であるが、雷は相変わらず止まない。地面がだいぶ濡れているところから見て、下の方ではかなり降った跡がある。この後、丸山方面に行く予定であったが、断念して雷鳴とどろく長い階段を降りることにした。今日は予報では一日中キンキラキンのはずであったが、その後、雨は一層強くなり、日光市には大雨警報が出された。

　10年前の2004年8月6日、宇都宮大学農学部応用昆虫学研究室の夏合宿で、私と学部学生の糸原健児君、津村英明君、山本和也君の班は赤薙山に登っている。頂上では先客が落としていったゆで卵の食べ残しに30匹ほどのヒゲブトハネカクシの一種とヒロオビモンシデムシ1

今日この山で出会った主な昆虫類

ホソハラアカヒラタハバチ *Onicholyda tenuis*（1♀）、キアシルリツツハムシ *Cryptocephalus fortunatus*（2exs.）、セダカカクムネトビハムシ *Asiorestia gruevi*（3exs.）、ミドリクチブトゾウムシ *Cyphicerus viridulus*（5exs.、他にも目撃）、クロツブゾウムシ *Sphinxis koikei*（1ex.）、シラホシヒメゾウムシ *Anthinobaris dispilota*（3exs.、他にも目撃）など。

匹と遭遇した。そのほか、今回見掛けなかったミヤマハンミョウと焼石金剛の石原で出会った。また、頂上の石の祠に日光二荒山神社の名入りの御神酒が供えてあったことを記憶している。ただ、その帰りに小丸山の手前で今回同様雷雨に遭い、そのころ運行していたスキーリフトに乗って下山した。

㉕ 女峰山(にょほうさん) *2483m*

◆登山日　2014年7月25～26日
◆天　候　25日晴のち曇、奥日光の気温
　　　　　最低18.1℃、最高26.2℃
　　　　　26日晴、最低19.1℃、最高27.5℃
◆コース　1日目、日光市二荒山神社→行者堂→稚児ヶ墓→白樺金剛→遙拝石→箱石金剛→唐沢避難小屋(泊)。2日目、唐沢小屋→頂上→唐沢小屋→荒沢出合→モッコ平→寂光滝→田母沢→二荒山神社

ササ原とカラマツ林がつくる単純な昆虫相

　女峰山は日光連山の東部に位置し、男体山を父、女峰山を母、太郎山を子とする家族峰の1つとして信仰の対象とされてきた。また、この山は頂上までのアプローチが非常に長いところから、難関な山の1つとしても知られている。

　この山の登山口はいくつか知られているが、主登山路は二荒山神社より稚児ヶ墓、遙拝石(ようはいせき)を経るコースで、登山案内書によれば往路で6時間40分を要する。そのほか、寂光滝～モッコ平～荒沢出合を経るコースでは7時間、霧降高原～赤薙山～一里曽根コースでは5時間40分を要するという。最近では、志津(しづ)峠付近に車を止めて馬立を経るコースが4時間ほどで登れるとして、多くの登山者から利用されているようである。

　これらのうち、私は今回、二荒山神社からのコースを登ることにし

た。わざわざ長時間のかかるコースを選んだ理由は、ただ１つ、できるだけ多くの昆虫類に出会うためである。

　午前７時、スギの巨木の生えた石畳の二荒山神社を出発。登山届を入れるポストのある行者堂を過ぎると、いよいよ本格的な登山の開始。薄暗いスギ林の中の緩い登りが続く。道の両側にポツポツ生えているコアジサイを早速すくってみると、久し振りの出会いとなるハムシの一種が入った。クロバヒゲナガハムシである。体長5mmほど、頭胸部は橙黄色、背面は光沢のある黒色。県内各地の山地帯から見つかっているが、あまり多くない。食草はまだわかっていないようである。

　スギの木の幹には高さ約1.5mまで白いビニール製の防鹿網が巻き付けられているところがある。やはり、このあたりにもシカが棲んでいて、木の皮をむいたりして害を与えているのであろうか。この後、頂上にかけてシカの影が見え隠れしてくる。

　1100m近くの「稚児ヶ墓」あたりからはカラマツ林とササ原が続く。一休みしていると、上の方から１人の青年が降りてきた。宇都宮から来たという20代のサラリーマン。今朝、二荒山神社を出発して、この少し上まで登ったが、アブが多くていやになったので下山するという。そこで私は、「そのくらいで止めたらアカン。アブなんて人を殺すようなことはない。せっかくここまで登ったんだから、頂上まで行こう」と声をかけた。そんならもう一度登ってみる、と頂上方に向かって歩き出した。この後、この青年とは唐沢小屋で一緒に泊まった。「やっぱり頂上まで登れて良かった」と。

　このコースではもう人に会うことはないだろうと思っていると、今度は下の方から男性が追いついてきた。60代の東京の人である。いやに軽装なので聞いてみると、この山には何度も登っていて、始めはシュラフなど重装備で小屋泊まりをしていたが、これでは荷物が重くてバテてしまうので、最近は軽装で登って日帰りをしているという。今日の私は10kg超のリュックを背負っていて、まだ半分も来ていないの

にバテバテである。

　1300m付近で、このコース唯一の水場にありつく。流れは細いが、冷水に命を救われる思い。1700m付近の「八風」で大きな岩のある登りとなった。この山には、この山で発見されたランの一種のニョホウチドリがあるはず。見つかるとすればこのあたりかと、キョロキョロすれど見当たらない。シカが食べちゃったか、人間が盗っちゃったか。悲しいけど、もうこの山には存在していないかも知れない。代わりに目についたのはコメツツジと青紫色の花を着けたヒメシャジンの仲間。

　このあたりまでで見掛けた昆虫類は、コブヒゲボソゾウムシ、カントウヒゲボソゾウムシ、ヒラズネヒゲボソゾウムシ、トネリコアシブトゾウムシ、ヒロアシタマノミハムシ、セスジツツハムシ、カバイロコメツキ、クロツヤハダコメツキ、ヘリグロリンゴカミキリなどで、思いのほか少ない。カラマツとササという単純な植生が影響しているのであろうか。この中のトネリコアシブトゾウムシ(写真❹)は、堀川正美氏の同定によるもので、これまで栃木県内では那須町、那須塩原市、矢板市、塩谷町でアオダモ、マルバアオダモから少数が得られているという。

　1900m付近で「遙拝石」に着く。広く平らな場所で、一息つくことができる。ただ、霧がかかってきて渓谷の景色は見られない。ここからはササの生えた長い斜面やシラビソの茂る急な登りを経て、2224mの「箱石金剛」へ。さらに、ハクサンシャクナゲの咲く樹林帯とガレ場をトラバースしながらの登りが続き、やっとのことで夕5時に唐沢避難小屋にたどり着いた。朝7時に出発してから10時間もかかってしまった。歩いても歩いても着かない長い行程と、筆者が老齢で歩きがのろいこと、虫を採りながらの山登りであること、などにより長時間を要したので

写真❹ トネリコアシブトゾウムシ(スケールは1.5mm)

ある。

「八風」〜唐沢小屋間で見掛けた主な昆虫類は、クロホソクチゾウムシ、オトシブミ、チビクチカクシゾウムシ、ヒメアオツヤハダコメツキ、キベリコバネジョウカイ、キバネシリアゲ、マルバネシリアゲなど。この中のチビクチカクシゾウムシは体長1.5mm、体色は小豆色。栃木県内では那須塩原市、佐野市、栃木市などから見つかっているが少ない。

小屋に着くとすぐ、20分ほど下ったところにある水場へ。スッカラカンになっていた命の水を、満足がいくまで飲み、汲み、ペットボトル4本分持ち帰った。小屋は大変に立派で、20名ほど泊まれそう。今晩の泊まりは私を入れて4人だった。登る途中で出会った宇都宮の青年、埼玉から霧降コースで来られた60代の男性2人である。

小屋の周囲にはコバイケイソウ、シロヨメナ、ハンゴンソウが茂っている。いずれもシカの食べない植物である。ここも日光のほかの山と同様、シカの天国なのだなと。夜間、小屋の周りではシカの歩き回る気配がした。多分、人の排泄物に含まれる塩分を舐めに来ているのであろう。夕方、小屋の周辺には霧が立ちこめていたが、夜中にオシッコに起きてみると、満点の星空であった。

2日目、朝6時頂上アタック。樹林帯を10分余り登った後、滑りやすいガレ場を上り詰めてハイマツの生える頂上の一角に出た。頂上には社殿があり、日光二荒山神社の別宮・滝尾神社の奥社で、田心姫の命を祀っている。早朝であるのと、頂上一帯は国立公園の特別保護地区に指定されており、昆虫類の採取は禁止されているので、早々に唐沢小屋に戻る。

本日の下山コースはいろいろ迷った末、荒沢出合〜モッコ平〜寂光滝へ向かう。途中、荒沢出合までは、この山への最短コースとして知られる志津方面からの登山者が続々と登ってくるのに出会った。その中の1人、50代のおばさんに声を掛けてみると、「200名山を目指していて、今日はその最後の1つとなったこの山をぜひとも登って達成し

写真㊶ カラマツカミキリ(スケールは2.5mm)

たい」と。ガンバッテ！

　荒沢出合からモッコ平コースに入ると、流石に一番長いコースだけあってあまり登山者が通らないと見えて、道をササが覆っていて歩きずらい。このルートに入って間もなく、路上に散乱した大型動物のものと思われる骨に遭遇した。多分、シカのもではないかと。また、このコースでは登山者とは出会わないと思っていたら、栃木県矢板から来られた20代4人の青年組と、分岐から間違って本コースに入り込んだ40代の夫婦連れ1組に出会った。

　本コースの大部分はカラマツとササの非常に単調な植生が続いている。目に入る虫の姿も極端に少なく、いても代わり映えのしないものばかりである。昨日のコースで見られた以外で、本日出会った昆虫類は、ムネナガカバイロコメツキ、ホソベニボタル、カラマツカミキリ、ツノヒゲボソゾウムシ、ナラルリオトシブミ、キスジナガクチキなど。この中のカラマツカミキリ(写真㊶)は筆者にとってお初にお目にかかるものである。本種は体長9mm、体色は黒。日光市在住の医師、森島直哉氏が日光から初めて発見した種で、国内分布は本州(中部・関東)。栃木県内では日光市湯元、日光市赤沼、旧栗山村川俣(現日光市)から記録されているに過ぎない。

今日この山で出会った主な昆虫類

ハネダヨコバイバチ *Odontopsen hanedai*(1♀)、ヒメアオツヤハダコメツキ *Mucromorphus miwai miwai*(1ex.)、ムネナガカバイロコメツキ *Ectinus longicollis*(1ex.)、ホソベニボタル *Mesalycus atrorufus*(1ex.)、カラマツカミキリ *Tetropius morishimaorum*(1ex.)、トネリコアシブトゾウムシ *Ochyromera sutularis*(1ex.)、クロバヒゲナガハムシ *Taumacera tibialis*(2exs.)、クロホソクチゾウムシ *Apion corvinum*(5exs., 他にも数匹目撃)、チビクチカクシゾウムシ *Deiradocranus setosus*(1ex.)など。

また、今回得られたハチ類を片山栄助氏に見ていただいたところ、栃木県内では稀なハネダヨコバイバチ、サッポロギングチ、タイセツギングチが含まれていた。

㉖太郎山(たろうさん) 2368m ㉗山王帽子山(さんのうぼうしさん) 2077m

◆登山日　2012年8月20日
◆天　候　晴一時曇
◆コース　山王峠→山王帽子山→ハガタテの頭→小太郎山→太郎山(往復)

お盆過ぎ気温低下で虫減少？

　奥日光の中禅寺湖畔に偉容を誇る男体山のすぐ北隣にそびえるのが、長男格の太郎山である。

　太郎山への登山ルートは志津林道からの新薙ルート、光徳からのハガタテルート、山王峠から山王帽子山を経るルートの3つがある。筆者は1996年にハガタテコースから登ったことがあるが、現在、沢の崩壊により通行禁止となっている。今回は山王峠からのルートを登ることにした。

　7時50分、光徳から山王林道を上って山王峠の路肩に車を止め、太郎山登山口の看板に導かれて登山開始。コメツガと林床にササの生えた薄暗いジグザグの急登が始まる。ササは朝露に濡れ、しばらく虫の姿は無い。1時間ほどでやや開けた展望の良い山王帽子山頂に着いた。西方には白根山、北側には奥鬼怒の山々、眼下には戦場ヶ原周辺の眺望がすばらしい。

　山頂からはいったん鞍部まで急降下し、ハガタテの頭、小太郎山に向けて本格的な急登が始まる。山王帽子山周辺にかけてのササ原のスウィーピングでは、コブヒゲボソゾウムシ、アリガタハネカクシ、コウノ

写真❷ ヒメトホシハムシ（スケールは1.5mm）

ジュウジベニボタル、ナカグロヒメコメツキ、アカハナカミキリ、ツノゼミなどが得られたが、ハエやアブ、ハチ類がほとんどで、甲虫類はすこぶる少ない。

そんな中、オヤッと思う1匹が採れた。体長5mm。胸部・上翅とも黒褐色のヒメトホシハムシ（写真❷）である。標準的個体では上翅は褐色で、10個の黒い紋を持つが、色彩・斑紋には変異が多い。あるいは、本個体は身体がやや柔らかいところから、羽化後間もなくて斑紋の現われるのが遅れていた可能性がある。本種は、県内では那須岳、旧塩原町、奥日光から見つかっているが、発見例の少ない種である。なお、本個体については、念のため滝沢春雄氏より本種であるとの確認をいただいた。

ハガタテの頭から小太郎山にかけては、シャクナゲ、オオシラビソなどの多い林となり、さらに虫の姿は少なくなった。出会えたのはヒゲナガウスバハムシ、ツブノミハムシ、ルリイクビチョッキリ（写真❸）、ホソベニボタル、ツマグロシリアゲ、クロアワフキ、クロヒメツノカメムシなど。

今回、甲虫類や半翅目、チョウ類など一般的な昆虫類の少ない理由は、1つは、時期的なことと関係あるのではないか。お盆を過ぎると太郎山の頂上付近では最低気温が10℃を割るようになり、山にはもう秋が到来しているのではないかと、考えられる。8月上旬にこの山に来た1996年には、もっとたくさんのいろいろな種類が目に付いたと記憶している。

写真❸ ルリイクビチョッキリ（スケールは1.5mm）

虫の少ない理由の２つ目は、日光の山ではどこでも当てはまるのであるが、シカの食害による植生の単純化があげられよう。今日もあちこちでシカの鳴き声が聞かれ、マルバダケブキやハナヒリノキ、ハンゴンソウなどシカの食べない植物が目立つ。シカが増えたことにより、昆虫類の食草となる多くの植物が減少、または見られなくなり、昆虫相に重大な影響を与えていることが、研究者たちから指摘されている。

　山王帽子山から２時間ほどかかって、太郎山の子ども格に当たる？小太郎山頂に着いた。石ころと裸地、周りにはダケカンバが茂っているが、360度奥日光の景色が全て見渡せる絶好のポイントである。山頂に着いてすぐ驚いたのは、これまで見たこともないほど、ものすごい数のアキアカネが飛び回っていることである。

　このアキアカネの、春、平野で生まれ、その後移動して、夏、高い山で過ごす習性は全国的に見られることであるが、最近、ちょっと異変が起こっているらしい。静岡県や富山県などを中心とした中部地方では、めっきりアキアカネが少なくなっているというのである。その原因は、春にイネの苗を育てる時に使用する農薬（ネオニコチノイド系殺虫剤・イミダクロプリドなど）によることがわかってきたのである（特集・消えたアカトンボ。昆虫と自然、2012、625号、ニューサイエンス社）。このような状況が全国に拡大しないよう注目していきたい。

　小太郎山からは手の届きそうな、すぐそこに太郎山の頂上が見えている。ここからは、少しの間、岩峰越えの道となる。岩の間にはハクサンフウロやウメバチソウ、ホソバコゴメグサ、ヒメシャジンの一種などの高山の花々が疲れを癒してくれる。また、途中の岩の上でハイカーに踏みつけられてペシャンコになったカミキリムシ１匹を見つけた。頭胸部は無いが、右前翅のくっついた腹部長18mmのシラフヒゲナガカミキリと判別した。県内では西北部の山岳地帯に広く生息していることが知られている。

　山王峠から３時間余りかかって太郎山頂に到着。岩と裸地のやや広

い頂上(191P参照)である。中高年の3名のハイカーにお会いする。私とは別ルートの新薙コースから登ってきたとのことである。何か虫はいないかと思ったら、3匹のキアゲハがいて、熾烈な空中戦を展開中である。近くでキベリタテハとクジャクチョウを見かけたが、頂上には近寄れない様子であった。山頂からの眺めは小太郎山と同様、大変素晴らしいものがある。ここにいつまでもいたい気分であったが、お昼過ぎたころから急に雲が湧いてきた。雷様の来ないうちに、来た道を戻ることにした。

今回、山王帽子山付近で得たハチ類を片山栄助氏に見て頂いたところ、山地性で栃木県内では比較的少ないタカミネヨコバイバチが得られていることがわかった。

1996年8月7日、宇都宮大学農学部応用昆虫学教室の昆虫採集合宿の折、学生たちとハガタテコースから太郎山に登っている。その時出会った昆虫類の一部は、ムツモンオトシブミ、クロホソクチゾウムシ、ムモンチビシギゾウムシ、アイノシギゾウムシ、オオチャイロカスミカメ、オオモンキカスミカメ、アシアカカメムシ、キタヒメツノカメムシなどであった。

今日この山で出会った主な昆虫類

クロフアワフキ *Sinophora submacula* (3exs.)、クロヒメツノカメムシ *Elasmucha amurensis* (1ex.)、ツマグロシリアゲ *Panorpa lewisi* (1ex.)、ナカグロヒメコメツキ *Dalopus miwai* (1ex.)、ホソベニボタル *Mesolycus atrorufus* (2exs.)、コウノジュウジベニボタル *Lopheros konoi* (2exs.)、シラフヒゲナガカミキリ *Monochamus nitens* (1ex.、死骸)、ルリクビチョッキリ *Deporaus mannerheimi* (1ex.)、ヒメトホシハムシ *Gonioctena takahashii* (1ex.) タカミネヨコバイバチ *Psen seminitidus* (1♀) など。

㉘ 男体山 なんたいさん *2486m*

◆登山日　2008年7月29日
◆天　候　曇一時晴
◆コース　日光市戦場ヶ原（車）→志津峠→頂上（往復）

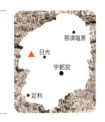

シャクナゲの花を訪れるヒメハナハカミキリ類

　男体山（39P参照）は日光連山の主峰で、コニーデ型の秀麗な山容を広く関東平野から望むことができる。この山は1200年ほど前に勝道上人によって開かれた古い信仰の山で、山そのものが二荒山神社のご神体となっている。

　この山には主に中禅寺湖畔の二荒山神社から登るコースと、裏男体の志津峠から登るコースの2つがある。筆者はこれまで、どちらも一度ずつ登っている。どちらから登っても、天空高くそびえる山だけにきつい急登は覚悟せねばならない。今回は虫が多いかどうかはわからないが、真夏のことゆえ、涼しい林の中を通る裏男体コースから登ることにした。

　登山口の志津峠に着くと、意外に多く20台もの車が止まっている。ここは男体山のほか、女峰山や大真名子山方面の登山口ともなっているので、休日ともなると多くの登山客が集まってくる。

　今日は、山の頂上方に多少雲がかかっているようであるが、時々陽の差すまずまずの天気。両側に私の背丈ほどもあるミヤコザサが生い茂り、カラマツやシラカバなどがポツポツ生えた登山道を歩き始める。まず目に入ったのはササ葉上のシリアゲムシ類。やや大型のツマグロシリアゲと黄褐色をしたスカシシリアゲモドキが多い。ほかに翅に小さい黒っぽい斑紋を持つ個体もいて、こちらはもしかしてニッコウシリアゲかと思ったが、帰って調べたところスカシシリアゲモドキ♀の変異個

写真㊹ コガネホソコメツキ（スケールは3mm）

体とプライアシリアゲであった。

ササはところどころで同じ高さに刈り込まれているように見える。これはシカの摂食によるものと思われ、このあたりではササ以外の草花もほどんど見られない。また、ササの葉に点々と細かいかすり状の斑点を付けたものが目立つ。こちらの犯人は虫であろう。そんな葉をすくってみると、案の定、ヒロアシタマノミハムシが捕獲された。なおも瑞々しい展開したばかりのササの葉上を眺めながら歩いていると、数匹のコメツキムシが得られた。オオカバイロコメツキ、ムネナガカバイロコメツキはこのあたりの常連。しかし、すごいのがいた。コガネホソコメツキ（写真㊹）とホソクロツヤヒラタコメツキである。どちらもLewis（1894）が日光から新種として記載した種で、県内からの記録も山岳地帯にごく少数が知られるのみである。そのほか、ササ葉上からはホソベニボタルやクビナガムシ、クロホソクチゾウムシなど多くの甲虫類を得たが、もう1つ、栃木県初記録ではないかと思われるヒトツメタマキノコムシを得た。出だし好調。今日は大漁の予感がしてきた。

登山道はログハウス風の志津避難小屋前を通過し、いよいよシラビソなどの茂る薄暗い針葉樹林帯の登りに入った。登るにつれ1合目、2合目……と道標があり、次第に急な登りとなった。7合目までは同じ景観で、林床にはほとんど植物もなく、虫の気配もない。大漁の予感はどうなったのか。8合目（2285m）でやっと稜線に出た。背の低いダケカンバやハクサンシャクナゲの多い道に変わった。ダケカンバの葉をすくってみると、本植物を食草としているカバノキハムシと、本邦最小のノミゾウムシであるハチジョウノミゾウムシが得られた。道沿いに転がっている赤い火山礫の上からは大きさ約3mmのミズギワコメツキら

しい1匹を得た。平地の水辺に多い種がなぜこんなところにと思いながら、念のため、下山後コメツキムシの権威大平仁夫博士に見ていただいたところ、ミズギワコメツキに間違いなく、気流に乗って高い山の上に運ばれることがあるとのご教示をいただいた。

　終わりかけの白い花を付けたハクサンシャクナゲがポツポツ見られる。近づいて花の中をのぞき込んで見ると、ヒメハナカミキリ類やマルハナバチ類が訪れている。ヒメハナカミキリを5、6匹採ってみたが、背面の斑紋変異が多く、1種なのか、2種なのか判然としない。下山後しらべたところ大部分はシラネヒメハナカミキリでよさそうであったが、私の手に負えない1匹についてカミキリ研究者の森島直哉氏に見ていただいたところ、アサマヒメハナカミキリと判明した（写真㊺）。シャクナゲの葉上からは多分本植物を食草にしていると思われるクロヘリイクビチョッキリも得られた。

　3時間半くらいで頂上に着いた。頂上はわりと広く、奥宮や社務所の建物などがある。今日はガスがかかっていて本来眼下に見えるはずの中禅寺湖や尾瀬、会津方面の山々の絶景は望めない。それでも頂上には30名ほどのハイカーが上り下りしていて賑やかである。さすが日本百名山の1つだけのことはあるなと感心。

　さて、今日この山を歩いていて特に感じたことは、草本植物がいやに少ないということである。花ではイワカガミを見たくらいで、あるはずのイワオトギリやエゾシオガマにはお目にかかれなかった。これは間違いなくシカの食害によるものであろう。奥日光には数千頭のシカが生息し、年々植生の破壊は深刻になっている。一部男体山の麓の戦場ヶ原のように防鹿柵を設置して保護に当たっているところもあるが、全体的に

写真㊺ ハクサンシャクナゲの花を訪れたアサマヒメハナカミキリ（体長11mm）

は鹿の楽園が広がっている。シカによる植生の破壊は草食性の昆虫類の生息にも重大な影響を与えているはずで、一刻も早い適正なシカ個体数の管理が切望される。

今日この山で出会った主な昆虫類

ヒトツメタマキノコムシ Liodopria maculicollis（1ex.）、ホソクロツヤヒラタコメツキ Liotrichus hypocrita（1ex.）、コガネホソコメツ Shirozulus bifoveolatus（1ex.）、ホソベニボタル Mesolycus atrorufus（3exs.）、コウノジュウジベニボタル Ropheros konoi（3exs.）、アサマヒメハナカミキリ Pidonia takeutii（1ex.）、シラネヒメハナカミキリ Pidonia obscurior（6exs.）、ヒロアシタマノミハムシ Sphaeroderma tarsatum（5exs.）、クロヘリイクビチョッキ Deporaus ohdaisanus（2exs.）、ハチジョウノミゾウムシ Rhamphus hisamatsui（5exs.）など。

㉙ 高山（たかやま） *1668m*

◆登山日　2010年7月24日
◆天　候　晴
◆コース　日光市竜頭→高山頂上→熊窪→赤岩→菖蒲ヶ浜→竜頭の滝

少ないと感じたチョウの姿

　この山は日光市の小田代ヶ原（おだしろはら）、戦場ヶ原と中禅寺湖の間にあり、春にはヤシオツツジやシャクナゲがすばらしく、中禅寺湖畔の散策と組み合わせたハイキングコースとして多くの人たちに利用されている。

　日光の絶景ポイントの1つ「竜頭の滝（りゅうずのたき）」上の国道120号に登山口があり分かり易く、駐車場もあって便利である。歩き出してすぐ目の前に防鹿用ネットと扉が現れた。そう言えば、このあたりは増え過ぎたシカの楽園のまっただ中にあることを思い出した。扉から中に入ると、防鹿柵の効果あってかササや種々の草本性植物もかなり繁茂している。ササの葉上を眺めながら歩いていると、オトシブミ、コブヒゲボソゾウ

ムシ、マルモンタマゾウムシなどが目に入った。広葉樹とカラマツのやや薄暗い林の中のアップダウンが続く。道端のササや草葉をすくいながら前進。ときどきアミの中をのぞいてみると、ケブカクロナガハムシ、ヒゲナガウスバハムシ、ミドリツヤナガタマムシ、キスジナガクチキ、クロハナボタル、アカスジヒシベニボタルに混じって、山地性で個体数の少ないモモグロチビツツハムシが入っていて、これは凄い。頂上近くから急に株が多くなったシロヨメナでは黒色で体長2mm足らずのクロホソクチゾウムシが多数見られる。交尾している個体もあるところから、この植物が本種の食草である可能性も。

　頂上には1時間半ほどで着いてしまった。頂上はダケカンバとカラマツの生えた平らで、やや広い空間。遠望は利かない。エゾハルゼミの鳴き声が聞こえてくる。1匹のツマグロヒョウモンとカラスアゲハ（またはミヤマカラス）が頂上の様子を窺うように2、3回旋回して飛び去った。一休みしていると、本日初、私と同年代くらいの2人のおじ（い）さん登ってきた。山の中で会ったのはこの2人だけであるが、中禅寺湖畔に降りるとたくさんの登山姿の人たちが行き交っている。

　本日この山でほかに見たチョウは、獣糞に集まっていたクロヒカゲ、ヒカゲチョウ、キマダラヒカゲと湖畔を飛んでいたスジグロシロチョウくらい。長谷川（2009）によれば、近接する千手ヶ原ではチョウ類の食草となるスズタケ、クマイザサはシカの食害で全面枯死し、代わってシカの食べないシロヨメナ、キオン、サワギク、イケマなどが増えているという。そして、昔多く見られたクロヒカゲ、ヒカゲチョウ、キマダラヒカゲの一種、コチャバネセセリ、オオチャバネセセリが減少し、長谷川氏の2006年のルートセンサスでは、キマダラヒカゲの一種、コチャバネセセリのみであったという。シカの増加が植生やチョウ相に大きな影響を与えていることが窺えよう。

　この山でも、シロヨメナとイケマが多く見られるが、ほかの植物は極端に少なく、ハルニレなど広葉樹の稚樹もほとんど育っていない。頂

写真㊻ イッシキホソゾウムシ(スケールは2mm)

上から湖畔へと下り熊窪近くになると、千手ヶ浜で増えているというシロヨメナが一面に群生している。この植物上では何も採れないだろうな、と思ったが、葉上をよく見ていくと、点々といろいろな昆虫が止まっているのである。得られた中の特珍は、まずイッシキホソゾウムシ(写真㊻)。この種は県内では日光から1例のみの記録で、私にとっても初めて目にするものである。次いで得られたオビアカサルゾウムシ、ヒゲナガシラホシカミキリ、ハコネホソハナカミキリも県内での記録はごく少数である。そのほか、長谷川(2009)がイケマで大発生したのを見たと報じたジュウジナガカメムシ(写真㊼)。コメツキムシでもホソツヤハダコメツキ、ムラサキヒメカネコメツキ、ムネナガカバイロコメツキ、クロツヤハダコメツキなどが見られ、意外に虫の多いのに驚いた。ほとんどは広葉樹の葉、根、枯れ木などを食べて育った連中である。

中禅寺湖畔まで降りてきて水辺で一休み。景色といい、水の清らかさと言い、水辺を渡る涼風といい、疲れを忘れさせてくれる。できれば、ここで一泳ぎと思ったが、水に手を入れて、その冷たさににヤメタ！遠くでゴロゴロ様が鳴り出したので帰路につく。菖蒲に近い湖畔の道で茨城から来たという虫屋のオッサンに出会った。千手ヶ浜のドロノキでトホシカミキリが採れるというのでやって来たという。そういえば、少し前とちぎ昆虫愛好会の天牛党の人がそんな話をしていたのを思い出した。もうそれを狙いに来たということだろうか。それにしても、情報

写真㊼ シロヨメナ葉上のジュウジナガカメムシ(体長10mm)

の伝達の速さと、熱狂的なカミキリ屋さんの存在に驚いた。

　末筆ながら、シロヨメナをご確認下された長谷川順一氏に厚く御礼申し上げる。

今日この山で出会った主な昆虫類

ジュウジナガカメムシ *Tropidothorax cruciger*（1ex.）、ミドリツヤナガタマムシ *Agrilus sibiricus*（1ex.）、ホソツヤハダコメツキ *Athousius humeralis*（4exs.）、アカスジヒシベニボタル *Dictyoptera velata*（1ex.）、ハコネホソハナカミキリ *Idiostrangalia hokonensis*（1ex.）、ヒゲナガシラホシカミキリ *Eumecocera argyrosticta*（1ex.）、モモグロチビツツハムシ *Cryptocephalus exiguus*（1ex.）、イッシキホソゾウムシ *Scythropus issikii*（1ex.）、クロツブゾウムシ *Sphinxis koikei*（1ex.）、オビアカサルゾウムシ *Coeliodes nakanoensis*（1ex.）など。

引用文献

長谷川順一．2009．昆虫衰退要因としてのシカ害．昆虫と自然44（5）：44-47．

㉚ 温泉ヶ岳 *2333m*

◆登山日　2014年8月19日
◆天　候　晴
　　　　　奥日光の気温、最低16.8℃、最高26.0℃
◆コース　金精トンネル入り口→金精峠→温泉ヶ岳頂上（往復）

虫の姿薄い夏の終わりの亜高山帯

　温泉ヶ岳は日光市湯元温泉の奥、群馬県片品村との境に位置し、国道120号の金精トンネル入り口に登山口がある。

　トンネルの駐車場に車を置いて、まず金精峠へ目指して登山開始。駐車場には数十台のマイカーが止まっているので、久し振りの晴天に誘われて、金精山や前白根山、白根山方面や、温泉ヶ岳、根名草山方面への登山者が入っているな、と感じられた。

　登り始めると、ガレ場や階段、ハシゴなどのあるやや荒れた道の急

登が続く。ガレ場では素早く飛び回る虫を発見。近づいてみると、亜高山帯のガレ場や裸地で生活する大きさ1.5cmほどのミヤマハンミョウである。

　40～50分ほどの登りで赤色の金精神社のある金精峠に到着。たくさんのアカトンボ（大部分はアキアカネ）が出迎えてくれた。アキアカネは6月上旬に平地の水田や沼などの水辺で羽化し、その後、高い山に移動して避暑している。山に上がる理由は気温が30℃を超えると、人間的に言えば熱中症で生きられない。そこで、夏の間は涼しい山の上で過ごしているのである。秋、9月ごろ一斉に平地に降りて産卵を行う。私の住んでいる栃木県宇都宮市では、9月下旬の良く晴れた日の夕方に西から南東に向けて、山から降りてきたアキアカネの群飛が観察される。この時、サケのように生まれた水辺に戻ってくるのかどうかは分かっていない。

　峠で休憩していると、クジャクチョウやキベリタテハ、ヤマキマダラヒカゲが飛び回っていて、時々、神社の建物に止まっては、近づくほかの個体にスクランブルを掛け、占有行動をとっているようである。

　また、周辺にビッシリ生えているササ葉上に大型のカミキリムシを見つけた。体長2.5cmほど、翅には黒地に白い斑点のあるシラフヒゲナガカミキリ（写真㊽）である。そっと近づいても動こうとしない。空気がヒンヤリしているので、朝の陽光を浴びて体温を上げているところなのであろう。

写真㊽ シラフヒゲナガカミキリ(体長25mm)

　金精峠からは北に進路をとり、温泉ヶ岳に向かう。コメツガとシャクナゲの茂る薄暗いジグザグの緩い登りが続く。途中、50代くらいの犬を連れた男性に出会った。山には犬を連れてきてはいけない、というのが登山

者のモラルなのだが、足早にすれ違ったので、ご注意申し上げるには至らなかった。山では時々犬連れの人に出会うことがある。連れてくる理由は、山に犬を連れてきてはいけないと言うことは知らなかった、犬は家族の一員だから家に置いては来られない、クマ除けに良いと思って、などを犬連れの方からお聞きしたことがある。そのほかにも、犬が山好きなので百名山を登らせている、というのを聞いた。山に犬を連れてきてはまずい理由は、平地にある病原菌や寄生虫などの自然の山への持ち込み、これによる野生動物への蔓延の危険性が最大のものであろう。逆に、山にいるマダニなどが犬の体にくっついて下界に運ばれ、人や犬、ネコなどに移す危険性もある。

　金精峠から1時間足らずで温泉ヶ岳の頂上についた。頂上は4.5畳くらいの広さで、周囲にはダケカンバやハイマツ、コメツガ、ササなどが茂っているが、太郎山、男体山方面や尾瀬の燧ガ岳などが遠望できてすばらしい。頂上には1匹のキアゲハが陣取っていて、時々やってくるカラスアゲハやクロヒカゲを追い払っている。戻ってくると必ず同じ位置のササ葉上に止まるのを何度も繰り返していた。

　金精峠から頂上までに出会った昆虫類は、ケブカトゲアシヒゲボソゾウムシ、ミヤマヒラタハムシ（写真㊾）、ヒゲナガウスバハムシ、バラルリツツハムシ、クロホシビロウドコガネ、ナナホシテントウ、ウスイロクビボソジョウカイ、ツマグロシリアゲ、スカシシリアゲモドキなどで、すこぶる少ない。2000mを超える亜高山帯では、お盆を過ぎると急に虫の影が薄くなる。気温が下がってきて山はもう秋なのである。上記の虫の中で意外に思ったのは、ナナホシテントウ。この虫は平地で農作物や庭木などにつくアブラムシを食べているもので、こんな標高の高いところで見掛

写真㊾ ミヤマヒラタハムシ（スケールは2mm）

けるのは珍しい。気流に乗って麓から吹き上げられてきたのであろうか。

　また、本日得られたハチ類の中に栃木県内では極めて珍しいヤドリホオナガスズメバチが含まれていた。同定いただいた片山栄助氏によれば、本種はシロスジホオナガスズメバチやニッポンホオナガスズメバチの巣に労働寄生するという。

　今日この山で出会った人は10人ほど。登山口では白根山を目指す茨城県から来られた60代の男性。金精峠では金精山方面から降りてこられた60代と40代くらいの男性。温泉ヶ岳頂上では群馬県から来られた60代の男性2人。温泉ヶ岳と金精峠間では茨城県から来られた60代の男性1人と同じく女性2人。さらに、帰路に金精峠で出会った70代くらいの男性。これから根名草山を越え、奥鬼怒へ向かうという。もうお昼を過ぎていて、雲もだいぶ湧いてきているので、大丈夫だろうか、と心配になった。私も若い頃、このコースを日光沢温泉から歩いたことがあるが、大変に長いコースで難儀したことを覚えている。

　今年のお盆期間は雨の日が多かったが、今日は久し振りの晴天で、金精峠からは太郎山や男体山、戦場ヶ原、中禅寺湖方面が大変に綺麗に見える。また、金精峠と温泉ヶ岳間では後ろを振り返ると白根山の英姿が木々の間から見えていた。

今日この山で出会った主な昆虫類

ヤドリホオナガスズメバチ *Dolichovespula adulterina montivaga*（1♂）、クロホシビロウドコガネ *Serica nigrovariata*（1ex.）、シラフヒゲナガカミキリ *Monochamus nitens*（1ex.）、ミヤマヒラタハムシ *Gastrolina peltoidea*（1ex.）、ミヤマハンミョウ *Cicindela sachalinensis*（数匹目撃）など。

㉛ 金精山 2244m ㉜ 五色山 2379m
㉝ 前白根山 2375m ㉞ 白根山 2578m

◆登山日　2012年7月31日〜8月1日
◆天　候　快晴
◆コース　湯元温泉（車）→金精トンネル入り口→金精峠→金精山→国境平→五色山→前白根山→五色沼避難小屋→白根山頂（往復、避難小屋泊）

珍虫潜む高山の五色沼

　白根山は関東以北でもっとも標高の高い山で、日本百名山、花の百名山の1つとしても知られている。この山に登るルートとしては、群馬県側からはゴンドラを利用できる丸沼高原ルート、多くの登山者が利用する菅沼ルート、栃木県側からは湯元温泉からのルートと金精峠からのルートが知られている。筆者はこれまでシラネアオイに出会うことを目的に、数回、菅沼ルートから登っているが、今回は栃木県側の昆虫相を調べることが目的のため、金精峠からのルートを選んだ。なお、このルートは、以前皇太子殿下が登ったところから、ロイヤルルートとも呼ばれている。

　午前7時ころ、トンネル入り口に車を置いて歩き始める。いきなり丸太を並べた急な階段の登りが続く。道端のササは朝露に濡れていて虫の気配はない。50分ほどでクジャクチョウの舞う金精峠に到着。赤い屋根と扉の金精神社がある。以前、前白根登山と奥鬼怒から根名草越えを行った時、ここに立ち寄ったことがあり、この神社には金精様（男性のシンボル）が祀ってあることを知った。金精様は今も健在なのだろうかと近づいてみたところ、扉はしっかり閉まっていて、正面ののぞき窓も閉め切ってある。何らかの事情により見えないようにしてあるんだなとあきらめかけた時、登ってきたおじさんが扉は開けられ

るよ、と開いてくれた。お久しぶりのご対面である。石彫り製、長さ50cmほどもあるご立派なご神体である。私も永遠なる強精と健康を願って２礼２拍１礼。

金精峠から次のポイント、金精山に向かう。途中、シャクナゲの葉上で大型のコメツキムシを見つけた。中部以北の山地～亜高山帯に分布するメスグロベニコメツキである。体長2cm。体色は茶褐色～黒褐色。

この後、金精山には急な斜面のロープやハシゴを使っての登りが続き、捕虫網は使えないし、虫の姿も目に入らなくなった。１時間ほどして、東側が切れ落ちた金精山頂に着いた。東方に湯元の温泉街や男体山、太郎山、大真名子山（おおまなごさん）などが眺望でき絶景かな。一休みしていると、ブーンと何やら虫が飛んできて首筋に止まった。何だろうと捕まえてみると、北海道と本州の高山に生息するヒメアオツヤハダコメツキ(写真㊿)である。体長1cmほど。からだは黄緑～緑色の光沢があり、大変美しい種である。

金精山からはコメツガの薄暗い林の中の道が続く。40分ほどで陽当たりの良い笹原の国境平に着く。ここは湯元への三叉路でもある。路上には、あちこち飛び立っては止まるを繰り返すミヤマハンミョウの姿が見られる。この先のガレた道すがらもっとも多く見られた虫である。このあたりのササ葉上ではヒゲナガウスバハムシ、セダカカクムネトビハムシ、コブヒゲボソゾウムシ、ナシハナゾウムシなどに出会った。

写真㊿ ヒメアオツヤハダコメツキ（スケールは3mm）

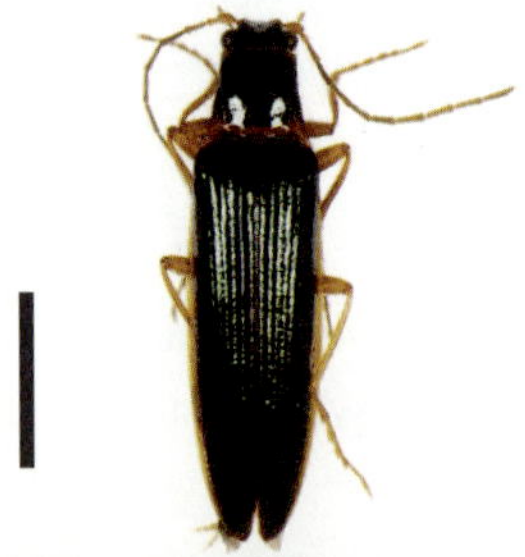

国境平からはササとダケカンバの林の中の道が続く。五色山近くになると散りかけたハクサンシャクナゲの花が多く見られ、シラネヒメハナカミキリ(写真(51))やニッコウヒメハナカミキリ？などが吸蜜している。そのほか、

ミヤマヒラタハムシ、カバノキハムシ、セスジツツハムシ、ハチジョウノミゾウムシ、キアシイクビチョッキリ、オオハサミシリアゲなどに出会った。

写真㊶ シラネヒメハナカミキリ（スケールは3mm）

　五色山に着くと、眼前にはデッカイ白根山がデンと構えていて、稜線上を登っていくハイカーの姿がアリんこのように見える。このあたりからは高木は姿を消し、ハイマツとガレ場の世界に変わる。一端下り、登り返して30分ほどで前白根山に着く。ここでも白根山が眼前に迫り、眼下には五色沼が青い水を湛えている。

　前白根山から避難小屋へ行く途中のガレた路上で、大型の乾燥したトンボの死骸1匹を拾った。初めて見るトンボであるが、直感的にオオトラフトンボとわかった。翅が多少破れている以外はあまり壊れていない♂個体である。腹長4.2cm、後翅長3.8cmほど。胸・腹部は褐色で黒い紋がある。図鑑類によれば、北海道と本州の高山の山頂で見られるが多くないという。栃木県内ではここ白根山から数匹の記録があるにすぎない。まさに、ここから数百メートルしか離れていない五色沼で育った個体に間違いないであろう。

　お昼頃、ようやく避難小屋に着いた。今晩はこの小屋に泊まる予定であるが、その前に、頂上アタックを今からやるか、それとも明日にするか、体調と相談しなければならない。ここから頂上までは往復1時間40分である。老齢のためだいぶバテ気味ながら、今日中に登ると決めた。

　山頂への上りは下部3分の1がダケカンバ林、中間の3分の1くらいは高山植物のお花畑、上部3分の1はガレ場であった。お花畑にはハクサンフウロやヤマオダマキ、マルバダケブキなどの花々が一杯。黄色のマルバダケブキの花にはヒメアカタテハと多数のクジャクチョウ（写

写真⑫ マルバダケブキの花より吸蜜するクジャクチョウ（前翅長27mm）

真⑫）が訪れている。途中のダケカンバ林ではアサギマダラ1匹を目撃。アサギマダラは、そのほか避難小屋で1匹、帰路に金精峠で1匹を見た。このチョウは、これから次第に山に集結し、南方に旅立つのであろう。

　厳しい急登に耐えて1時間15分を要して白根山頂へ。360度の眺望はさすがに素晴らしい。富士山も見える。頂上には常に十数人のハイカーが上り下りしていて賑わっている。高い山の頂上にはたくさんの虫が集まっていることがあるが、今日はなぜか1匹も見られなくてがっかり。

　私は今日、人間の起源は水生動物に違いないと確信した。何故か、水をいくら飲んでも、からだは満足しなくなったのである。多分、熱中症の脱水症状が出ているのであろう。急いで頂上を後にし、眼下に青く見えている五色沼を目指す。水辺にはシカ2頭がいて水を飲んでいる。この際、沼全体を水場ということにして、少し温めの沼の水をガブ飲み。生きかえった！

　避難小屋に帰ると、すぐ側にシカ2頭がいて草をはんでいる様子。4、5mまで近づいても逃げる気配はない。そういえば、小屋の周りにはコバイケイソウ、ハンゴンソウ、カニコウモリなどシカの食べない植物ばかり。まだ何か食べる物があるのだろうか。道理で、このあたりでは植生が単調化し、虫の種類も極端に少ないように思われる。シカの数を減らさないと、植物も虫も無くなってしまうのではないか。

　そんなことを考えていた時、目の前を大型のガのような虫が飛んで行き、近くの葉上に止まった。想定外のムラサキトビケラである。前翅開張5.5cm。前翅は黒と茶のまだら模様。後翅は黒紫色で美しい。幼虫は水生。平地から山地にかけて広く分布するが、最近、平地では水

の汚染などによりほとんど見かけない。レッドデータブックとちぎでは「要注目」種に指定されている。本種も、すぐ近くの五色沼で育ったに違いない。

　私はこの夜、この避難小屋に1人で泊まった。夜は明るい月と満天の星が出ていた。

今日この山で出会った主な昆虫類

オオトラフトンボ *Epitheca bimaculata sibirica*（1ex.、死骸）、ムラサキトビケラ *Eubasilissa regina*（1ex.、目撃）、ヒメアオヤハダコメツキ *Mucromorphus miwai miwai*（1ex.）、メスグロベニコメツキ *Denticollis versicolor*（2exs.）、クロバヒシベニボタル *Dictyoptera elegans*（1ex.）、ハラアカホソナガタクチキ *Phloiotrya rufoventris*（1ex.）、シラネヒメハナカミキリ *Pidonia obscurior obscurior*（1ex.）、キアシイクビチョッキリ *Deporaus fuscipennis*（1ex.）、ナシハナゾウムシ *Anthonomus pomorum*（1ex.）、ハチジョウノミゾウムシ *Ramphus hisamatsui*（1ex.）など。

---

35 黒檜岳（くろびだけ） *1976m*

◆登山日　2006年6月25日
◆天　候　曇時々晴
　　　　　奥日光の気温、最低13.5℃、最高17.1℃
◆コース　日光市戦場ヶ原赤沼（バス）→千手ヶ浜→頂上（往復）

シャクナゲ新葉上に集まるメダカヒシベニボタル

　黒檜岳は中禅寺湖の南西に位置し、湖畔の千手ヶ浜が登山口となっている。かってはオオイチモンジやツツキクイゾウムシなどの珍虫の宝庫として知られていた千手ガ浜は、シカの増加によってその後どう変わっているのか、また、最近県初のクロツツミツギリゾウムシが採れたことや、クリンソウも見ごろと聞いて、中山恒友君（帝装化成（株））と出かけてみることにした。

赤沼で駐車場に入ろうとしていると、アスファルト道路上に干からびたシマヘビらしい轢死体がある。何かいるだろうかと突っついて見ると、数匹のオニヒラタシデムシが出てきた。こんな幸運にはめったに出会えるものではないと、まずは出だし好調。千手ヶ浜行きの低公害バス（ディーゼル電気ハイブリッドバス）の停留所には日曜日とあって70〜80人の行列ができていて、発車後20人くらいが次のバスに取り残された。途中の外山沢や千手にかけてはシカの食害によって景色は一変している。ミズナラやカラマツ、ズミなどの大木は昔のままとして、その下に生える植物はシカの食べない数種に限られ、著しく単純化しているのだ。

　千手ヶ浜に着くと、予想以上にたくさんの人々が訪れていて、色とりどりのクリンソウの花が満開となっている。しばしそのすばらしさに見とれてしまった。ほどなくこの花園の持ち主の伊東誠さんにお会いできた。「シカの食害で植物はなくなり、虫も鳥も減ってしまった。なんとかならないものか。訪れてくれた人たちには花を愛でるだけでなく、シカの害の実態を知ってもらいたいし、自然保護について考えてほしい」と訴えていた。千手のバス停に降りたとき、1匹のウスバシロチョウを見かけたが、伊藤さんが食草のキケマンを移植したところ戻ってきたものだという。

　黒檜岳の登山口付近では、わずかに生えた草本上や枯れ木、キノコなどからオオクチカクシゾウムシやメスグロベニコメツキ、ツブケシデオ

今日この山で出会った主な昆虫類

ツブケシデオキノコムシ *Pseudobronium lewisi*（1ex.）、メスグロベニコメツキ *Denticollis versicolor*（1ex.）、メダカヒシベニボタル *Dictyoptera medvedevi*（6exs.）、マルキマダラケシキスイ *Stelidota multiguttata*（1ex.）、ヘリアカナガクチキ *Melandrya ordinaria*（1ex.）、オオクビボソムシ *Stereopalpus gigas*（1ex.）、オオヒメハナカミキリ *Pidonia grallatrix*（2exs.）、ヨコモンヒメハナカミキリ *Pidonia insuturata*（1ex.）、クロヘリイクビチョッキリ *Deporaus ohdaisanus*（1ex.）、オオクチカクシゾウムシ *Syrotelus septentrionalis*（1ex.）など。

キノコムシ、マルキマダラケシキスイ、ヘリアカナガクチキ、ヨツボシヒラタシデムシ、アカバデオキノコムシ、ヨコモンヒメハナカミキリ、シリブトチョッキリ、オオクビボソムシ、オオヒメハナカミキリなどを得たが、全体的に

写真❺ シャクナゲの新葉に群がるメダカヒシベニボタル（体長7mm）

種類数も個体数も少ない。中山君になにか採れたか、と聞くと、ハイイロハナカミキリとコブヤハズカミキリを採ったという。ウーやられた！

　登山道はジグザグの急な登りが続く。始めミズナラなどの広葉樹林帯で、登るにつれてコメツガやシラビソの林となる。林床にはシャクナゲが群落をつくっており、春の花期に訪れたらすばらしいだろうなと。登山道沿いに見られる植物はほとんどシャクナゲばかりなので、その葉上を眺めながらひたすら登る。時々その葉上にメダカヒシベニボタルやムネナガカバイロコメツキ、コブヒゲボソゾウムシ、ケブカトゲアシヒゲボソゾウムシなどが見られる。もっとも多いのはメダカヒシベニボタルで、ある1カ所では1本のシャクナゲの葉上に同時に6匹が群がっている（写真❺）。1組の交尾個体の周囲に集まっていたので、メスの性フェロモンに引き寄せられてオスが集まって来ていたのではないかと推察された。また、シャクナゲの葉上からは見たことのないイクビチョッキリの一種を得たが、これは、後で栃木県から2例目の記録となるクロヘリイクビチョッキリ（写真❺）とわかった。

写真❺ クロヘリイクビチョッキリ（スケールは1.5mm）

　汗をたっぷりかいて2時間ほどで頂上に着いた。頂上は平坦なダケカンバとコメツガ、ナナカマドなどの樹林の中にあり、展望はない。お昼ご飯を食べてい

ると4、5人の中年男性が登ってきた。この日この山で出会った人は全部で15人くらいであった。頂上ではわれわれを警戒するようなシカの甲高い鳴き声が聞かれた。そもそも日光のシカの増加は原生林の大規模な伐採によって生じた人為的な自然破壊の産物である。できるだけ速かにシカの個体数を昔に戻し、植生の回復を図ることが望まれよう。

㊱ 半月山(はんげつやま) *1753m*

◆登山日　2014年7月15日
◆天　候　曇時々晴
　　　　　奥日光の気温、最低16.6℃、最高23.0℃
◆コース　日光市中宮祠、中禅寺湖スカイライン(車)→第1駐車場→半月山山頂→半月峠(往復)

ササ原で汗を舐めに飛来、エルタテハ

今日の日光地方の天気予報は、NHKでは15時まで晴、のち曇。インターネットでは午前9時までは晴、その後は日中曇、夕方より雨となっている。良い方を信ずることとして、良く晴れている宇都宮の自宅を午前6時過ぎに出発。途中から見た日光連山は曇っている。いろは坂を登り始めても時々霧が立ちこめている。周辺の高い山々も雲に隠れている。ところが、中宮祠に着くと薄曇で一部青空も見え、陽が差している。男体山は頂上付近は雲に隠れているが、中禅寺湖は陽光が反射しきらきら輝いている。まずまずの天気である。

今回は中禅寺湖の南岸にそびえる半月山と社山(しゃざん)を目指す。半月山への一般的な登山ルートでは中宮祠より茶ノ木平、第1駐車場を経るのであるが、今回は社山まで足を伸ばす予定なので、コース前半を省略し、第1駐車場から登ることにした。

午前8時、まだ誰もいない第1駐車場を出発。いきなりやや急な登

りが続く。山は若干ダケカンバの混じるコメツガの林に覆われ、林床にはびっしりササが茂っている。昨夜来の雨でササはびっしょり濡れていて虫の気配はない。時々陽が差したり、霧がかかったりで天気は変わりやすい。この状況では今日は虫に出会えないかも、と不安になる。試しに濡れたササをバサバサすくってみると、ササの葉を食べるたくさんのヒロアシタマノミハムシとヒメバチ類、数匹のナガナカグロヒメコメツキが入った。

1時間ほどして半月山頂に着いた。頂上は4.5畳くらいの広さで、細長いやや平らな尾根が続いている。200mほど先に展望台ありの標識。木製の立派な展望台である。対岸の男体山は右半分が雲の中。中禅寺湖の水面は鏡のように穏やかで、遊覧船がすぐ眼下に見える八丁出島の側を糸を引くように滑っている。左手奥に見えるはずの白根山も雲の中である。しばらく雲がとれてくれないかと待ってみたが、両山とも全貌を見せてはくれなかった。

ここから、シラカバやミズナラがポツポツ生えた、陽当たりの良いササ原の道を半月峠へ向かう。急な下り斜面で、帰路に登り返すのが大変そう。足元で素早く歩き回る虫発見。高い山のガレ場に棲むミヤマハンミョウである。40分ほどで鞍部の半月峠に着く。リュックを降ろして一休みしていると、エルタテハ（写真(55)）が現れて、背中やリュックに止まったりして私の周囲を離れない。汗の塩分を舐めに来ているのであろう。側のササに止まったところをパチリ。本種は大きさ（前翅長）3.5cm。幼虫の食草はシラカバなどで、栃木県内では西北部の山岳地帯に広く分布している。

さて、出発しようと立ち上がったとき、腰に痛みが走った。持病の腰痛が出た。しばらく休

写真(55) エルタテハ（片方の前翅の長さ3.5cm）

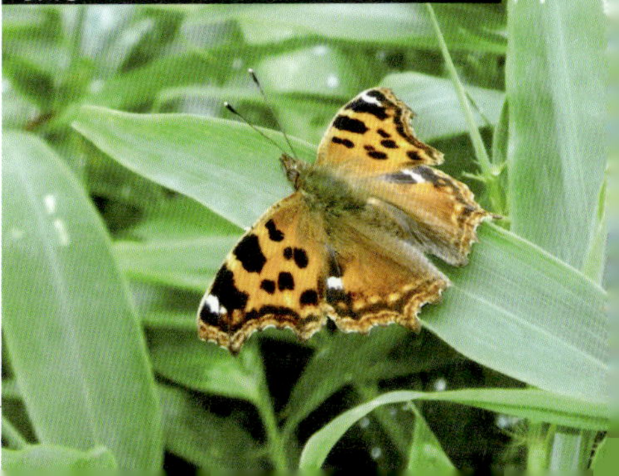

写真56 ニセミヤマカレキゾウムシ（スケールは1mm）

んでみたが、どうもはかばかしくない。まだ、この先はきつい登りも多く、道中は長いのである。どうしょうか。無理して、歩けなくなったら、帰れなくなってしまうではないか。今日はここまでとして、社山にはまた日を改めて登りに来ようと、決断した。

　ここまでに出会ったそのほかの昆虫類は、アシナガコガネ、クロツヤハダコメツキ、キノコヒラタケシキスイ、ハムシ類ではカバノキハムシ、ガマズミトビハムシ、ゾウムシ類ではツノヒゲボソゾウムシ、コブヒゲボソゾウムシ、ケブカトゲアシヒゲボソゾウムシ、トゲアシヒゲボソゾウムシ、クロツブゾウムシ、アイノシギゾウムシ、ルリイクビチョッキリ、ニセミヤマカレキゾウムシ。ベニボタル類ではヒゲブトジュウジベニボタル、コクシヒゲベニボタル。そのほか、ツマグロシリアゲ、モンクロカスミガメ、タカネヒシバッタなど。ベニボタルの仲間で、1種名前のはっきりしないものがあったが、大桃定洋氏に見ていただいたところアカスジヒシベニボタルと分かった。

　この中のニセミヤマカレキゾウムシ（写真56）は野津裕氏の同定によるもので、大きさは3.5mm、体は黒く上翅中央部にV字状の白帯がある。本種は今回栃木県内からは初めて見つかったものである。

写真57 ヒゲブトジュウジベニボタル（スケールは2mm）

　また、ヒゲブトジュウジベニボタル（写真57）は体長7mm。体の色は赤黒く見えるが、上翅には縦の赤いスジが走っている。名前のベニボタルは赤い色をしたホタルに似た虫の意味で、幼虫は陸棲で樹皮下や朽ち木の中

に棲み、朽ちた木や菌類を食べているといわれる。ベニボタルの仲間は日本から100種ほどが知られている。

今日この山で出会った主な昆虫類

エルタテハ *Nymphalis vaualbum samurai* (1ex., 目撃)、ヒゲブトジュジベニボタル *Lopheros crassipalpis* (1ex.)、アカスジヒシベニボタル *Dictyoptera velata* (1ex.)、ツノヒゲボソゾウムシ *Phyllobius ineomptus* (2exs.)、クロツブゾウムシ *Sphinxis koikei* (1ex.)、アイノシギゾウムシ *Curculio aino* (1ex.)、ニセミヤマカレキゾウムシ *Trachodes simulator* (1ex.) など。

 ## 37 鳴虫山 (なきむしやま) *1104m*

◆登山日　2005年7月2日
◆天　候　晴時々曇
◆コース　含満ヶ淵→独標→頂上→神ノ主山→御幸町登山口

登るにつれて平地性昆虫から山地生昆虫に入れ替わる

　鳴虫山は日光市の市街地南側に位置する日光連山の前衛の山の1つである。この山には過去2度登っているのであるが、1回目は早春のため、また2回目は頂上から下り始めて間もなくどしゃ降りに遭い、いずれも虫の収穫はさっぱりであった。そこで、何時か季節の良い時にもう一度登ってみたいと思っていた。今日は、昨日の天気予報では曇りのち雨であったが、朝起きてみると太陽が輝いている。よし、少し遅くなったが鳴虫山に行ってみようと決め、宇都宮の自宅から車を飛ばし、10時ころ駐車場のある含満ヶ淵（かんまんがふち）に着いた。

　歩き始めてすぐ、駐車場の隣にある広い草地上をたくさんのあかとんぼが飛び回っているのが目に入った。3匹ほど網に入れてみると、いずれもアキアカネであった。6月に平地で生まれた個体がもうこの

あたりまで来ていて、この後さらに標高の高い奥日光方面に移動していくのであろうか。

含満ヶ淵の青く澄んだ流れを見ながら、発電所脇を通っていよいよ山道にさしかかった時、10～20m前方の藪の中からブオウという唸り声と共に、ガサガサという大型獣の動く音が聞こえた。瞬間的にクマと思い、速さには自信のある逃げ足で50mくらい後へ戻って様子を伺った。追いかけてくる気配はなく、姿も見えない。もしクマなら前進は危険である。かといってこのまま帰るのもしゃくだ。そこでしばらく虫の写真を撮っていると、突然目の前の藪の中から大きなシカが1匹飛び出してきた。やれやれクマでなくて良かった。さっきのもこのシカだったのではないかと半ば確信し、再度慎重に登り始めた。この時撮った1枚がアイノカツオゾウムシ(写真㊽)である。

この山の名前に接したとき、虫屋の私にとっては、すぐに何か特別な鳴く虫でもいるのだろうかと思った。もしそうならどんな虫か大変興味をそそられた。しかし、いろいろな書物を見てみると、日光地方では雨の降ることを「泣く」といい、この山に雲がかかると雨が降るところから「泣き虫山」→「鳴虫山」となったらしい。今日は登るにつれてエゾハルゼミの鳴声が大変賑やかである。この山のホンマの鳴く虫代表としてこのセミはどうだろうか。

含満ヶ淵から頂上へのコースは、今回下りコースに選んだ頂上から神ノ主山(こうのすやま)コースがほとんどスギ、ヒノキの人工林であるのに比べて、こちらはツツジ類やコアジサイ、コナラなどの広葉樹が多い。虫の方も本コースの方が断然多く、麓では平地性のアカガネサルハムシやキイロクビナガハムシ、ヘリグロリンゴカミキリ、ホオノキセダカトビハムシ、アイノカツオゾ

写真㊽ アイノカツオゾウムシ(吻を除く体長10mm)

ウムシなど、上の方では山地性のルリハムシやヒゲナガウスバハムシ、オオキイロノミハムシ、キボシトゲムネサルゾウムシ（写真(59)）、アカオビニセハナノミ、ナラルリオトシブミなどが見られた。途中でミズイロオナガシジミとアサギマダラ各１匹も目撃した。

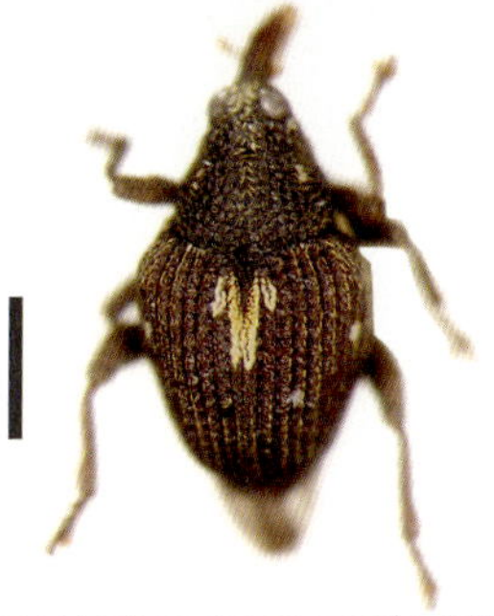

写真(59) キボシトゲムネサルゾウムシ（スケールは0.5mm）

今日は突然の晴天だったためか山にはほとんど人の気配がなく、頂上付近で本日唯一30代の男女１組に出会ったのみであった。また、頂上直下の歩きづらいガレ場に昨年まで無かった立派な木製の階段が完成していた。

この山には今回のほかに最近２度登っているので、その時の様子にも簡単に触れておきたい。

１回目。2001年５月13日、晴。コースは御幸町→神ノ主山→頂上→独標→含満ヶ淵。ちょうどピンクのヤシオツツジが満開。神ノ主山や頂上からは雪を頂く日光連山も絶景。山は春を待ちかねたように繰り出した50名以上のハイカーで大賑わいだった。虫の方はやっと出始めたところで数は少ないが、カタビロハムシやルイスクビナガハムシ、ガロアノミゾウムシなどの早春の虫が得られた。

２回目。2004年８月７日、晴れのち雨。登山コースは１回目と同じ。

恒例の宇都宮大農学部応用昆虫学研究室の夏合宿で日光を訪れていたとき、４年の津村英明君、糸原健児君、３年の山本和也君と４人で登った。登り始めてすぐ道端に５～６株の清楚で気品のあるレンゲショウマの花に出会い感激。しかし、上りのコースは暗いスギ、ヒノキの樹林帯内で、虫の姿はほとんど見られず、スウィーピングでキアシヒゲナガアオハムシなど少数の甲虫類を得たのみ。頂上に着くと１匹のコシボソヤンマがここの主のようにお回りしている。またモンキアゲハ１匹

が猛烈な速さで通過していった。まずはお昼ご飯を食べ、含満ヶ淵方向への下りにかかって間もなく、ものすごい雷雨に遭い、以後虫採りは断念せざるを得なかった。

3回の山行で出会った主な昆虫類

コシボソヤンマ *Boyeria maclachlani*（1ex.、7-Ⅷ-2004）、アカオビニセハナノミ *Orchesia imitans*（1ex.、13-V-2001）、カタビロハムシ *Colobaspis japonica*（1ex.、13-V-2001）、ルイスクビナガハムシ *Lilioceris lewisi*（1ex.、13-V-2001）、アカガネサルハムシ *Acrothinius gaschkevitchii*（1ex.、2-VII-2005）、キアシヒゲナガアオハムシ *Clerotilia flavomarginata*（1ex.、7-Ⅷ-2004）、ホオノキセダカトビハムシ *Lanka magnoliae*（1ex.、13-V-2001）、オオキイロノミハムシ *Asiorestia obscuritarsis*（1ex.、2-VII-2005）、ナラルリオトシブミ *Euops konoi*（4exs.、13-V-2001）、キボシトゲムネサルゾウムシ *Mecysmoderes ater*（2exs.、2-VII-2005）など。

㊳ 外山 *880m*

◆登山日　2013年6月4日
◆天　候　晴
　　　　　近隣の今市の気温、最低12.8℃、最高27.1℃
◆コース　輪王寺駐車場→萩垣面登山口→頂上（往復）→外山山麓分譲地周辺→駐車場

厚化粧のクチブトヒゲボソゾウムシ

　外山は日光市の稲荷川をはさんで、東照宮などの二社一寺のすぐ北東にある円錐形をした独特の山容の山である。登山口は萩垣面の外山山麓に広がる分譲地の一角にある。鳥居をくぐって薄暗いヒノキ林の中の参道をジグザグに登る。林床にはフタリシズカがポツン、ポツンと生えている以外、ほとんど植物はない。神社の山ということで覚悟はしてきたが、これでは一匹の虫にも出会えないのでは、と不安になる。とにかく頂上までは、と忍耐強く登り続けていると、樹高40〜50cmのオオバアサガラの稚樹が数本生えており、その葉に虫食い跡を見つけ

た。もしかして、と近づいてみると、この植物を食草とするキムネアオハムシが摂食中である。この虫は体長6.5mmほどで、胸部は黄褐色、翅の色は金緑色をした、一見綺麗な虫である。山地帯でよく見かけ、栃木県内ではこの植物のほかにサルナシやノリウツギにもつく。

やれやれ、ようやく虫にありついた。参道は標高700mを超えると4つ目の鳥居があり、このあたりからはアカマツに混じってツツジやコナラ、ナツツバキなどの広葉樹が多くなってきた。頂上に近くなると、道には鉄柵と岩のある急登が続く。

頂上近くの広葉樹の葉をすくってみると、リンゴヒゲボソゾウムシ、ヒゲナガホソクチゾウムシ、ヒゲナガオトシブミ、ルリオトシブミ、カシワクチブトゾウムシなどの山地性の常連のほか、やや少ない種のヒレルホソクチゾウムシとネジキトゲムネサルゾウムシに出会えた。

参道は急に陽光の眩しい毘沙門天を祀るお堂の前に着いた。ここからは南面に二社一寺や日光の市街地、旧今市方面が遠望できる。そして、そのすぐ上が頂上である。ここからは男体山や女峰、赤薙などの巨大な山容が眼前に迫り、絶景かなである。ごく狭い頂上には石仏や石祠があり、信仰の山らしさが感じられる。毘沙門様の縁日には多くの参詣者が登拝するという。

今日は、まだほんの少しの虫にしか出会っていない。このままでは帰れないではないか。ならば、早急に下山して、山麓の分譲地・別荘地周辺の林で虫採りに全力を上げてみようかと。

まず、広葉樹がまばらに生えたササ混じりの草地をすくってみると、ヒラズネヒゲボソゾウムシ、ヒゲナガルリマルノミハムシ、キアシノミハムシ、アカアシオオクシコメツキ、ニンフハナカミキリ、シロトホシテントウなどに混じって、金緑色をした一際目立つ数匹のクチブトヒゲボソゾウムシ (写真❻) が入った。この虫は大きさ5mmほどで、全身丸くて小さい金緑色の鱗片で密に覆われ厚化粧しているような感じ。国内分布は新潟県以西の本州と四国、九州の山地帯である。栃木県内では那

写真㊿ クチブトヒゲボソゾウムシ(スケールは1.5mm)

須塩原市や奥日光、奥鬼怒などから見つかっている。食草としてオニグルミが知られている。

また、ササ原の中にピンク色の花をつけた高さ3mほどの樹木1本が見えた。何の花だろう、と近づいてみると、花の直径5〜6cm、葉はサンショウによく似ている。そこで、私はピンときた。まだ実物は見たことはないが、サンショウバラという野生バラに違いないと。しかし、この花は神奈川、山梨、静岡県からしか知られていないものである。なぜ、ここに生えているのか。多分、この山の持ち主がどこからか持ってきて、ここに移し植えたものに違いない。花にはマルハナバチの一種やハナムグリ、アオハムシダマシなどが訪れ吸蜜している。

外山キャンプ場の少し奥の林道沿いの沢で手を洗い昼食を食べていると、長袖シャツの二の腕あたりで突然冷たさを感じた。もしかして、とシャツを捲ってみると、いました予想通り、ヤマビルが吸い付いていたのである。沢に下りようとして湿ったヤブをくぐったので、その時取り付かれたものらしい。その後、付近でシカ5〜6頭を見かけたので、このあたりには広くヤマビルが棲んでいるなと感じた。標高千メートル以下でシカがいるところでは、大体ヤマビルがいると思っていい。シカの蹄部分にヤマビルが寄生し、シカの移動とともにヤマビルも生息範囲を拡げているのである。このあたりは別荘地で銃猟が禁止されているため、シカが増えるに任されているのであろう。

林道に沿った広葉樹の梢からはガロアノミゾウムシ、ヒラタクシコメツキ、ヨツキボシコメツキ、フタオビノミハナカミキリ、シロジュウシホシテントウ、トビサルハムシなどが得られたほか、種名のわからない、多分栃木県初記録と思われるノミゾウムシの一種を得、まずまずの収

穫で本日の調査を終えた。

その後、上記のゾウムシを専門家の野津裕氏に見て頂いたところ、やはり栃木県初記録のハルニレノミゾウムシ（写真(61)）と判明した。体長は3.5mmで体全体黒色。本州と九州に分布し、ハルニレに付くことが知られているという。

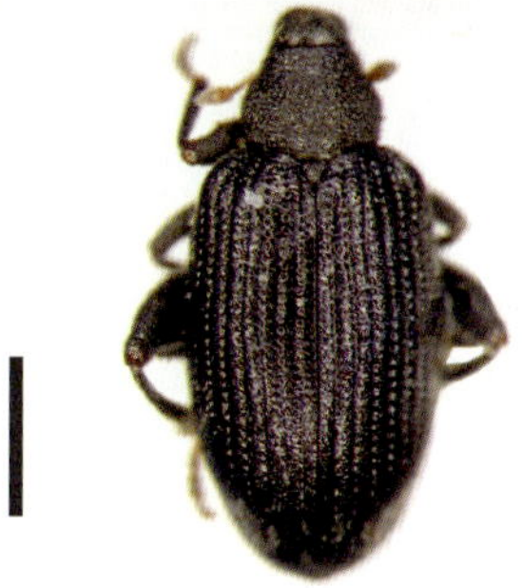

写真(61) ハルニレノミゾウムシ（スケールは1mm）

今日この山で出会った主な昆虫類

アカアシオオクシコメツキ *Melanotus cete cete*（1ex.）、ヒラタクシコメツキ *Melanotus koikei*（1ex.）、シロジュウシホシテントウ *Calvia quatuordecimguttata*（1ex.）、ヒレルホソクチゾウムシ *Apion hilleri*（3exs.）、クチブトヒゲボソゾウムシ *Ophyryophyllobius polydrusoides*（1ex.、他にも数匹目撃）、ハルニレノミゾウムシ *Orchestes harunire*（1ex.）、ネジキトゲムネサルゾウムシ *Mecysmoderes brevicarinatus*（1ex.）など。

びしゃもんやま

39 毘沙門山 *587m*

◆登山日　2012年6月11日
◆天　候　曇
◆コース　県道栗山今市線245号沿い瀬尾→毘沙門山→茶臼山→会津西街道121号沿い倉ヶ崎、茶臼山ハイキングコース入り口

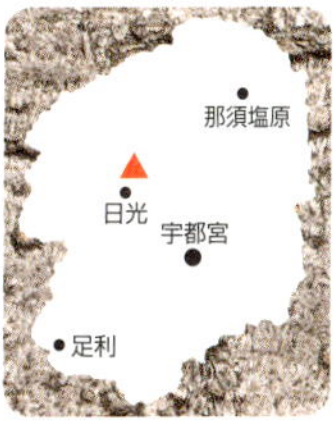

果実害虫・チャバネアオカメムシの育つスギ・ヒノキ林

毘沙門山は今市市の中心部から北へ直線距離で約3kmのところにあり、今市市瀬尾から登る北回りコースと、今市市倉ヶ崎から茶臼山を経て登る南回りコースがある。今回は、北回りコースから入り、茶臼山を経て国道121号沿いの倉ヶ崎へ下る縦走コースをとった。

今年の関東の梅雨入りは6月9日で、当地ではこの日雨である。次

に晴れる日は予報では11日という。ところが、前日夕方の予報では「11日は曇り」に変わった。10日の夜から雨になり、11日の朝まで降り続いた。現地に行ってみると、まだ降り足りないようなどんよりした曇り空。当日朝の予報では日中陽射しもありそうとのこと。それを信じて登ることに決めた。コロコロ変わる天気予報にはいつも振り回されるのである。

登山口の林道脇に車を置いて歩き始める。いきなり、アカマツの混じったスギ林の中の急登が始まった。道を覆うように両側に茂っているコアジサイ、ツツジなどの低木は朝までの雨で濡れているため、露払いをしながらの登りである。ズボンは腰までびしょ濡れ。替えを持ってきていないのに、どうしよう。20分くらい登ったところで尾根に出て、露払いから解放された。しかし、道端の低木をすくってみても、アミがびしょびしょになるだけで、虫の姿は無い。

登り始めてから約50分で毘沙門山の頂上に着く。8畳間くらいの広さで、一角に8×8mほどの白い金属製の平面反射板なる構造物がある。これは麓の県道からも良く見えた。私にとっても初めてお目にかかる代物であるが、電波を反射させるための構造物なのか。山頂からは曇ってはいるが、今市の街並みや鬼怒川温泉方面が眺望できる。

山頂の周囲はコナラやトネリコ、ホオノキ、サクラなどの広葉樹が多数取り囲んでいる。本日はまだ獲物ゼロとあって、ネットの濡れるのも一切かまわず、ばさばさすくってみた。入ったのはムナグロツヤハムシ、ヒゲナガウスバハムシ、ツブノミハムシ、キアシノミハムシ、ヒレルチビシギゾウムシ、ホソトラカミキリ、キバネホソコメツキ、ベニモンツノカメムシなどなど。もっとも個体数の多いのは標高500mあたりから現れ出すヒゲナガウスバハムシ。大きさ4mmくらいで、紺色。ツツジやカエデ類などにつくという。いつも本種を見かけると、山地帯にやってきたな、と実感する。頂上からは尾根道を茶臼山方面に向かう。この後はいくつかアップダウンがあり、ところどころ片側が広葉樹のこ

ともあるが、概ね薄暗いスギ、ヒノキの林が続き、獲物はあまり期待できそうにない。

毘沙門山から茶臼山への途中、道端の草葉上でチャバネアオカメムシ（写真❺）数個体を目撃した。このカメムシは春から夏にかけて低山や平地でもよく見かける種であるが、つい数日前（6月8日付け）の読売新聞栃木県版の記事を想い出した。記事の見出しは「カメムシ県全域注意報、梨やリンゴ品質に影響」とあり、県内の果樹園での発生量が過去10年間でもっとも多くなっている、と報じている。

写真❺ チャバネアオカメムシ（スケールは3mm）

実は、チャバネアオカメムシはスギやヒノキほかの球果を吸って生育し、成虫になると果樹園に飛来し、リンゴ、ナシ、カキ、モモなどの果実から汁を吸い、果実に傷をつけたり、腐れを入れたりして被害を与える著名な害虫なのである。この山に限らず、県内全域の低い山のスギ、ヒノキ林などが本種の発生源の1つになっているのではないかと推察される。

毘沙門山から茶臼山への間で2人のハイカーに出会った。こんな天気で、しかもマイナーな山なので、人間に出会うとは想定外でビックリした。1人は60代くらいの女性。いつものように挨拶を交わすと、「何を採っているのですか」。昆虫です、といつもの答え。すると、「羽が橙色で、黒い点々のあるチョウはなんですか」との問い。ヒョウモンチョウの仲間でしょうと答えると「そういえばヒョウに似ているかも」といって別れて行った。もう1人は20代くらいの男性で、「時々県内の山歩きをしていて、昨日も宇都宮の古賀志山に登ってきました」。低山とは言え、連ちゃんとは流石に若いなぁー。

毘沙門山から1時間ほど茶臼山寄りで、広葉樹をすくったところ、アッと驚く珍虫が入った。私にとって3度目の出会いのタカハシトゲゾ

写真❸ タカハシトゲゾウムシ（スケールは1.5mm）

ウムシである。大きさ4.5mmほど。後ろ足のモモ（腿節）が三角形をした見るからにへんてこりんな格好の虫である（写真❸）。栃木県内では旧西那須野町、旧塩原町、宇都宮市、旧烏山町、足利市などからごく少数の記録しかない。幼虫はサクラの葉に潜って成育することが知られている。そのほか毘沙門、茶臼間ではキバネマルノミハムシ、ツツジトゲムネサルゾウムシ、ヒゲナガホソクチゾウムシ、チビイクビチョッキリなどを得た。

毘沙門山から1時間20分ほどで茶臼山頂に着いた。スギ林の中の尾根の一角にあり、山の頂上という感じはしない。このあたりからは東側はスギ林、西側は広葉樹が生えていて、遠望は利かない。茶臼山からの下山路で出会った主な種はキンケノミゾウムシ、コゲチャホソクチゾウムシ、ヒメヒゲナガカミキリ、クロヒゲナガジョウカイ、ヒゲナガルリマルノミハムシなど。この中のキンケノミゾウムシは県内では日光市、旧塩原町、佐野市などから見つかっているが少ない種である。

今回の山行では、雨上がりであること、曇っていて陽射しがまったく無かったこと、山のほとんどがスギ、ヒノキの林であったこと、などのためか虫の個体数は極端に少なかった。しかし、その中に久し振りの珍虫、タカハシトゲゾウムシとキンケノミゾウムシを見出し、救われる気持ちになった。

今日この山で出会った主な昆虫類

チャバネアオカメムシ *Plautia crossota stali* (3exs.、目撃)、ベニモンツノカメムシ *Elasmostethus humeralis* (1ex.)、ヒゲナガウスバハムシ *Stenoluperus nipponensis* (多数目撃)、チビイクビチョッキリ *Deporaus minimus* (1ex.)、ヒゲナガホソクチゾウムシ *Apion placidum* (1ex.)、タカハシトゲゾウムシ *Dinorhopala takahashii* (1ex.)、キンケノミゾウムシ *Orchestes jozanus* (1ex.)、ツツジトゲムネサルゾウムシ *Mecysmoderes fulvus* (2exs.) など。

前日光・足尾の山

40 火戸尻山（ほどじりやま） 852m

◆登山日　2009年5月26日
◆天　候　快晴
◆コース　日光市西小来川高畑→頂上（往復）

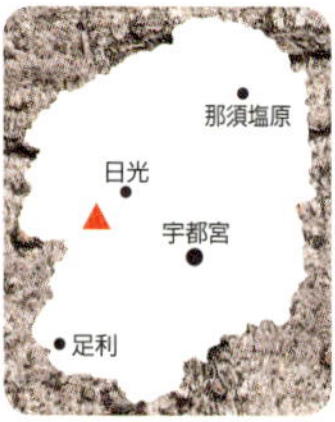

虫の少ないスギの美林

珍しい山名であるが、由来は不明。この山は日光市の南東、西小来川（にしおころがわ）にあり、日光東照宮近くにそびえる鳴虫山から南に連なる尾根の南端に位置している。

登山口は案内書では黒川上流の２軒のそば屋さん脇にあるとのことで、行ってみるとすぐにわかった。ただ、登山口の看板や道標のようなものは見当たらないので、そば屋のおばさんに教えを乞うて出発。

歩き始めてすぐ、足元からパッと飛び上がって、3、4m先の路上に止まった虫がいる。ニワハンミョウである。私の道案内をしてくれるのであろうか。天気は上々、しかしまだ午前９時半ということで、道端の草木は夜露でビッショリ。虫の姿も見えない。眼を上の空間に向けると時々チョウが飛び回っている。すぐにわかったのはウスバシロチョウ、オナガアゲハ、サカハチチョウ。網を振って入ったのはツマグロヒョウモンであった。

20分ほど歩いたところで林道が終わり、道は細くなった。と、突然、道の前面にネットが張ってあって前進を阻まれる。登山案内書にあった防鹿柵だなとわかったが、あるはずの扉が無い。誰かがネットの下の方にあけた小さな穴から辛うじて通り抜けた。やれやれ、これでは防人柵ではないか。と思いながら歩き始めると、ほどなくまたネットが張ってある。この山は個人所有らしいことと、このあたりは県内有数のスギの産地であることを考えれば、このくらいのことで腹を立て

ても仕方ないかなと。

　登山道は間もなくスギの美林のジグザグな急登となった。林床にはほとんど植物が無く、虫も目に入らない。えらい山に来たもんだ。と嘆きながら、しかし、ひたすら登る。650m付近で尾根に出た。このあたりから道沿いにコアジサイやツツジ類、コナラなどが増えてきた。少し収穫を上げねばとスウィーピングを始める。獲物は多くないが、ツツジコブハムシ5、6匹とセアカツノカメムシ、県内の記録があまり多くないキボシトゲムネサルゾウムシ、ミヤマヒシガタクモゾウムシなどが入って、まずはホッ。尾根上の道にはネコの姿をした大岩（ねこ岩）が現れたり、いくつかの急な登りが続く。時々足元をコジャノメが忙しそうに通り過ぎる。

　2時間余りでエゾハルゼミの声が響く頂上に着いた。頂上の広さは8畳くらい。南北面はヒノキ林、西側は広葉樹林に囲まれ展望はない。頂上付近でスウィーピングを試みるもフタオビノミハナカミキリとトゲヒゲトラカミキリが得られただけ。なんか異常に虫が少ない感じ。このままでは虫登記が書けないかも知れないと心配になる。まずはお昼ご飯を食べ、早々に下山につくことにした。あとは登るとき露で濡れていた麓の草地に獲物を期待するほかない。

　標高500m付近まで一気に下りて本格的に採集開始。さすがに植物の種類が多いせいか、虫も多い。ハムシではルリツツハムシ、ルリウスバハムシ、ホオノキセダカトビハムシ、ツマキタマノミハムシ、キイロタマノミハムシなど、コメツキムシではコガタクシコメツキ、カバイロコメツキ、ヒラタクロクシコメツキ、ゾウムシではキイチゴトゲサルゾウムシ、ツノヒゲボソゾウムシ（写真❻）、リンゴヒゲボソゾウムシ、アイノカツオゾウムシ、

写真❻ ツノヒゲボソゾウムシ（スケールは2mm）

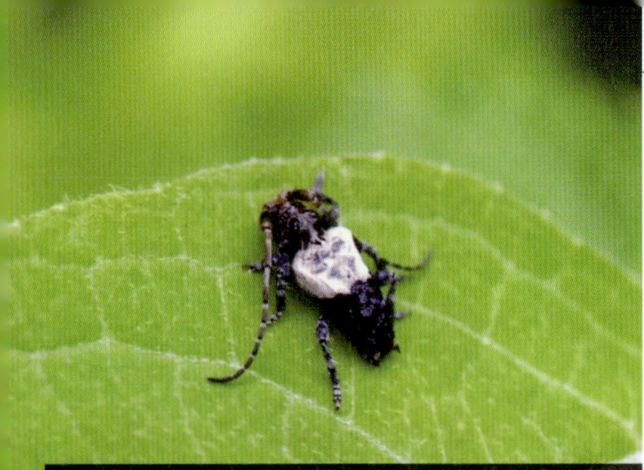

写真(65) クモを想わせるネジロカミキリの静止ポーズ（体長7mm）

アカアシヒゲナガゾウムシなど。そのほか、ヒラタチビタマムシ、ヒメツノカメムシ、アカマキバサシガメなどが見られたが、山地性の常連ばかりで特に珍しい種は得られなかった。

登山口付近まで下りたところで、植物の葉上に1cm足らずのクモのようなものが目に入った。通り過ぎようと思ったが近づいてよく見ると、久し振りに出会うネジロカミキリ（写真(65)）ではないか。それにしても、脚と触角を体に密着させ、触角の中間部分から外側に曲げたポーズは脚が８本に見え、私にクモと思わせたほど。本当にネジロカミキリにクモの一種に擬態する習性があるのか、また、クモに擬態するとネジロカミキリにどんな利益があるのかなど不明であるが、単に私の目の錯覚に過ぎなかったのであろうか。

今日の登山の感想は、この山は近くの鳴虫山、笹目倉山、鶏鳴山とともに山全体がスギ、ヒノキの人工林であり、植物相が単調なためか昆虫類が大変に少ないと感じたこと。

今日この山で出会った主な昆虫類

アカマキバサシガメ *Gorpis brevilineatus*（1ex.）、ヒラタチビタマムシ *Habroloma subbicorne*（2exs.）、フタオビノミハナカミキリ *Pidonia puziloi*（2exs.）、ネジロカミキリ *Pogonocherus seminiveus*（1ex.）、ルリウスバハムシ *Stenoluperus cyaneus*（2exs.）、ホオノキセダカトビハムシ *Lanka magnoliae*（1ex.）、アカアシヒゲナガゾウムシ *Araecerus tarsalis*（1ex.）、ツノヒゲボソゾウムシ *Rhyllobius incomptus*（1ex.）、キボシトゲムネサルゾウムシ *Mecysmoderes ater*（6exs.）、ミヤマヒシガタクモゾウムシ *Lobotrachelus minor*（1ex.）など。

41 鶏鳴山 （けいめいざん） *961m*

◆登山日　2005年5月21日
◆天　候　晴
　　　　　宇都宮市の気温、最低12.7℃、最高27.2℃
◆コース　JR下野大沢（タクシー）→バークレイカントリーゴルフ場→登山口→頂上（往復）

ハンミョウの棲むスギ、ヒノキの美林

　この山は日光連山をバックに旧日光市 東小来川（ひがしおころがわ）と旧今市市長畑との境界に位置している。山の名前の由来は案内書等には何も記載がなく不明である。登りながら山名に関わりを持つ何かがあるのか探してみたいと思う。この山は登るにつれてわかったのであるが、麓から頂上まで植林された大変に見事なスギ、ヒノキの林が続いている。途中から登山道と分岐するが、林道も頂上付近まで開設されている。

　ゴルフ場から林道を歩き始めてすぐ、テンニンソウの群落があり、その葉上から本日の初獲物のキスジアシナガゾウムシ、トゲカタビロサルゾウムシなどを採集。渓流沿いに歩いているととても良い臭いが漂ってきた。近くに咲いている白いミツバウツギの花である。そこには数匹のサカハチチョウやクロアゲハ、マルハナバチの一種などが入れ替わり立ち替わり吸蜜に訪れにぎわっている。私はカメラでサカハチチョウ1匹を採集（写真❻）。そのほか林道沿いの1本のイタドリ葉上からは山地帯で時々見られる、上翅が灰緑色の鱗片で覆われたツノヒゲボソゾウムシ3匹を得た（写真が火戸尻山の項にあり）。本種の食草としてはヤナギ、ポプラ、ナラ、モモ、リンゴ、ツツジなどが知られているが、イタドリも

写真❻ ミツバウツギの花から吸蜜中のサカハチチョウ（前翅長21mm）

本虫の食草1つなのか。また、林道沿いに多いコアジサイ、タマアジサイの葉上にはホソアナアキゾウムシやヒラズネヒゲボソゾウムシなど種々の甲虫類が見られた。

　林道から別れた登り道では、路上のスギの枯葉に止まっていたクチキクシヒゲムシ1匹を拾った。10年に1度くらいしかお目にかからない生態不明の変な虫である。さらに歩いているとサルトリイバラを食べている数匹のホソクビナガハムシ（写真が篠井富屋連峰の項にあり）を見つけた。本種はヤマイモにたくさんつくキイロクビナガハムシによく似た種で、本県では日光、宇都宮ラインなどに分布が局限されている。

　今日のコースはやや薄暗いスギ、ヒノキ林の中であるため花はあまり目につかない。麓の方ではホウチャクソウ、カキドウシ、中腹より上の方では尾根道でツクバキンモンソウとフモトスミレが寄り添うように咲いているのが見られた。

　頂上近くの林道沿いの崩れた岩石上に点々と虫がとまっている。コメツキムシ6、キクイムシ4、ゾウムシ3、カメムシ1など。これはタナボタとありがたく頂戴した。それにしてもなぜこんなところに。下の方からの気流による吹き上げ？それとも陽の当たる暖かいところでの体温上昇のため？

　頂上には4つの石祠のほか、やや広い平らな場所があり、1.5m四方くらいの丸太で囲われた5つほどの囲炉裏の跡がある。4月頃に行われるというお祭りの時、ここで魚を焼いて酒盛りでもやったのであろうか。周囲には5分咲きのヤマツツジやミズナラなどが茂っている。その間からは西北方に雪まだ多い白根山やもうすっかり雪の消えた男体山や女峰山などが見える。ここで昼食を摂り、小来川方面に下りようかと思ったが、道標もなく道も判然としない。しかたなく来た道を戻ることにした。この日、山で出会った人は男3名、女3名、男2女1名の3パーティー。いずれも中高年の面々であった。彼らにも道のことを尋ねてみたが、知らないという。

下山途中、車の通る土と砂利の混じった林道上で足許からパッと飛び立つ虫あり。追いかけて見ると思いがけず美麗なハンミョウ（写真㊿）との出会いであった。午後3時ころで、陽の当たるごく狭い範囲にハンミョ

写真㊿ ハンミョウ（スケールは6mm）

ウ2匹、ニワハンミョウ1匹を確認した。林業用の車両の通行は仕方ないとしても、登山者の車は林道の入り口で止めるべきだ。ハンミョウ類は裸地を生活の場としていて山道上に多く見られたが、道路舗装と車の往来により絶滅に瀕しているのだ。

　午前中、山を登りながら不思議に思ったのは、鳥の声がほとんど聞かれないことだった。山名の「鶏鳴」は一体何なんだろうと。ところが昼近く頂上付近でボ、ボ、ボ、という鳥の声を聞いた。ツツドリか。頂上では上手なウグイスの囀り。早朝ならもっとたくさんの鳥たちの鳴き声が聞かれるのかも知れない。そしてそれが山名の由来なのかもと、一応納得した。しかし、中腹付近まで下ったとき、数羽のカラスの鳴き声がひどくうるさい。この山の自然の中で育ったのなら許そう。しかし、都会のゴミの味を知ったカラスならこの山には相応しくないな、と思った。

今日この山で出会った主な昆虫類

ハンミョウ *Cicindela chinensis japonica*（1ex.、他に1匹目撃）、クチキクシヒゲムシ *Sandalus segnis*（1ex.）、ヒメクロコメツキ *Ampedus carbunculus*（1ex.）、ホソクビナガハムシ *Lilioceris parvicollis*（4exs.）、ヨツモンクロツツハムシ *Cryptocephalus nobilis*（1ex.）、ツノヒゲボソゾウムシ *Phyllobius incomptus*（3exs.）、マットビゾウムシ *Scythropus scutellaris*（1ex.）、コナラシギゾウムシ *Curculio dentipes*（1ex.）、ジュウジコブサルゾウムシ *Craponius bigibbosus*（2exs.）、トゲカタビロサルゾウムシ *Cyphosenus bouvieri*（3exs.）など。

㊷ 笹目倉山 *800m*

◆登山日　2005年9月13日
◆天　候　快晴
　　　　　近隣の宇都宮市の気温、最低21.7℃、最高32.8℃
◆コース　日光市南小来川、天善教バス停→鉱山跡→頂上
　　　　　→風雨雷山→宮小来川

草も生えない虫もいないスギ、ヒノキの人工林

　笹目倉山（*176P参照*）は鹿沼市から黒川沿いに日光方面に向かい、小来川に入って間もなく北方に見えるピラミダルな形をした山である。同じ山系の日光寄りにある鶏鳴山と共に日光の前衛の山の1つである。また、この山は天善教の信仰の山でもあり、頂上には天善教大神を祀る奥之院の社がある。

　この山への登山口は通常その天善教の本部近くの鳥居から始まるのであるが、今回はそこより少し鹿沼寄りに登山口の大看板のある鉱山跡を経由するコースをとることにした。2、3あるほかの登山ルートはいずれもスギ、ヒノキの人工林内の道であり、虫採りはあまり期待できないと判断したためである。

　車の通れるほどの幅の、こぶし大くらいの石のゴロゴロした歩きづらい道を登り始める。かなりの急坂。まだ真夏のような太陽が照りつけているので、すぐに汗が噴き出してきた。道端にはハギ類、ツリフネソウ、キバナアキギリ、ホトトギス、ススキなど秋の花が満開である。最初の獲物はホトトギスの花を訪れていたイチモンジセセリ。登るにつれてコミスジ、メスグロヒョウモン、ウラギンヒョウモン、ウラギンスジヒョウモン、カラスアゲハ、ルリシジミ、キチョウ、ヒメキマダラセセリなどの山麓のチョウ類に出会う。もう秋のはずなのにツクツクボウシの声に混じってミンミンゼミの声も聞かれる。路傍のヌルデ、ハギ類、アカメガシワ、ツツジ類、カエデ類、タマアジサイなどのスウィーピング

で、コアカソグンバイやヒヨドリバナアシナガトビハムシ、サシゲトビハムシ、サメハダツブノミハムシ、キイロクワハムシ、ヤノナミガタチビタマムシ、ミヤマヒシガタクモゾウムシなどの甲虫類を得た。坑道のある鉱山跡を過ぎ

写真❻ コカタビロゾウムシ（スケールは1mm）

ると急な斜面をトラバースする登り道に変わった。眺めは大変良いが、すごい藪と時々道が崩壊していて危ない。しかし、コナラやミズナラ、ツツジ類などの広葉樹が多く、ここで本日の最高の収穫となった、栃木県のレッドデータリストの「要注目」種に指定されているコカタビロゾウムシ1匹を得た（写真❻）。本虫は大きさ3mm（口吻を除く体長）ほどで、ズングリした体型。体は黒色で、胸部背面と上翅には数本の灰白毛による縦条がある。

　全行程の3分の2ほど登ったところで、薄暗いスギ、ヒノキの林の中に入った。日射をしのげて良いかなと思ったが、虫の気配がほとんどない。それより頂上はまだかと、ひたすら登っていくと、スギの木の根元を飛び回るやや大型のハチの一種が目に止まった。とにかくアミに入れてみると、体長3cm足らずで茶褐色をした、スギ、モミなどの枯れ木に寄生するニホンキバチであった。ほどなく麓から2時間10分ほどかかって薄暗くて展望のきかない頂上に着いた。頂上には1坪くらいの広さの社が建っていて、その前に15×4mくらいの空間がある。おにぎりを食べていると、時折カラスアゲハが上空に現れては飛び去った。地面近くには黒っぽい小型のチョウが飛び込んできた。種名を確認せねばと捕まえてみたら、コジャノメであった。また、遠くの方からエゾゼミ（またはコエゾゼミ）の鳴く声が聞こえてきた。

　頂上からの下りは元来た道を戻らず、宮小来川へのルートをとることにした。しかし、このルートでは終始スギ、ヒノキの人工林で、林

写真㊿ ミズキの葉に止まる昼間活動性のホシベッコウカギバ（前翅長18mm）

床にもほとんど植物がないため、生命のない死の世界のような光景が広がっているように感じられる。かっては、ここには種々の広葉樹が自生していて山菜やキノコを採ったり、炭を焼いたりの山村の生活の森があったに違いない。いつからか、お金になるスギやヒノキの経済優先の森に変わってしまった。残念ながら、今日県内は勿論、全国どこの山に行っても皆同じような状況である。個人の山であり、そこで林業が営まれているという現実はどうにもならないのかも知れない。しかし、何時の日か針葉樹の森から多様な生命を育み、人にとってはその森から種々の恩恵を享受できる、その地域固有の植生の森に戻ってもらいたいと念願している。

　下りでは虫がいないなぁーとぼやきながら麓まで下りてきたところで、1本のミズキの周囲を弱々しく飛び回るキチョウくらいの大きさの白いガ5、6匹を見つけた。これはミズキを食草とし、昼間飛翔するホシベッコウカギバ（写真㊿）であった。

　今回の山行で大変ありがたいと思ったのは、登山道の目印となる赤のテープや黄色の小型の木札が10〜20mおきに木にくくりつけてあったことである。初めて登る山では道案内には不安が一杯である。お陰

今日この山で出会った主な昆虫類

コアカソグンバイ *Cysteochila fieberi*（2exs.）、ニホンキバチ *Urocerus japonicus*（1ex.）、アリバチモドキ *Myrmosa nigrofasciata*（1♀）、ホシベッコウカギバ *Deroca inconclusa*（数匹目撃）、ヤノナミガタチビタマムシ *Trachys yanoi*（4exs.）、キイロクワハムシ（ウスイロウリハムシ）*Monolepta pallidula*（1ex.）、ヒヨドリバナアシナガトビハムシ *Longitarsus nitidiamiculus*（1ex.）、サシゲトビハムシ *Lipromima minuta*（2exs.）、コカタビロゾウムシ *Trigonocolus sulcatus*（1ex.）、ミヤマヒシガタクモゾウムシ *Lobotrachelus minor*（1ex.）など。

で道に迷うことなく無事に下山できて感謝している。

羽賀場山 (はがばやま) *775m*

◆登山日　2011年5月25日
◆天　候　晴
◆コース　鹿沼市古関→第1送電線鉄塔→第2送電線鉄塔
　　　　→頂上（往復）

虫の少ないスギ、ヒノキの美林

　羽賀場山は、鹿沼市街から古峰原街道を15kmほど西北に行った古関に登山口のある山で、周辺には栃木百名山の鳴蟲山や二股山、笹目倉山などがある。これらいずれの山々もスギ、ヒノキの人工林で覆われている。したがって、これまで登った周辺の山々では極端に虫が少ないという印象が強かった。

　登山案内書には、この山にはいくつか道に迷いやすいところがあるが、道標などは整備されていないので、地図とコンパスを持ってしっかりルートファインディングしながら登るように、と書かれている。今日は、いつもより地図と案内書を精読して、緊張感を持って登ることにした。

　登山口の長安寺の駐車場に車を置かせてもうと、草むらに隠れるように設置された「羽賀場山登山口」の案内板を見つけた。登山道に一歩踏み出したところで、歓迎するかのように目の前にウスバシロチョウ1匹が現れた。道はこの後いきなりスギ林内のつづら折り急登が続く。

　標高340m付近で尾根に出た。林床にツツジ、コアジサイ、オオムラサキ、ゴンズイなどが見られるようになる。試しにネットでバサバサすくってみると、ヒラズネヒゲボソゾウムシ、キイチゴトゲサルゾウムシ、カシワクチブトゾウムシ、ツツジコブハムシ、ツブノミハムシ、クロクシ

コメツキなど山地性甲虫の常連が少数得られた。

　標高450m付近で東京電力の第1送電線鉄塔下に着いた。開けた陽当たりの良い場所で、宇都宮や古峰ヶ原方面の山々が眺望できる。ここではホオノキの葉を食べるホオノキセダカトビハムシ、コゴメウツギの花からヒラタハナムグリ、トゲヒゲトラカミキリなどを得たが、いまいち虫の姿が少ない。

　600m付近で第2送電線鉄塔にさしかかった。ここでは、サルトリイバラの葉を食べているフタホシオオノミハムシ、ミツバアケビからホソルリトビハムシ、そのほか、カバノキハムシ、フタオビノミハナカミキリ、ヒラタクロクシコメツキなどを得たが、やはり虫の数があまり多くない。

　頂上付近ではナラ類が目立つようになった。何かいるだろうかとすくってみると、常連のレロフチビシギゾウムシやアカクチホソクチゾウムシ、ズグロキハムシ、アカアシオオクシコメツキに混じって本日最珍と思われる1匹が入った。口吻を除く体長は5mmほどで県内記録もあまり多くないクロシギゾウムシ（写真⑳）である。

　登ってから2時間近くかかって頂上に着いた。広さは6畳間くらい。周囲にホオノキ、ナラ類、ヒノキなどが茂っていて遠望は利かない。お昼ご飯を摂っていると、地上1.5mくらいの高さに5、6匹のアブかハチの一種が飛び回っている。お互いに追いかけたり、ぶつかったり、忙しなく動き回っている。それぞれに領空権を主張しあっているのであろうか。エイとアミを振ると2匹ほどが入った。ギングチバチやツチスガリなどのハチ類によく似たアブの一種で、ムツボシハチモドキハナアブと判定した。

　この山のほとんどは植生の単純なスギ、ヒノキに覆われていて、これ以上の獲物は期待できないと判断。早々に頂上を後

写真⑳ クロシギゾウムシ（スケールは1.5mm）

にし、登山口付近に見られたヤブや草地で少し採集してみることにした。早速目に入ったのはサルトリイバラ葉上の今度はホソクビナガハムシである。本種はレッドデータブックとちぎで「要注目」種にランクされていて、栃木県内の分布もごく限られている。

写真⑦ カラムシ上のヒメコブオトシブミ（体長は6mm）

スウィーピングではハラグロヒメハムシ、ヒゲナガアラハダトビハムシ、ルイスコメツキモドキ、シロヘリカメムシ、ヒメコブオトシブミ（写真⑦）などが入った。

　また、多く見られる蔓性のセンニンソウには橙色で大きさ5mmほどのオオアカマルノミハムシがポツポツついている。本種はセンニンソウのほかボタンヅルにもつくことが知られている。よく見ると、同じ場所に両植物が混生しているが、本種がついているのはセンニンソウのみである。ところで、オオアカマルノミハムシに大きさ、からだの色ともよく似たオオキイロマルノミハムシという種がいて、こちらもセンニンソウとボタンヅルにつくことが知られている。私のこれまでの野外観察からは、オオアカはセンニンソウのみに、オオキイロはボタンヅルのみにつくのではと推定している。センニンソウとボタンヅルが一緒に生えているところはあまり見られないので、今回はよい検証の機会となったようである。

　なお、その後、栃木県内でボタンヅルのみの自生しているところで、オオアカがボタンヅル上で摂食、交尾しているのを見つけた（鞍掛山の項を参照）。

　この日採った数匹のハチ類を片山栄助氏に見ていただいたところ、そのうちの1匹は栃木県内では佐野市唐沢山から1匹のみの記録しかないキアシヒラタクビナガキバチとわかった。

　この山は道に迷いやすいとのことであったので、十分注意しながら

登ったのであるが、実は麓から山頂にかけて、ところどころの木の枝に登山コースの目印となる赤や黄色のビニールテープが巻き付けてあったのである。このテープのお陰で何の心配もなく無事下山することができた。テープをつけて下された方には本当に感謝申し上げたい。

今日この山で出会った主な昆虫類

ムツボシハチモドキハナアブ *Takaomyia sexmaxulata*（2exs.、他にも目撃）、キアシヒラタクビナガキバチ *Platyxiphydria flavipes*（1♂）、ルイスコメツキモドキ *Languriomorpha lewisi*（1ex.）、フタオビノミハナカミキリ *Pidonia puziloi*（3exs.）、ホソクビナガハムシ *Lilioceris parvicollis*（1ex.）、ズグロキハムシ *Gastrolinoides japonicus*（1ex.）、ホソルリトビハムシ *Aphthonaltica angustata*（3exs.）、ホオノキセダカトビハムシ *Lanka magnoliae*（3exs.）、オオアカマルノミハムシ *Argopus clypeatus*（多数目撃）、クロシギゾウムシ *Curculio distinguendus*（1ex.）など。

㊹ 岩山 いわやま *328m*

- ◆登山日　2014年5月14日
- ◆天　候　快晴
     鹿沼市の気温、最低13.0℃、最高28.2℃
- ◆コース　鹿沼市日吉神社→A峰→三番岩→二番岩→一番岩（頂上）→一のタルミ（エスケープルート）→ゴルフ場→日吉神社

陽射しの少ない岩山の連続に虫の影薄く

　岩山は鹿沼市街地西にあり、丸いおわんをポコンポコンポコンと並べたような山容をしている。低山ながら凝灰岩質の大岩が連なっているため、岩登りのゲレンデとしても知られている。

　筆者は、この山に登るのは確か今回が3度目と思う。1度目は50ウン年前、学生時代に虫採りにきて登っているが、クサリやハシゴのある山だったな、くらいしか覚えていない。2回目は、昨年（平成13年）

暮れ、娘夫婦と孫娘が登りに行くというので、私は来春、虫採り登山を計画しており、下見の良い機会と思い、同行させていただくことにした。しかし、登り始めて、いきなり岩登りとなり、これでは虫網を片手に登るのは無理ではないか、第一虫採りどころではないな、と思い知らされた。

　3度目の今回は、前回の教訓を活かして慎重に登ることを肝に命じてやってきた。登山口の狭い道端に車を止め、まずは神社で安全祈願の2礼2拍1礼をして出発した。登り始めは薄暗いヒノキ林の中の道で、両側にはアオキやヒサカキ、ツツジなどが茂っている。15分ほどで待望？の岩場。四つんばいで慎重に登り切ってA、C峰の上に出た。ベンチがあって鹿沼市街の眺めが良い。

　この先は三番岩、二のタルミ、二番岩、一のタルミ、一番岩（頂上）と名付けられたアップダウンのある尾根歩きが続く。この間、道の両側にはアブラツツジやヤマツツジ、リョウブ、ウリハダカエデ、ミズキ、ヤブムラサキ、ヤブツバキなどの広葉樹が茂り、陽射しがあまり良くない。

　C峰からいよいよ商売開始と道端の樹木の葉上をすくい始めた。間もなく三番岩を通過すると、14段の鉄ハシゴが現れた。ここを無事に通過して、急な岩場を降りるとベンチのある二のタルミに着いた。やれやれ、なんとかここまで来られてホットする。この間どんな虫がアミに入ったのかのぞいてみると、キバネホソコメツキ、ムシクソハムシ、ヒゲナガホソクチゾウムシ、ツノプトクチブトゾウムシ、キバネマルノミハムシなど山麓あたりでよく見掛ける連中が入っていた。このうち、ヒゲナガホソクチゾウムシ（写真�）は体長2.5mmほどで、体は黒色。細い口と異常

写真� ヒゲナガホソクチゾウムシ（スケールは1mm）

に盛り上がった腹部背面が特徴。山麓から山地帯でよく見られ、食草としてヤマフジが知られている。

　二のタルミからは急な岩場を登り、一番岩と三番岩の中間点にある二番岩へ。さらに、小さな上り下りを経て、頂上直下の一のタルミに着く。ここから最後の登りがあって、神社から2時間半を要してようやく頂上に着いた。この間で得たエモノはヒラタクロクシコメツキ、ナラ類につくウスモンノミゾウムシ、カナムグラトゲサルゾウムシ、ギボウシにつくナガトビハムシ、ヤマグワにつくチビカサハラハムシ、シロホシテントウ、コイチャコガネなどで、珍しい種は含まれていない。

　頂上は山名のとおり、大きな1つの岩からなる岩山で、広さは6畳間くらい。やや春霞がかかっているが、西方の眼前にはとちぎ百名山の二股山、東に鹿沼市街地、北の方には日光連山が望まれる。頂上に誰かいるかなと期待したが誰もいない。本峰は栃木百名山ではあるが、今日はウイークデーなのと、岩登りのスリルが災いして一般の登山者からは敬遠されるのであろうか。人間に代わって頂上で見掛けたのは数匹のクマバチとアゲハ、キアゲハ、カラスアゲハ。クマバチは個体同士でさかんに追いかけまわし、占有権争いの真っ最中である。

　頂上からの帰路は、正式ルートでは長いクサリ場のある猿岩を経て入山峠へ下るようであるが、今回は虫採りが目的でアミを持っているため、頂上直下の一のタルミからエスケープルートで真下にあるゴルフ場に降りることにした。

　降りたところはゴルフ場の縁で、広い芝生の上ではあちこちでゴルフを楽しむ人たちの姿が見受けられる。筆者は裾野でもう少し採集してみようと思い、ゴルフ場との境界を西側に回り込んだところ、岩山との間の舗装道路沿いに10×5mくらいの小さな沼を見つけた。入り口付近ではウスバシロチョウ1匹が飛んでいて、水辺では数匹のトンボがお回りしている。トンボは2種いるようで、1匹を捕まえてみるととちぎレッドリストの準絶滅危惧（Cランク）に選定されているヨツボ

シトンボで、もう1種は捕まえ損なったがクロスジギンヤンマではないかと思われた。水の中では中型のゲンゴロウ泳いでいる。これはクロゲンゴロウであった。こんな小さな水辺にもいろいろな昆虫類が息づいているんだなと。いつまでも残ってくれるといいな、と祈らざるを得ない。

写真❼ ウグイスナガタマムシ（スケールは2mm）

この後、山から降りた位置に戻り、さらに麓を採集しながら神社に向かった。ゴルフ場沿いの岩山の麓で出会った主な昆虫類は、ウグイスナガタマムシ、アカクチホソクチゾウムシ、カシワノミゾウムシ、ヒラタアオコガネ、イチゴハナゾウムシ、ヒメベニボタル、ヒメコブオトシブミなど。このうち、ウグイスナガタマムシ（写真❼）は大きさ7mmほどで、上翅はうぐいす色、胸部背面は赤銅色で美しい。シデ、ミズナラなどにつく。ヒラタアオコガネは幼虫がシバの根を食べる害虫で、西日本からシバと共にやってきて、近年栃木県内のゴルフ場などにも分布が拡がっている（関連記事が高舘山、鞍掛山の項にあり）。

この山の岩の多い尾根道は広葉樹に覆われ、陽射しがあまりない。また、この山の周辺が水田や住宅地、ゴルフ場に囲まれており、昆虫類の多様性はやや乏しく、そのためか、思ったより虫の影が薄いように感じられた。

今日この山で出会った主な昆虫類

クロゲンゴロウ Cybister brevis（1ex.）、ヒラタアオコガネ Anomala octiescostata（数匹目撃）、ウグイスナガタマムシ Agrilus tempestivus（1ex.）、チビカサハラハムシ Demotina decorata（1ex.）、ヒゲナガホソクチゾウムシ Apion placidum（5匹以上目撃）、ムモンノミゾウムシ Orchestes aterrimus（3exs.）、カナムグラトゲサルゾウムシ Homorosoma chinense（1ex.）など。

45 二股山 *570m*
ふたまたやま

◆登山日　2004年5月8日
◆天　候　快晴。鹿沼市の気温、最低11℃、最高23℃
◆コース　鹿沼市上久我岩の下→山頂（北峰、南峰）→下沢

◆登山日　2014年9月6日
◆天　候　晴のち曇。鹿沼市の気温、最低20.6℃、最高29.8℃
◆コース　鹿沼市上久我岩の下→山頂（北峰、南峰）→加園

シデムシもカニがお好き？

　二股山は鹿沼市の西方にある特徴的な山容をした双耳峰である。

　今日の最初の虫との出会いは、県道240号から登山道となる林道に入ってすぐ、道と平行して流れている小さな沢から飛び出したヒガシカワトンボとミヤマカワトンボであった。少し進むと民家の庭先を白っぽいチョウがふわふわ飛んでいる。ウスバシロチョウだ。もうそんな季節になったんだと再確認。林道は民家を過ぎると薄暗いスギの林に入った。間もなく道端にたくさんの伐採されたばかりのスギの丸太が積んである。よく見ると丸太上を数匹のヒメスギカミキリが忙しそうに這い回っている。林道上の空間では、なにやら茶色っぽいアブのような虫がかなりの数、しかも素早く飛び回っている。時々スギの幹に止まる個体を見つけ捕獲したところ、動物の死体や糞に集まるベッコウバエであった。

　林道は20分ほどで終点となり、そこは陽当たりの良い広場となっている。ここで男女1組のハイカーに出会ったが、この日山で会ったのは彼らだけであった。この山にはあまり人けが無いのはなぜだろう。その答えは登るほどに明らかになった。この広場ではオナガアゲハ、サカハチチョウ、コミスジを目撃した。足下にはラショウモンカズラが薄紫色の美しい花を付けていた。

　薄暗いスギ林の中腹を登っていると、斜面にヤマブキソウが咲いてい

るではないか。心が洗われるような鮮やかなレモンイエローの花である。この花は群生することが知られているが、ここでは狭い範囲にせいぜい10株ほど見られるだけである。スギ林の林床にはシダ類、イタドリ、ウワバミソウが多く、そのほかカメバヒキオコシ、フタリシズカ、ヤマジノホトトギス、コアジサイなどが自生しているが、陽当たりが悪いため植物相は単純である。しかし、それらをスウィーピングしてルイスコメツキモドキやグルーベルカタビロサルゾウムシ、アカアシクロコメツキほかの甲虫類を得た。また、高さ1.5mほどの1株のハナイカダの葉上で十数匹の昼飛性で知られるシラフシロオビナミシャクが止まったり、飛び上がったりしている。葉の中央につく小さな緑色の花から吸蜜しているのであろうか、それとも配偶行動？そのほか、イタドリ葉上では越冬から醒めたばかりの色鮮やかなイタドリハムシ（写真❼）が見られた。

　林道終点から1時間余りで北峰の頂上に到着。ここばかりは種々の広葉樹からなる陽の当たる空間となっている。東の方には古賀志山などが見え、眺望はすばらしい。と、その時目の前を黒っぽいシジミチョウが横切った。捕獲にはいたらなかったがコツバメに違いないと思った。北峰と南峰の岩場の上り下りは女性や子どもには大変危険である。頂上からは道のはっきりしない枯れ沢を下った。途中から水の流れる沢となり、道もはっきりしてきた。しかし、この下沢への下りも登りと同様スギ、ヒノキの暗い林のルートで、虫の気配は少ない。中腹あたりの沢沿いの路上で1匹のサワガニの死骸を見つけた。顔を近付けてよく見ると、その下にクロシデムシとヨツボシモンシデムシ各1匹が隠れていた。腐ったカニを食べていたのである。

　下沢(しもざわ)集落へ3分の2ほど下っ

写真❼ 越冬から覚醒し、イタドリの葉上で陽光を浴びるイタドリハムシ（体長8mm）

たところに水の無い堰堤があり、そこで紫青色のヒイラギソウと淡紅紫色のクワガタソウの花に出会い、暗い林の中に小さなオアシスを見つけたような楽しい気分になった。下沢の手前でコサナエ1匹を得て、この日の虫採り登山を終了した。

　この山にハイカーの少ない理由は、この日がウイークデーであったせいもあるが、登山道の95％以上がスギ、ヒノキの暗い林の中にある、山頂付近の岩場は大変危険である、道標や案内板が全く無い、などによると思った。この山が栃木百名山に選定されたのを機に、登山道や道標の整備を願いたいものである。

［2014年9月6日の山行］

　10年前に登ったこの山に、お盆過ぎから続いていた長雨の晴れ間に誘われて、再度登ってみることにした。登山口は前回と同じ岩の下から。林道終点から登山道に入ると、どうも前回来たときと様子が違っていると、感じた。道沿いには土が見えないくらい草が茂っているほか、たくさんのスギの倒木が道を塞いでいるではないか。今年に入ってからこの道はほとんど歩かれていないと思われた。下草は露で濡れていてズボンは膝までビッショリ。薄紫色のタマアジサイの花に数匹のアオハナムグリを見出したのみで、虫の姿は目に入らない。ただ、林間に複数のミンミンゼミとツクツクボウシの鳴声が聞こえている。

　北峰頂上に着くと、南側の崖に前回来たときに無かったロープがぶら下がっている。また、南峰への迂回路も新たにできていて、登りやすくなり助かった。南峰からは、前回は「下沢」へ向かって道のはっきりしない斜面を下ったが、今回は「加園（かその）」への道標が目に入ったので、そちらへ降りることにした。頂上の少し下にはイワウチワの群生地があるようで、立ち入り禁止のロープや立て看が保護を呼びかけている。尾根道を加園に向かって下って行くと、たくさんの案内標識が設置されているのに驚いた。道標の多さは日本一ではないか！前回の私の訴えが通じたようで嬉しい。関係者の労に多謝！

加園口の林道に出たところで、植物の種類が多くなったので虫探しに全力投球。早速、草むらでタンボコオロギやヒロバネヒナバッタ、セスジツユムシ、ショウリョウバッタなどを見掛け、もう秋なんだな、と感じた。

写真㊄ オサシデムシモドキ（スケールは2mm）

藪をガサガサすくってみると、黒色で体長7mmほどのオサシデムシモドキ（写真㊄）が5、6匹入った。さて、この虫は何科の甲虫でしょう。一見、シデムシのようでもあり、ゴミムシダマシかなとも思うし、とにかくへんてこりんな虫である。正解はハネカクシ科である。また、枯れ枝からは大きさ3.5mm、黒色で上翅と胸に白っぽい鱗片のあるヒサゴクチカクシゾウムシを得た。本種はこれまで栃木県内では宇都宮市や栃木市などからごく少数の記録しかない。

　秋に入り虫の影はかなり薄くなっているが、そのほかカシワツツハムシ、ヒゲナガアラハダトビハムシ、サメハダツブノミハムシ、マダラアラゲサルハムシ、ニセチビヒョウタンゾウムシなどに出会った。

（追記）加園コース登山口に下山し、長い林道を経て県道240号（石裂上日向線）にたどり着いたところで、アイスクリームでも買おうかと思って小銭の入ったハンドバッグ（ポーチ）を探したが見当たらない。北峰あるいは南峰頂上、または昼食を摂った下山口に置き忘れたらしい。バッグの中には磁石や果物ナイフ、カットバン、テッシュ、名刺などが入っていた。戻って探すほどでもないな、と思って、諦めて帰った。

　あれから10日ほど経った9月16日夕、家内が郵便受けにこんなものが入っていたと、あのバッグを持ってきた。どなたか山で発見し、名刺を見てわざわざ届けて下さったのである。しかも、お名前も告げずにである。お会いしてお礼を言いたいのであるが、何処の、どなた

か分からない。この場をお借りして厚く厚く御礼を申し上げたい。「ありがとうございました」。

今日この山で出会った主な昆虫類

2004年5月8日：シラフシロオビナミシャク *Trichodezia kindermanni latifasciaria*（3exs.、他多数目撃）、ベッコウバエ *Dryomyza formosa*（2exs.、他多数目撃）、クチブトカメムシ *Picromerus lewisi*（1ex.）、ルイスコメツキモドキ *Languriomorpha lewisi*（4exs.）、アカアシクロコメツキ *Ampedus japonicus japonicus*（1ex.）、ヒゲナガホソクチゾウムシ *Apion placidum*（1ex.）、グルーベルカタビロサルゾウムシ *Cyphosenus grouvellei*（4exs.）、トゲカタビロサルゾウムシ *Cyphosenus bouvieri*（2exs.）、ツヤチビヒメゾウムシ *Centrinopsis nitens*（1ex.）など。

2014年9月6日：オサシデムシモドキ *Apatetica princeps*（5exs.）、ニセチビヒョウタンゾウムシ *Myosides pyrus*（2exs.）、ヒサゴクチカクシゾウムシ *Simulatacalles simulator*（1ex.）など。

---

46 鳴蟲山（なきむしやま） *725m*

◆登山日　2005年8月11日
◆天　候　晴れ
　　　　　近隣の宇都宮市の気温、最低22.8℃、最高30.6℃
◆コース　鹿沼市下大久保片野道バス停→頂上（往復）

山名の由来は蝉しぐれ？

「なきむし山」というと、日光市の山と思われがちであるが、鹿沼市にも同名の山があるのである。日光のは「鳴虫山」、鹿沼の方は「鳴蟲山」である。山名の由来は、日光のは、地元で雨の降ることを「泣く」といい、その山に雲がかかると雨が降るところから付いたらしい。鹿沼の方は私の調べた範囲では判然としなかった。

今回登ったのは鹿沼市の北西部に位置する「鳴蟲山」の方で、頂上付近には百万ボルトの電気を送る赤色の巨大な鉄塔がそびえ立っている。

片野道バス停脇に車を置き、立派なスギ林内の林道を1時間ほど歩く。これと平行して流れる大芦川では大勢の家族連れが水遊びに歓声を上げている。林道沿いではきれいな薄紫色のタマアジサイの花が満開で、ヨツス

写真⑯ タマアジサイの花を訪れているヨツスジハナカミキリ（体長15mm）

ジハナカミキリ（写真⑯）やルリマルノミハムシ、コチャバネセセリ、ハナアブ類などが訪れている。路上のところどころにある水たまりには、暑い、暑いと言わんばかりに、ゆったりと飛び交いながら吸水するオナガアゲハの姿が多い。突然、空中から何かが降ってきた。路上に落ちたものを見ると、2.5cmほどのサキグロムシヒキがほぼ同大のウシアブに抱きついているものであった。飛翔中のウシアブをムシヒキアブが空中で捕獲し、撃墜したものとわかった。ムシヒキはウシアブの背面から6本足でしっかり抱きつき、胸部付近に口吻を突き刺しているようである。吸血鬼のウシアブもムシヒキアブにはかなわないらしい。

林道沿いの草葉上からはヒラタチビタマムシやアカクビナガオトシブミ、ヒゲナガオトシブミ（写真⑰）、キベリクビボソハムシ、オオキイロノミハムシなど種々の甲虫類を得たが、本日最高の収穫となったのは栃木県内から5例ほどしか記録のないムツキボシツツハムシが得られたことである。

林道が終わると、スギ、ヒノキ林内を通る一部がゴム製の歩きやすい階段状登山道となる。薄暗い林内では急に虫の数が少なくなるが、時々ヒカゲチョウ類が近くに現れるので、数匹捕まえてみると、ほとんどはクロ

写真⑰ 首の長いヒゲナガオトシブミ（体長10mm）

ヒカゲであったが、1匹だけ山地には少ないコジャノメが含まれていた。また、白っぽい半透明の翅を持った虫がフワーと飛び出した。アミに入れてみるとアリジゴクの親のウスバカゲロウであった。

　薄暗く急登もある人工林内を1時間余り歩くと、急に視界が開け、巨大鉄塔の真下に出た。ここからの眺望はすばらしく、麓の集落や高原山などが遠望できる。頂上は鉄塔の真後ろの林の中にあった。広さは6畳くらいで、東側はヒノキ林、西側はツツジやコナラなどの広葉樹に囲まれ、3つの石の祠がある。頂上でお昼ご飯を食べていると、同じ個体と思われるモンキアゲハとクロアゲハが再三姿を見せては去っていった。

　今朝この山に登り始めた時、麓ではミンミンゼミとアブラゼミが鳴いていた。また頂上ではニイニイゼミとアブラゼミの声が賑やかである。それに比べて中腹の薄暗い人工林の中は静かであったが、時々足許からヒグラシが飛び出したところから見て、朝夕はヒグラシが鳴いているに違いない。そうだ、この山では夏になると、一日中たくさんのセミの鳴き声が聞かれるはずで、それがこの山の名前の由来ではないか、などと1人勝手に考えながら下山についた。

今日この山で出会った主な昆虫類

サキグロムシヒキ *Trichomachimus scutellaris* (1ex.)、アカガネチビタマムシ *Trachys tsushimae* (1ex.)、キベリクビボソハムシ *Lema adamsii* (1ex.)、ムツキボシツツハムシ *Cryptocephalus ohnoi* (1ex.)、オオキイロノミハムシ *Asiorestia obscuritarsis* (1ex.)、アカアシヒゲナガゾウムシ *Araecerus tarsalis* (1ex.)、アカクビナガオトシブミ *Paracentrocorynus nigricollis* (2exs.)、クロクチブトサルゾウムシ *Rhinoncomimus niger* (1ex.)、ミヤマヒシガタクモゾウムシ *Lobotrachelus minor* (2exs.)、アカナガクチカクシゾウムシ *Rhadinomerus annulipes* (1ex.) 他。

47 石裂山 *879m*
おざくさん

◆登山日　2008年5月22日
◆天　候　晴
◆コース　加蘇山神社→行者返し→頂上→月山→回遊コース→加蘇山神社

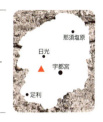

クサリと梯子とアトコブゴミムシダマシ

　この山は鹿沼市の西部、旧粟野町との境に位置している。標高はさほど高くないが、山岳修験道の霊場として開かれ、登山道にはいくつかのクサリ場やハシゴがあり、手強い。私は、これまでこの山には何度か採集に訪れているが、特に県内生息地が数カ所に限局されているアカソハムシの見られる山として注目される。

　登山口（315m）の加蘇山神社からスギの大木の茂る沢沿いの道を登り始める。新緑が眩しく、沢のせせらぎの音も心地良い。少し登った陽の当たる伐採地にさしかかった時、頭上をスーと小型のトンボが横切った。ネットに入れてみるとダビドサナエであった。しばらく道沿いの草葉上のスウィーピングをやりながら登る。獲物はコブヒゲボソゾウムシ、ヒラズネヒゲボソゾウムシ、リンゴヒゲボソゾウムシ、トゲカタビロサルゾウムシ、タデサルゾウムシ、ジュウジコブサルゾウムシ、キイチゴトゲサルゾウムシ、ヒゲナガホソクチゾウムシ、キスジアシナガゾウムシなどなど、ゾウムシ類が大変に多い。標高500m付近ではクロクチブトサルゾウムシ、ホソアナアキゾウムシに加え、県内の発見例があまり多くないオオルリヒメハムシ、ムネアカオオホソトビハムシ、アカタマゾウムシを得て、手応えを感じ始める。

　620m付近の中の宮跡にあずま屋があるので一息入れる。ただこの目の前には行者返しの急な岩場があり、そこには20mを越えるようなクサリがぶら下がっている。ここまで登ってきて、このクサリを見て

写真⓻⑧ 木の皮のように見えるアトコブゴミムシダマシ(体長18mm)

引き返す人もいるらしいし、転落事故も起きているという。私が一度もカミさんをこの山に連れてこないのは、このクサリ場が危ないとみたからである。まあ、大人10人中、7、8人までは問題なく登れると思うが、あとの2、3人は止めた方がいいかも。私もカメラと捕虫網をリュックにしまい、慎重に登って事なきを得た。

　クサリの上はかなりの急登、そしてハシゴ登りと続く。730m付近で、道端に横たわる直径1mほどの枯れた倒木の表面に何やら大型の甲虫を発見。よくよく見ると久しぶりに出会うアトコブゴミムシダマシ(写真⓻⑧)ではないか。形、色とも木の皮のような、なんともへんてこりんな虫である。昔、奥日光や奥鬼怒方面で薪から得たことがあったが、こんなところにいるとは意外である。

　790m付近でやっと稜線に出た。橙色をした数本のヤマツツジの花が、花のあまりないこの時期に色を添えている。稜線上に多いツツジ類のスウィーピングでヘリムネマメコメツキ、ナガナカグロヒメコメツキ、カバイロコメツキ、ケブカコクロコメツキなどを得た。また、県内では700m以上に生息するカバノキハムシも800mあたりから見られるようになった。

　頂上近くの東剣の峰と西剣の峰の間には長い長いハシゴ場が2カ所ある。アルミ製の頑丈なハシゴで、ゆっくり一歩一歩降りれば大丈夫。

　お昼頃頂上に着いた。頂上は4.5畳くらいで狭く、周りは樹木に覆われ遠望は利かない。おにぎりを食べていると、側のヤマツツジヘミヤマカラスアゲハがやってきて、花から花へと忙しく訪れている。埼玉県川口市の3人連れ中高年男女もやってきた。「何を採っているのか、どんな虫がいるのか、虫を採ってどうするのか、など」好奇心の強い

おっさんたちであった。このほか、今日山で出会ったのは5、6人くらい。

　下山は月山を経て、杉林の中を急降下する回遊コースへ。途中、広葉樹の倒木からクロツヤハネカクシと県内初記録と思われるフタオビチビオオキノコ（写真㊆）各1匹を得、気を良くして帰路についた。

写真㊆　フタオビチビオオキノコ（スケールは1.5mm）

今日この山で出会った主な昆虫類

ダビドサナエ *Davidius nanus*（2exs.）、クロツヤハネカクシ *Priochirus japonicus*（1ex.）、ケブカコクロコメツキ *Ampedus aureovestitus aureovestitus*（1ex.）、ヘリムネマメコメツキ *Yukoana carinicollis*（2exs.）、フタオビチビオオキノコムシ *Tritoma latifaciata*（1ex.）、アトコブゴミムシダマシ *Phellopsis suberea*（2exs.）、ムネアカオオホソトビハムシ *Luperomorpha collaris*（1ex.）、アカタマゾウムシ *Stereonychus thoracicus*（1ex.）、トゲカタビロサルゾウムシ *Cyphosenus bouvieri*（1ex.）、ホソアナアキゾウムシ *Dyscerus elongatus*（1ex.）など。

㊽ 薬師岳 *1420m*　㊾ 夕日岳 *1526m*　㊿ 地蔵岳 *1483m*

◆登山日　2013年7月9日
◆天　候　晴一時曇
　　　　　奥日光の気温最低16.2℃、最高25.8℃
◆コース　JR日光駅（タクシー）→細尾峠→薬師岳→三ツ目→夕日岳→地蔵岳→ハガタテ平→古峰神社（バス）→JR鹿沼駅

サルの糞がごちそうの食糞性コガネムシ

　今回の登山コースの一部は、昔、日光から古峰原間に開かれた修験道の修行の道である。今回は旧国道122号をタクシーで入り、登山口

の細尾峠から薬師岳、夕日岳、地蔵岳を経て古峰原に至るプチ縦走を試みたものである。

　細尾峠に着くと、まだ朝7時を過ぎたばかりというのに、エゾハルゼミの大合唱が耳に響く。足尾側がやや切れ落ちた広葉樹林帯の道を歩き始めると、いきなり約50分の急登が続く。しかし、思ったほどの難儀をせずに薬師の頂上に着いた。頂上はやや狭い空間で石祠が1つ。周囲に目を向けると、男体、女峰や庚申、皇海などの足尾の山々が間近に展望できる。

　薬師岳からは広葉樹林の中の緩やかな尾根道が続く。ふと足元を見ると、あちこちに獣の糞が見られるようになった。何の糞だろう？もし、クマのだったらどうしょう。これ以上の前進は危険ではないか。いや大丈夫。今日はクマ撃退スプレーを持ってきているので、いざとなれば戦えるぞ！しかし、そんなことより商売の方が先じゃないか。早速糞を木の枝で引っかき回して見ると、糞を食べて生活する体長20mmほど赤紫色に光るオオセンチコガネや大きさ1.5cmほどで黒紫色のセンチコガネ、黒色で大きさ8mmほどのマエカドコエンマコガネがわんさと出てきた。そして、さらに前進を続けていると、20mほど前方に5～6匹のサルの集団が現われ、キャーキーと鳴きわめきながら騒いでいる。一瞬ドキッとしたが、静かに見守っていると間もなく姿を消し、事なきを得た。先ほどらい見られた糞はサルの落とし物だったようで、まずは一安心。

　薬師岳から2時間ほどで夕日岳への分岐である三ツ目に着いた。ここから夕日山頂までは片道20分ほどで、若干のアップダウンを経て頂上に。山頂は10畳くらいの広さで、周囲にはツツジやダケカンバ、ミズナラ？が多い。間近に見える白根山や男体山の眺めが素晴らしい。薬師岳から夕日岳までに出会った主な昆虫類は、コブヒゲボソゾウムシ、コモンマダラヒゲナガゾウムシ、ガロアノミゾウムシ、ルリホソチョッキリ、トゲアシヒゲボソゾウムシなどのゾウムシ類。ハムシ類ではヒゲナ

ガウスバハムシ、ササの葉を食べるヒロアシタマノミハムシが多く見られる。コメツキムシではアカアシオオクシコメツキ、カバイロコメツキ。そのほか、カメムシ類ではあまり見かけないツノアカツノカメムシ（写真❽）に出会っ

写真❽ ツノアカツノカメムシ（スケールは5mm）

た。以上の中では、コモンマダラヒゲナガゾウムシが栃木県内での発見例のごく少ない珍しい種である。

　夕日岳より三ツ目に戻り、3つ目の地蔵岳に向かう。薬師〜夕日間と同じような広葉樹とササ原の森の中のトレイルを進む。特に急な上り下りもなく、30分ほどで地蔵岳山頂に着いた。かなり広い頂上で一角に地蔵尊が安置されている。周囲はカラマツ、ダケカンバ、ナラ類にかこまれ眺望は利かない。ここで昼食を摂っていると時折差し込んでいた陽射しが消え、薄暗くなってきた。まだ道中は長いというのに、これから雷雨になるのであろうか。とにかく雷様の来ぬうちに早々に出発とする。

　地蔵岳からは急な斜面のジグザグの下りが続く。途中に1カ所、崩壊した沢の渡りがあり、ロープが取り付けてある。30分ほど下って平らなハガタテ平に着く。今年の6月ごろ、地蔵岳の山中で神奈川方面の70代の男性が遭難死している。中腹の沢の崩壊地で滑落でもしたのであろうか。ほかに遭難しそうな場所はないように思えたのであるが。

　地蔵岳であるが、鹿沼市と日光市の境の粕尾峠に登山口のある同名の山（1274m）があり、そちらは栃木百名山の1つに指定されている（地蔵岳の項参照）。

　夕日岳から地蔵岳、ハガタテ平間でササの葉上などから見つけた主な昆虫類は、アイノシギゾウムシ、ウスモンノミゾウムシ、ムモンノミゾウムシ、リンゴノミゾウムシ、キアシイクビチョッキリ、ツノヒゲボソゾ

ウムシ、カバノキハムシ、クロツヤハダコメツキ、ヌバタマハナカミキリ、モンクロアカマルケシキスイ、セグロヒメツノカメムシなど。

ハガタテ平は古峰原神社と古峰ヶ原高原への分岐点になっていて、しっかりした道標がある。道標のすぐ近くにはカラマツの大木があり、目の高さに数枚の木札が打ち付けてある。修験道の峰修行の満了した証しと日付などが記されているのであろうか。ごく最近の日付のものも見受けられる。

ハガタテ平から本日の最終区間となる古峰神社(ふるみね)に向かう。道はスギ林の中の急な下りが続く。20、30分下ったところで、山からしみ出た清水と湿地が出現し、そこに数十株の濃いピンクの花を着けたクリンソウとバイケイソウの群落が顔を出した。まさに、疲れた身体を癒してくれる山中のオアシスである。いつまでもここにあって、行き交う登山者たちを楽しませてほしいものである。

オアシスを過ぎると、間もなくスギの伐採地にさしかかった。フタリシズカとコアジサイ、キイチゴくらいしか生えない、裸の伐採地が延々と続き、虫の姿もほとんど目に入らない。その後、ジャリ道の林道に出たが、これまた長い長い道で、歩くのがあきるほど。ハガタテから3時間ほどを要して、15時ころやっと古峰神社前のバス停に着いた。

ハガタテから古峰神社までに目にした虫は、当方の虫を探そうという気力が衰えたためかルリハムシ、キクビアオハムシ、シラホシカミキリ、フトハチモドキバエなどごく少数。しかし、このうちのフトハチモドキバエ(写真❽)は栃木県では那須塩原市と日光市からしか記録のない珍しい種で、栃木県レッドリストでは要注目種に指定されている。今回得た個

写真❽ フトハチモドキバエ♀(スケールは5mm)

体は古峰神社近くの林道（標高約750m）沿いの草むらから見つけた。本種はほかの昆虫類に寄生して生活するようであるが、詳しい生態はわかっていないらしい。

　今回のルートは大学生だった1970年7月末に関口洋一君（元農水省）、斉藤浩一君（元栃木県庁）の3人で歩いている。この時は、1日目、日光西の湖近くでキャンプを行い、2日目、船で中禅寺湖を渡り、中宮祠から茶ノ木平、細尾峠、そして今回のルートを経て、古峰神社近くで野営している。この時の本ルートでのエモノについては全く覚えていないが、日光千手が浜あたりで珍虫のヨコヤマトラカミキリとエゾトラカミキリを採ったことをはっきり記憶している。

今日この山で出会った主な昆虫類

ツノアカツノカメムシ *Acanthosoma haemorrhoidale angulatum*（1ex.、薬）、セグロヒメツノカメムシ *Elasmucha signoreti*（2exs.、夕）、フトハチモドキバエ *Eupyrgota fusca*（1ex.、古）、マエカドコエンマコガネ *Caccobius jessoensis*（多数目撃、薬）、モンクロアカマルケシキスイ *Neopallodes hilleri*（1ex.夕）、ヌバタマハナカミキリ *Jydolidia bangi*（2exs.、夕）、コモンマダラヒゲナガゾウムシ *Litocerus multiguttatus*（1ex.、薬）、キアシイクビチョッキリ *Deporaus fuscipennis*（1ex.、夕）、ムモンノミゾウムシ *Orchestes aterrimus*（1ex.、夕）、アイノシギゾウムシ *Curculio aino*（1ex.、夕）など。

※出会った場所、薬：薬師岳、夕：夕日岳、古：古峰原。

奥塩原・日留賀岳頂上

51 唐梨子山 52 大岩山 53 行者岳
からりこやま　　　おおいわやま　　　ぎょうじゃだけ
1351m　　　*1267m*　　　*1329m*

◆登山日　2014年7月8日
◆天　候　曇時々晴
　　　　　鹿沼市の気温、最低18.7℃、最高30.4℃
◆コース　古峰原高原→行者岳→大岩山→唐梨子山（往復）

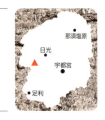

禅頂行者道の山に虫を追う

　今回は、鹿沼市の西部、旧足尾町（現日光市）との境に近い古峰原高原に登山口のある、禅頂行者道の中の行者岳、大岩山、唐梨子山の3山を縦走する。2年前の2012年7月9日には、同じ禅頂行者道の一部を日光市細尾峠から薬師岳、夕日岳、地蔵岳を経て、ハガタテ平から古峰神社（ふるみね）に至るコースを歩いている。

　通常、本コースでは古峰神社を起点にして、古峰原高原の登山口まで歩くのが一般的であるが、高原までは幾度となく訪れているので、今回は登山口まで直接車で乗り入れることにした。

［古峰原高原〜行者岳］

　高原に車を置いて、行者岳への登山口を探しながら県道58号草久（くさきゅう）足尾線を歩き出す。すぐ近くに登山口の道標があるだろうと思ったが、見つからない。間もなく林道が分岐しているので、これに違いないと入り込む（帰りにこの分岐脇に小さな道標があるのに気が付いたが、茂った草木に隠れていて見えなかった）。少し歩いたところで行者沼の道標があり、行者岳への道に間違いないと確信。

　行者沼から少し登ったところに今にも倒れそうな大天狗ノ鳥居があり、ここから1つ目の行者岳への尾根道を行く。リョウブやアカマツ、ミズナラ、ツツジ類、イタヤカエデ、ミヤマヤシャブシ、ダケカンバ、カラマツなどの茂る鬱蒼とした深い森の中の道で、今にもクマの出そう

な雰囲気が感じられる。そう言えば、古峰神社付近や高原にいくつも「クマに注意」の立て看板が見られた。今日はクマを意識して鈴を鳴らしながら歩くことにした。

　最初に目に付いた虫はササの葉に止まっていたオオトラフコガネである。特に珍しい種ではなく、山地帯を中心に広く見られる。大きさ1.5cm。オスは背中の周りが茶色で、中央部は黒色で4つの黄色い紋がある。私はこの虫に出会うたびに綺麗な虫だなあーと思う（古峰原の項に写真あり）。

　いくつかのアップダウンを経て、平らなズミの茂る行者平にさしかかった。このあたりで道端の草葉をすくっていると、ゴミのように小さい頭の方が黄色っぽい甲虫の一種をゲットした。老眼ではツツハムシの一種と見えたが、どうもこれまで見たことのない種のようである。帰宅後、早速顕微鏡でのぞいてみるが、図鑑類に該当する種が見当たらない。体色には変異が多く、それだけでは決め手にならないのだ。その後、滝沢春雄氏のご教示によりキアシチビツツハムシ（写真❽）とわかった。本種は大きさ2.5mm。翅(はね)は黒くて、頭胸部は黄褐色。国内分布は北海道、本州。栃木県内では日光市、鹿沼市、下野市、那須町、奥鬼怒などから少数の記録しかない。

　1時間20分ほどで行者岳山頂に着いた。尾根の一部が丸く尖った感じの頂上で、4.5畳くらいの広さ。周りは樹木に覆われていて景色は見えない。

　登山口から頂上までの区間で出会った主な昆虫類を挙げると、ゾウムシ類ではコブヒゲボソゾウムシ、ツノヒゲボソゾウムシ、マツコブキクイゾウムシ、クロトゲムネサルゾウムシ、アカクビナガオトシブミなど。ハムシ類では

写真❽ キアシチビツツハムシ（スケールは1mm）

ヒロアシタマノミハムシ、カバノキハムシなど。コメツキムシ類ではカバイロコメツキ、コガタシモフリコメツキ、クロツヤハダコメツキなど。カミキリムシ類ではヌバタマハナカミキリ、アオバホソハナカミキリ、ニッコウヒメハナカミキリなど。ベニボタル類ではヒメカクムネベニボタル、フトベニボタル、スジアカベニボタル、メダカヒシベニボタルなど。そのほか、ヒメヒラタタマムシ、ビロウドホソナガクチキ、ミツボシチビオオキノコ、スカシシリアゲモドキなど。

［行者岳〜大岩山］

　一休みした後、2つ目の大岩山に向かう。途中、大きな岩石群が現れ、その一角に小さな金剛童子の標識と石祠がある。当方、その何たるかについてはわからないが、一応手を合わせて本日の大漁を祈る。緩やかな広葉樹の森の中の道が続き、エゾハルゼミの鳴き声が聞こえてくる。行者岳から1時間ほどして大岩山頂に着く。もっこりした4.5畳くらいの狭い頂上。周囲にはホオノキ、ミズナラ、ツツジ類が茂り、遠望は利かない。

　行者岳から大岩山間で出会った主な昆虫類は、コメツキムシ類ではハネの赤いミヤマベニコメツキ、ササ上に多いナガナカグロヒメコメツキ。ハムシ類ではルリウスバハムシ、トホシハムシ。ゾウムシ類ではクリイロチビブトゾウムシ、トゲアシヒゲボソゾウムシ、ムモンノミゾウムシ、アイノシギゾウムシ、アカタマゾウムシ、ハモグリゾウムシ、クチブトチョッキリ、コナライクビチョッキリ。ベニボタル類ではクシヒゲベニボタル、ヤマトアミメボタル。そのほか、ニッコウコエンマコガネ、ヒメナガサビカミキリなど。

［大岩山〜唐梨子山］

　次は3つ目の唐梨子山を目指す。いくつかのアップダウンが続き唐梨子山頂近くに差し掛かった時、道の片側に若干水の溜まった湿地が現れた。のぞいてみると、思いがけなく十数株のクリンソウの花に出くわした。わー綺麗！疲れが吹っ飛んだ気分に。一昨年(2012年)、こ

のルートの先のハガタテ平から古峰神社寄りに下ったところでもクリンソウに出会って癒されたことを想い出した。クリンソウは昔からここを通る多くの修験者や登山者たちを慰めてきたに違いない。

写真❽ コモンマダラヒゲナガゾウムシ（スケールは2mm）

大岩山から1時間ほどで最後の目的地の唐梨子山頂にたどり着いた。広く平らなササ原の一角に頂上がある。周囲にはカラマツが多く、ポツポツとシラカバも見える。ここで大休止して昼食とする。

大岩・唐梨子間で、ほかの2つの山で出会わなかった主な昆虫類は、コモンマダラヒゲナガゾウムシ、ムモンノミゾウムシ、ムモンチビシギゾウムシ、コルリチョッキリ、ナラルリオトシブミ、ルリハムシ、トゲムネツツナガクチキ、キスジナガクチキ、ヘリアカナガクチキ、ケブカコクロコメツキなど。この中のコモンマダラヒゲナガゾウムシ（写真❽）は体長6mm、体色は黒色で、胸から上翅にかけて小黄灰色紋を散布する。全国分布は本州、四国、九州。栃木県内では日光市、鹿沼市、那須町から記録されているが少ない。

唐梨子山からの帰りの道すがら、気が付くと登山道に獣のものと思

今日この山で出会った主な昆虫類

キアシチビツツハムシ *Cryptocephalus amiculus*（1ex.、行）、コガタシモフリコメツキ *Actenicerus aerosus aerosus*（2exs.、行）、ミツボシチビオキノコ *Tritoma maculifrons*（1ex.、行）、ヘリアカナガクチキ *Melandrya ordinaria*（1ex.、唐）、コモンマダラヒゲナガゾウムシ *Litocerus multiguttatus*（1ex.、唐）、クチブトチョッキリ *Lasiorhynchites brevirostris*（1ex.、岩）、コルリチョッキリ *Involvulus apertus*（1ex.、唐）、コナライクビチョッキリ *Deporaus unicolor*（1ex.、岩）、ハモグリゾウムシ *Adorytomus bicoloripes*（1ex.、岩）、ムモンノミゾウムシ *Rhynchaenus aterrimus*（1ex.岩）、アイノシギゾウムシ *Curculio aino*（1ex.、岩）、クロトゲムネサルゾウムシ *Mecysmoderes nigrinus*（3exs.、行）など。

＊採集地。行：行者岳、岩：大岩山、唐：唐梨子山

われる足跡が切れ目無く付いている。クマのでなければ良いが、クマが出なければ良いが、とそればかり祈りながら降りてきた。途中の森の様子を見ると、下草はササばかりで、ほかの草本植物がほとんど見当たらない。また、稚樹が育っていない。小径木も樹皮が剝がれたり、傷が付いていて枯れているものが多い。などから、このあたりにはシカが多く棲んでいるに違いない。足跡もシカのものだったのではないか、と考えながら帰路についた。

なお、大型動物について、ついでにもう1つ。古峰原高原から神社へ降りてくる途中、アスファルト道路上で20匹以上のサルの群れとすれ違った。

54 古峰原 (こぶがはら) *1378m*

◆登山日　2009年7月14日
◆天　候　曇時々晴
◆コース　古峰神社→登山道入り口→古峰原高原→三枚石
　　　　　（往復）

多様な昆虫相を育む広葉樹林

　古峰原は鹿沼市の北西部にあり、古峰神社（ふるみね）や日光開山の祖、勝道上人の修業の場として知られている。また、昆虫を集めている人なら必ず一度は訪れるという、県内屈指の採集コースの1つでもある。

　今日は神社の広い広い駐車場に私の車ただ一台だけ止め、ここからしばらく足尾方面に延びる緩やかなアスファルトの車道を登っていく。道の両側には広葉樹が茂っていて車はほとんど通らない。早速、スウィーピングを開始。のぞいてみるとヒゲナガウスバハムシとササの葉をかすり状に食べるヒロアシタマノミハムシがわんさと入った。次いでミヤマヒシガタクモゾウムシ、リンゴヒゲボソゾウムシ、ハラグロヒメハ

ムシなどが多い。おや、いいのがいるぞ、と思ったのは、クリイロクチブトゾウムシ、コブルリオトシブミ、トゲカタビロサルゾウムシ、アイノシギゾウムシ、ムネアカサルハムシなど。ここは神社の森にしてはスギ林は少なく、広葉樹林が大部分を占めている。虫の種類が豊富なわけである。

　小1時間ほどで車道から別れ、「関東ふれあいの道」として整備された木の階段の続く道となる。途中に沢があって冷たい水にありつけ最高。このあたりから虫の種類もグンと増えさらなる手応えを感じ始める。新たに出会った主な種はアラメクビボソトビハムシ、アラハダトビハムシ、ツノヒゲボソゾウムシ、ヨコモンヒメハナカミキリ、コウノジュウジベニボタル、キタベニボタルなどなど。今日一番の獲物は栃木県からの記録があまり多くない、ウスチャイロカネコメツキとチャイロツヤハダコメツキであろう。いずれもササの葉上から得られた。

　1時間ほどで急に開けた古峰原高原に飛び出した。十数年ぶりに訪れて驚いたのは、この高原の入り口で、今歩いてきた山道とアスファルトの車道がピッタリ合流していたことである。高原には4、5台の乗用車が止まっていて、サンダルや革靴履きのおっさんやおばさんたちが「いい眺めね、涼しくて気持ちいい」などと、くつろいでいる。いったい、この車道はなんなのか。調べてみると、足尾へ延びる県道58号草久(くさぎゅう)足尾線なるもので、足尾の手前で、鹿沼を起点とする県道鹿沼足尾線と粕尾峠で交わる。鹿沼から足尾に行く道は2本もいらないはずだ。なんでこんな山岳道路が造られたのだろう。この道を通って足尾、鹿沼間を行き来する車が1日に何台あるというのだろう。

　高原にはあずま屋と避難小屋があり、水場もある。一帯は湿地となっており、以前はキヌツヤミズクサハムシがたくさんいた。今はロープが張られ侵入禁止となっている。

　高原からはさらに1時間ほど奥にある三枚石に向かう。ミズナラやシラカバ、カエデ類などの鬱蒼とした広葉樹の森の緩やかな登りであ

写真㉞ ハコネホソハナカミキリ（スケールは3mm）

る。林床にはササやコアジサイ、ツツジ類が茂っている。三枚石近くではツツジはトンネル状に続き、花期にはさぞかし見事であろうと思う。それらの葉上からはゾウムシ類ではアカイネゾウモドキ、ムモンチビシギゾウムシ、ムネスジノミゾウムシ、ガロアノミゾウムシ、キイチゴトゲサルゾウムシなど、コメツキムシ類ではケブカコクロコメツキ、カバイロコメツキ、クロツヤハダコメツキなど、ベニボタル類ではメダカヒシベニボタル、ヤマトアミメボタルなど。カミキリムシ類ではハコネホソハナカミキリ（写真㉞）、シロオビチビカミキリなど、そのほか、県内での記録の少ないニセホソアシナガタマムシ、モモグロチビツツハムシが得られた。珍しくはないが、出会うとうれしい美麗なオオトラフコガネをコアジサイの葉上で見付けた（写真㉟）。

三枚石に着くと、側にどうしたらそうなるのか不思議な三枚の巨石が重なった金剛山端峰寺の奥の院がある。ここは、勝道上人の根本道場のあった跡で、社や鳥居、雷神の銅像などの並ぶ神々しい場所である。まずは、本日の大漁と無事に感謝して参拝。しばし休憩していると、やや広い芝生の生えた広場を数匹のジャノメチョウの仲間が飛び回っている。クロヒカゲとキマダラヒカゲ類、それとこのあたりに多く生息するウラジャノメである。チョウ類ではこのほか県内で最近めっきり多くなったツマグロヒョウモンの交尾個体を目撃した。既にこんな山奥にも分布を広げているこのチョウの強さに驚くばかり。

写真㉟ オオトラフコガネ（体長は14mm）

三枚石からは、来た道を戻るか、道標に「健脚者に限る」と書いてある神社への急坂道を行くか迷ったが、若くない自分の年齢を考えて、元来た道をもどることにした。

今日この山で出会った主な昆虫類

アオグロナガタマムシ *Agrilus viridiobsculus*（1ex.）、ウスチャイロカネコメツキ *Cidnopus marginicollis*（1ex.）、チャイロツヤハダコメツキ *Parathous comes comes*（1ex.）、キタベニボタル *Lopheros septentrionalis*（1ex.）、ハコネホソハナカミキリ *Idiostrangalia hakonensis*（1ex.）、モモグロチビツツハムシ *Cryptocephalus exiguus*（5exs.）、アラハダトビハムシ *Zipangia lewisi*（8exs.）、アラメクビボソトビハムシ *Pseudoliprus nigritus*（1ex.）、ムモンチビシギゾウムシ *Curculio antennatus*（2exs.）など。

㊵ 横根山 *1373m*
よこねやま

◆登山日　2011年7月12日
◆天　候　晴
◆コース　鹿沼市（車）→入粟野、日瓢鉱山→五段の滝→横根山頂上→象の鼻→井戸湿原→五段の滝→日瓢鉱山

珍虫ガロアムネスジダンダラコメツキに出会う

　横根山は鹿沼市の西部、旧粟野町の奥にあり、その直下に高層湿原の井戸湿原を伴っている。この山の北隣には同じ前日光県立公園の古峰原高原が接している。

　鹿沼の市街地から長い長い県道草久粟野線を走り、登山口のある入粟野、日瓢鉱山に着く。登山案内書の記載どおり、車道沿いに登山口の看板と駐車場が設置されていて分かり易い。歩き出してすぐ、道端のヤシャブシやトネリコなどの茂った藪を数回バサバサすくって見ると、いきなり目を疑うような大珍品が入った。体長1.5cm、茶色をしたガロアムネスジダンダラコメツキ（写真❽）である。このコメツキは1928

写真86 ガロアムネスジダンダラコメツキ（スケールは4mm）

年に三輪勇四郎博士が日光中禅寺ほかから得た個体により新種として記載したもので、これまで栃木県内では旧栗山村や旧黒磯市、旧藤原町、日光市などから数匹しか得られていない大変に珍しい種である。私にとっては日光霧降以来の2度目の出会いである。

　今日は幸先がいいぞ、この後も大漁になるに違いないと確信し、薄暗い広葉樹林の中の巨岩のある渓流沿いの道を登っていく。ジグザグの長い急な登りが続きバテそう。中腹くらいまで登ってきたとき、たくさんのエゾハルゼミの鳴声に気づくと同時に、モミの幹にセミが止まっているのを見つけた。なにげなくアミを被せてみたがまったく動かない。近づいてよくよく見ると、カラカラに乾いた死骸なのである。地上1.5mくらいの高さに1匹と、同じ木の2.5mくらいの高さにも1匹。その後、別の木でも1匹見つけた。どの個体も胸や腹部背面に直径1cmくらいの穴が開いている。死後間もなく野鳥にでもついばまれたのであろうか。

　歩き始めてから1時間半ほどして、これでも滝かと思うような、あまり落差のない五段の滝に着く。冷たい水が飲めて私にとっては大変にありがたい滝である。ここまで目に入った虫はヒメケブカチョッキリ、コブヒゲボソゾウムシ、ゴマダラオトシブミ（写真87）、ルリハムシ、カバノキハムシ、ツブノミハムシ、ヒゲナガウスバハムシ、ホソヒゲナガキマワリなど、登り始めの大珍とはおおよそ比較にならない普通種ばかり。

写真87 ゴマダラオトシブミ（体長は7.5mm）

さらに、ササとツツジ類の道を行くと、30分ほどで横根山の頂上に着いた。狭い頂上ながら立派なあずま屋がある。周囲はヤシオツツジやレンゲツツジ、ヤマツツジなどの群落に覆われていて花の時期に来たら素晴らしいだろうな、と。今日は山頂付近には濃いピンクのシモツケが真っ盛りで美しい。あとたった一株ながら黄色のオダマキの花を見る。遠くには赤城山、庚申山、白根山、男体山などが眺められる。お昼ご飯の後、この山域の名所スポットの1つ「象の鼻」に向かう。途中、カシワクチブトゾウムシ、クリイロクチブトゾウムシ、ナガナカグロヒメコメツキ、ルリツツハムシなどを得たが、どうしてか、虫の数も種類もすこぶる少ない。春の虫と夏の虫の交代期にでも当たっているのであろうか。

　象の鼻にはあずま屋やテーブル、広場などがあり、名所スポットらしい雰囲気。ここには象の身体のような巨石があるのだが、どこがどうで象の鼻なのか、よくわからない。一休みしていると、遠くの方から大勢の子どもたちのものと思われる話し声が近づいてきた。遠足か、60名ほどの東京から来たという小学5年生の団体である。この山は頂上近くまで車道が来ているので、バスでやって来たのであろう。

　この後、本日のもう1つのお楽しみ、井戸湿原の周遊コースへ。湿原の周囲にはシカの侵入を防ぐ柵が設置されていて、ところどころに人間の通行する扉がついている。湿原には白いワタスゲが目立つ以外、花らしい花は咲いていない。ミズバショウやコバイケイソウ、シダ植物のほか、ズミが多く見られる。植物の葉上にはアキアカネ以外、ほとんど虫の姿がない。ならばと木道の近くをスウィーピングしてみても入るのはカの仲間くらいで、甲虫類などはゼロである。時期が悪いのであろう。虫のいない湿原の周遊は半分で中止し、付近の林の方にポイントを移すことにした。ササの葉上からはヨコモンヒメハナカミキリ、カバイロヒラタシデムシ、ツノヒゲボソゾウムシ、ムナグロツヤハムシ、モモグロチビツツハムシなどを得たが、相変わらず期待したような収穫

は得られず、がっかりである。

　帰路、渓流沿いで山地性のトンボであるクロサナエ1匹を得た。また、この日見たチョウ類は、スジグロシロチョウ、アカタテハ、イチモンジチョウ、ヒョウモンチョウの一種、クロヒカゲ、ヤマキマダラヒカゲ、ヒメキマダラセセリの7種。

　私が横根山〜井戸湿原へ採集に来たのは今回が2度目である。1度目は昔、昔23年前の1988年7月30、31日で、この時は宇都宮大学農学部応用昆虫学教室の虫採り合宿で、学生10名ほどと来ている。粟野町の民宿に泊まって、帰りは古峰原に抜けた。獲物の1部としてサクラムジハムシ、ルイスクビナガハムシ、ホソツツリンゴカミキリを得た、と記憶している。

今日この山で出会った主な昆虫類

クロサナエ *Davidius fujiama*（1ex.）、カバイロヒラタシデムシ *Oiceoptoma subrufum*（1ex.）、ガロアムネスジダンダラコメツキ *Harminius galloisi*（1ex.）、ナガナカグロヒメコメツキ *Dalopius exilis*（1ex.）、ホソヒゲナガキマワリ *Ainu tenuicornis*（1ex.）、ルリツツハムシ *Cryptocephalus aeneoblitus*（1ex.）、モモグロチビツツハムシ *Cryptocephalus exiguus*（2exs.）、ルリウスバハムシ *Stenoluperus cyaneus*（1ex.）、ツノヒゲボソゾウムシ *Phyllobius incomptus*（2exs.）、クリイロクチブトゾウムシ *Cyrtepistomus castsneus*（1ex.）など。

---

56 地蔵岳 *1274m*

◆登山日　2012年7月16日
◆天　候　晴
◆コース　鹿沼市（車）→粕尾峠→地蔵平→頂上（往復）

お地蔵さんのご利益により珍虫授かる

　地蔵岳は旧足尾町と旧粟野町の境にあるお地蔵さんの祀られた山で

知られている。今回は鹿沼から長い長い県道15号鹿沼足尾線を走り、粕尾峠（1100m）に向かった。途中、足尾や古峰原方面に向かう多数のオートバイやマイカーに出会った。

写真❽ ムツキボシツツハムシ（体長は1.5mm）

　粕尾峠の狭い駐車スペースに車を置き、足尾側に少し下ったところにある登山口から登り始める。ヒノキとカラマツの茂った薄暗い緩やかな上りが続く。林床には淡い青紫色の花をつけたコアジサイが咲いている。コアジサイはこの後頂上にかけてもっとも多く見られる植物である。静かな森にはエゾハルゼミの鳴き声だけが響いている。

　何かいるかな、と道端のコアジサイをバサバサすくってみた。期待しないでアミの中をのぞいてみてビックリ。いきなり、本日一番の収穫となったムツキボシツツハムシ（写真❽）が入っているではないか。本虫は体長4mmほど。胸部は黄褐色。上翅は黒地に黄褐色の小紋をちりばめた美しい種である。筆者はだいぶ前に那須町で1匹採ったことがあるが、それ以来の出会いである。県内では、そのほか旧葛生町、旧塩原町、日光市、鹿沼市、塩谷町などからごく少数の記録があるだけである。

　30分ほど歩いたところで、突然広々とした空間の「地蔵平」に着いた。通常は湿地らしいのであるが、今日は水は無く、しかもほとんど植物も生えていない。頂上以外では唯一陽当たりの良い場所で、ツマグロヒョウモン2匹がゆったり飛び交う姿が見られる。道端の少し高まったところに山名の由来となっているお地蔵さんが2体鎮座している。赤ずきんと前垂れをつけているが、よく見ると1体は頭のない首切り地蔵である。どういういわれ、いきさつがあるのかわからないが、とにかく、長い年月にわたってここを通る多くの人たちの願いや祈り

を受け止めてきたのであろう。

　お参りを終えて登山道に戻ったところで、広葉樹の梢を飛び回る小型のチョウを発見。慎重にアミに入れてみると、お久しぶりのウスイロオナガシジミである。早速のご利益にお地蔵さんありがとう！

　そのほか、登山口から地蔵平までに出会った主な種は、ヒゲナガウスバハムシ、シリブトヒラタコメツキ、クチブトコメツキ、ヒゲナガホソクチゾウムシ、リンゴヒゲボソゾウムシなど。

　地蔵平からの登山道は急な登りが続くようになり、ロープの助けを借りて登るところもでてきた。しかし、カラマツの落ち葉の積もった登山道はフワッとしていて大変に歩き心地が良い。たくさん自生しているコアジサイの花には時々カミキリムシの姿が見られる。いくつか採ってみると、黒色のヌバタマハナカミキリと、もう１種、黄褐色地に黒い紋やすじの入ったヒメハナカミキリの仲間である。こちらは体色や斑紋に個体変異があって同定の難解なカミキリムシである。一応調べてみると、シラネヒメハナカミキリかマツシタヒメハナカミキリあたりに近いようであるが、正解は専門家に見ていただいてからにしよう。

　また、登山道の小石と木の根の隙間に宝石よりも美しい？オオセンチコガネ（写真❽）を見つけた。体長2cmほど。丸っこい体型で、赤紫色の金属光沢がある。その美しさからはとても考えられないが、本虫は動物の糞の中に潜り、それを食べて生活する糞虫の仲間である。今日は、近くにある獣糞を訪れようとしていたのではないか。この仲間の虫は糞を食べ、綺麗に片づける森の掃除屋の役割も担っているありがたい虫の１つでもある。県内には、この虫の仲間ではもう１種、センチコガネが棲んでいる。こちらは少し小形で、体色も黒紫色をしていて地味で目立

写真❽ 森の掃除屋、オオセンチコガネ（体長20mm）

たない。筆者が県内でよく出会うのはセンチコガネの方で、美しいオオセンチコガネの方にはあまり出くわさない。

　地蔵平から小1時間ほどで頂上に到着。6～8畳ほどの細長い頂上で、周囲にツツジやホオノキ、カシワ、リョウブなどが自生。東側の樹木の一部は眺望を得るため伐採され、勝雲山方面の眺めが素晴らしい。そして、ここにも小さな祠に入ったお地蔵さん一体が祀られている。

　地蔵平から頂上間で出会った主な種類は、キアシチビツツハムシ、コブヒゲボソゾウムシ、ムネスジノミゾウムシ、ルリホソチョッキリ、アカオビニセハナノミ、セアカナガクチキなど。

　下山後、時間があったので、登山口近くのササ原を歩いてみた。ササを食草とするヒロアシタマノミハムシが多数目に付いたほか、ワモンナガハムシ、キボシルリハムシ、クロフヒゲナガゾウムシ、クリイロクチブトゾウムシ、ケモンケシキスイ、シロオビチビカミキリなどが見られた。

　最後に、この山の道案内標識は完璧で、まったく道迷いの心配をせずに登山できた。関係者の皆さんに深く感謝したい。

今日この山で出会った主な昆虫類

ウスイロオナガシジミ *Antigius butleri*（1ex.）、シリブトヒラタコメツキ *Selatosomus puerilis*（1ex.）、ケモンケシキスイ *Atarphia fasciculata*（1ex.）、アカオビニセハナノミ *Orchesia imitans*（1ex.）、セアカナガクチキ *Ivania coccinea*（1ex.）、ヌバタマハナカミキリ *Judolidia bangi*（2exs.）、シロオビチビカミキリ *Sybra subfasciata subfasciata*（1ex.）、キアシチビツツハムシ *Cryptocephalus amiculus*（1ex.）、ムツキボシツツハムシ *Cryptocephalus ohnoi*（2exs.）、ムネスジノミゾウムシ *Orchestes amurensis*（1ex.）など。

57 備前楯山 *1272m*
びぜんたてやま

◆登山日　2013年8月28日
◆天　候　晴
　　　　　奥日光の気温、最低12.2℃、最高22.0℃
◆コース　足尾銀山平→舟石峠→頂上（往復）

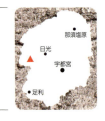

秋の草、ススキに集まる虫5種

　この山は、銅の精錬時に発生する亜硫酸ガスで山の樹木が枯れたり、渡良瀬川に流された鉱毒が下流域の農作物や魚類を死滅させた、いわゆる足尾鉱毒事件で知られる旧足尾町の一角にある。山名の由来は、江戸時代に備前国（現岡山県）から来た農民が、この地に銅の鉱脈を発見したことにちなむという。

　標高約800mの銀山平から2kmほど離れた950mの舟石峠に向けてアスファルトの舟石林道を歩き始める。道沿いにはミヤマハンノキ、リョウブ、オオバアサガラ、クマシデ、ミズナラ、コナラ、ミヤマハンノキなどの広葉樹が茂っている。

　陽当たりの良い明るい道沿いで、先ず目に入ったのは種々のチョウ類。キクの一種の白い花にはヤマトシジミ、キチョウ、コミスジ、ミドリヒョウモンが訪れている。コンクリートの吹き付けられた切り立った崖にはキベリタテハとルリタテハが飛び回っている。日蔭になった林縁の草むらではヒメウラナミジャノメとヒメキマダラヒカゲが見られる。夏、山で育って遠く南西諸島方面に渡っていくアサギマダラも2匹ほど見掛けた。

　また、道路脇の地肌の露出したところでは、1匹のスジグロシロチョウが止まったり、飛び立ったりを繰り返している。よく見ると、ストローのような口吻で土を舐めているようである。水分かミネラルのようなほかの養分を摂取しているのであろうか。

ススキの生えた道沿いでは、前ばねの差し渡しが5.5cmもあるやや大型で暗褐色をした数匹のジャノメチョウがゆったりと舞う姿が見られた。さらに、ススキの茂みに顔を突っ込むと、ススキの葉上に２種の甲虫を見つけた。１つは体長2mmほどで、胸は橙色、翅は黒いツマキタマノミハムシ。もう１つはツマグロヒメコメツキモドキ。体長は7mmほど。翅は橙黄色で、翅の末端は黒い。筆者はやや綺麗な虫の部類に入るかな、と思っている。そのほかにもススキでは秋の虫、ホソクビツユムシ（体長4cm）とヤブキリ（体長3.5cm）を見つけた。

　銀山平〜舟石峠間で、広葉樹の葉をすくってアミに入った主な種は、キイロクワハムシ、アオグロツヤハムシ、サンゴジュハムシ、ヘリグロリンゴカミキリ、ミヤマヒシガタクモゾウムシ、ヒレルホソクチゾウムシ、ムモンノミゾウムシ、クリシギゾウムシ、キオビナガカッコウムシなど。これらの中であまり多くない種としてはキイロクワハムシ、ヒレルホソクチゾウムシ、ムモンノミゾウムシが挙げられるであろう。また、珍しい種ではないが、オヤこんな虫と出会うとは想定外だな、と思ったのはクリシギゾウムシ（写真❾⓪）である。

　秋に栗を食べていると、中からウジ虫が出てきてコンチキショウと思うことがある。あの大半はクリシギゾウムシの仕業である。成虫は体長が8mmほどであるが、頭の先に4mmの細くて長い口吻（口）を持っている。体の色は淡褐色。９〜10月頃栗の実に長い口吻で穴を開け、その中に腹部末端にある産卵管を差し込んで産卵する。孵った幼虫は栗の実を食べて生長し、そのウジが虫食い栗をつくるため害虫となる。成虫は灯火に飛来することがあるが、日中、野外ではめったにお目にかかることはない。この虫は栗のほか、コナラやアベマキ、アカガシなどの実に

写真❾⓪ クリシギゾウムシ（スケールは2.5mm）

もつく。

　銀山平から1時間半ほどで舟石峠に着いた。広い駐車スペースとベンチ、簡易トイレがある。駐車場には私が登る時1台、降りてきたときに別の1台が止まっていた。登る時あった車は中腹で降りてくるのに出会った犬連れの60代くらいのおじやん（山に犬を連れてきてはいけませんぞ！）。帰りに見た車は、私が下りてくる時に登ってくるのと出会った群馬県太田市から来られた50代くらいのご夫婦のものと思われた。いずれにしても、峠から頂上までは1時間余りなので、ここまで車で来ると、登山としては物足りないのではないか。

　舟石峠から登りだすと、始めリョウブやミヤマハンノキ、カシワ、ブナ、ツツジ類などの林と林床がササの道。中腹より上ではササや下草は消え、木の根の多い道に変わる。1時間ほどで周囲の開けた岩の頂上に踊り出た。頂上は20×3mほどの細長い広さ。袈裟丸山や庚申山、黒檜山、社山（しゃざん）、男体山などの山々や、足尾銅山の煙害によって生じた山肌の露出した麓の山々の風景が眺望できる。

　舟石峠から頂上間で出会った主な昆虫類は、ツツジ類につくツツジコブハムシ、ササにつくヒロアシタマノミハムシ、カシワにつくキンケノミゾウムシ、オオバアサガラにつくキクビアオハムシ、そのほか広葉樹からヤスマツトビナナフシ、ササの葉上からアカオビニセハナノミとニッコウコエンマコガネなどを見つけた。チョウ類ではササ原でコジャノメとクロヒカゲを、頂上ではキアゲハとクロアゲハを見掛けた。

写真91　ニッコウコエンマコガネ（スケールは2mm）

　これらの中のニッコウコエンマコガネ（写真91）は体長6mmほどで、体の色は紫銅色を帯びた光沢のない黒色。通常、山地帯に棲み、サルやシカなどの獣糞を食べて生活している。

　今回この山で得たハチ類を片

山栄助氏に見て頂いたところ、栃木県内では日光市、塩谷町、那須塩原市からわずかに採集されているに過ぎないフタツバトゲセイボウが含まれていることがわかった。

今日この山で出会った主な昆虫類

フタツバトゲセイボウ *Elampus bidens tristis*（1♀）、ミヤマサナエ *Anisogomphus maackii*（1ex.）、ニッコウコエンマコガネ *Caccobius nikkoensis*（2exs.）、キオビナガカッコウムシ *Opilo carinatus*（1ex.）、ツマグロヒメコメツキモドキ *Anadastus praeustus*（3exs.）、アカオビニセハナノミ *Orchesia imitans*（1ex.）、キイロクワハムシ（ウスイロウリハムシ）*Monolepta pallidula*（1ex.）、ヒレルホソクチゾウムシ *Apion hilleri*（1ex.）、キンケノミゾウムシ *Orchestes jozanus*（4exs.）、ムモンノミゾウムシ *Orchestes aterrimus*（1ex.）、クリシギゾウムシ *Curculio sikkimensis*（1ex.）など。

---

58 庚申山 *1892m*

◆登山日　2013年7月16日
◆天　候　晴のち曇
　　　　　奥日光の気温、最低16.4℃、最高23.7℃
◆コース　足尾銀山平→一の鳥居→庚申山荘→頂上（往復）

シカ食害で単純化した植生と昆虫相

　この山は栃木県西部の日光市足尾町にある。国の特別天然記念物に指定されているコウシンソウが自生しているほか、勝道上人によって開山されたと伝えられる、庚申講信仰の霊山としても知られている。

　登山口のある銀山平に車を置いて、第1ポイントの一の鳥居目指して、4km、1時間の林道歩きとなる。大きな山の斜面を切り取って造成された林道は、右手が高い山、左手が庚申川の流れる深い谷となっている。林道の両側にはオオバアサガラやフサザクラ、サワグルミなどの大木が茂っている。途中に、谷底の方に見える「坑夫の滝」や、どう

写真㊙ ジョウザンミドリシジミ（スケールは6mm）

したらこんな風になるのか、直径50cmほどの丸い同じ形をした多数の岩が山の方から流れ落ちている「天狗の投石」という見せ場がある。

陽光が差し込んで明るい林道沿いではチョウの飛ぶ姿が目立つ。3匹以上見かけたのはミスジチョウ、コチャバネセセリ、スジグロシロチョウ、クロヒカゲ。1～2匹目撃したのはサカハチチョウ、ウラジャノメ、ウラギンヒョウモン、ジョウザンミドリシジミ♂。この中のジョウザンミドリシジミ（写真㊙）は前翅長2cm、翅の表面はメスでは茶褐色で目立たないが、今回出会ったのはオスで金緑青色に輝き大変に美しい。栃木県内では北西部の山地帯に生息し、幼虫はミズナラを食べる。また、やや大型のガ（蛾）が飛んでいるので捕まえて見ると、キガシラオオナミシャクという昼間活動性のがで、前翅長は3.5cmで、翅には白と黒のまだら模様がある。

長い林道歩きを終えて、赤いペンキの塗られた一の鳥居に着いた。ここから第2ポイントの庚申山荘まではウダイカンバやミズナラ、クマシデなどの巨木の茂るやや薄暗い原生林の中の緩い登りが続く。途中には鏡岩や夫婦蛙岩などの巨岩・奇岩がある。原生林の林床にはササとシロヨメナが自生していて、そのほかの植物はほとんど目に付かない。このような景観は頂上方面まで続いている。なぜか。それはシカによる摂食のためと思われる。シカの食べないシロヨメナが広範囲に茂り、植物相は単純化しているのである。それに伴って、昆虫相も単純化しているように思われる。

この時期どこの山に行ってももっとも多く見られるのは、甲虫類ではゾウムシ類とハムシ類であるが、今日この山で見られたのは両者とも6種類ずつで非常に少ない。ちなみに、今日出会った主な種とカッ

コ内に食草を示すと次の通りである。コブルリオトシブミ（イタヤカエデ）、ツノヒゲボソゾウムシ（ナラ類）、コブヒゲボソゾウムシ（落葉広葉樹）、アカタマゾウムシ（ヤチダモ）、ヒゲナガウスバハムシ（ツツジ類、カエデ類ほか）、ヒロアシタマノミハムシ（ササ）、カタクリハムシ（ウバユリほか）、カバノキハムシ（カンバ、シデほか）などで、広葉樹を食草とするものが多く、草本植物を食草とする種は極端に少ないことがわかる。

　甲虫類でもっとも多く見られたのは、コメツキムシ類とベニボタル類で、それらの多くは土中や朽ち木内などに棲む仲間である。

　そのコメツキムシ類ではホソツヤハダコメツキ、クロツヤハダコメツキ、ヒメクロツヤハダコメツキ、ナガナカグロヒメコメツキ、クチブトコメツキが見られ、特に前2種はササとシロヨメナの葉上で多数見られた。この中のヒメクロツヤハダコメツキは栃木県内ではやや高い山地帯に生息するが、あまり多くない種である。本種は体長1.1cmほどで、胸部が褐色で、翅は黒色の個体と胸部が黒色で、翅は黒青色の個体が見られた。

　また、ベニボタル類ではメダカヒシベニボタル、クシヒゲベニボタル、キベリハナボタル、クロハナボタル、マエアカクロベニボタル、ミスジヒシベニボタルが見られたほか、ホタル類ではあまり多くないスジグロボタルを得た。このうち、スジグロボタル（写真93）は体長7mm、全体黒色であるが、上翅の肩部と翅端部に赤い斑紋がある。

　一の鳥居から1時間30分ほどかかって庚申山荘に着いた。山荘の中にも、外にも誰もいなくて静まりかえっている。そんな中周辺から甲高いシカの鳴き声が聞かれ、数頭のシカの姿が目撃された。山荘の周辺の湿地

写真93 スジグロベニボタル（スケールは2mm）

には以前来たときクリンソウがあったはずと、眺め回したところ、わずか数本ながら残っていた。一休みの後、最後のポイントの頂上に向けて出発する。

山頂への道には次第に大岩が現れるようになった。最初に出会った水滴のしたたり落ちる大岩の下をくぐる場所では、もしかしたらコウシンソウがあるかもとキョロキョロしたが、一般道からは盗掘で姿を消したらしく見つからなかった。山頂へのもう1つの「お山巡りコース」の方では見られるとのことで、ぜひともソッと残しておいてほしい。その代わりというわけではないと思われるが、今日歩いている一般道の岩場に辛うじて残っているピンク色で可憐な数輪のユキワリソウ（サクラソウ科）を見つけて大、大感激。こちらの方も末永く残しておいてほしいものである。

頂上が近くなると、梵天岩や灯籠岩などの大岩の間を縫うようにハシゴやクサリ場が多くなり、スリル満点。栃木県内の山の中では有数の難所ではないかなと。途中、白い粟のようなトリアシショウマの花に多数のヨコモンヒメハナカミキリやチャイロヒメハナカミキリ、ニンフハナカミキリを見つけた。そのほか、ササの葉上から体長8.5mm、胸部が赤銅色で、翅の黒いケヤキナガタマムシによく似たナガタマムシの一種を得た。こんな標高の高いところにケヤキは無いはずだし、おかしいなと思い、下山後、大桃定洋氏に見ていただいたところ、北海道と本州中北部の山地帯に棲むスジバナガタマムシ（写真94）と判明した。栃木県内では日光地域からごく少数の記録しかないようである。

写真94 スジバナガタマムシ（スケールは3mm）

いくつかの難所をなんとかクリアして、山荘から1時間半ほどして頂上にたどり着いた。頂上は5、6人で満員になるような広さで狭い。周囲にはコメツ

ガが茂り、遠望は利かない。頂上には筆者と同年くらいの栃木県小山市から来られた先客がいて、帰りはお山巡りコースを下ると意気込んでいた。筆者にはもうそんな元気も勇気もない。帰路、頂上のすぐ下あたりで登ってきた30〜40代くらいの宇都宮から来たと言う夫婦連れに出会った。「奥さん、あの難所をよく登って来られましたね」と褒めてやると、「実は帰りが思いやられるんです」と。今日はこのほかに一の鳥居まで下ったところで、大きなリュックを背負った70過ぎくらいの男性に出会った。今晩、庚申山荘に泊まり、明日、この山の延長上にある鋸山と皇海山(すかいさん)を目指すという。気を付けて、がんばって！とエールを送って別れた。

　最後に、庚申山荘と頂上間で出会った主な昆虫類は、ドウボソカミキリ、ヘリグロリンゴカミキリ、ヒメアシナガコガネ、ヒゲナガビロウドコガネ、トゲアシヒゲボソゾウムシなどであった。

今日この山で出会った主な昆虫類

ジョウザンミドリシジミ *Favonius aurorinus* (1ex.)、スジバナガタマムシ *Agrilus sachalinicola* (1ex.)、ヒメクロツヤハダコメツキ *Hemicrepidius desertor desertor* (3exs.)、ホソツヤハダコメツキ *Athousius humeralis* (多数目撃)、スジグロボタル *Oristolycus sagulatus* (1ex.)、マエアカクロベニボタル *Caufires zahradniki* (1ex.)、ミスジヒシベニボタル *Benibotarus spinicoxis* (1ex.)、ドウボソカミキリ *Pseudocalamobius japonicus japonicus* (1ex.)、コブルリオトシブミ *Euops pustulosus* (1ex.)、アカタマゾウムシ *Stereonychus thoracicus* (1ex.) など。

(59) 袈裟丸山(けさまるやま) *1878m*

◆登山日　2005年7月21日
◆天　候　晴
近隣の奥日光の気温、最低12.3、最高23.3℃
◆コース　折場登山口より弓の手コース→頂上（前袈裟丸）往復

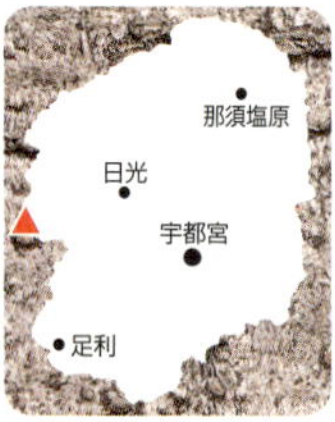

広がるササ原とシカの楽園

　この山は足尾山塊の西部に位置する栃木と群馬の県境の山である。1982年にこの山一帯は、コウシンソウの自生地やシロヤシオの大群落があるほか、ニホンジカとカモシカが混生する貴重な地域であるとして栃木県の自然環境保全地域に指定されている。同様の指定は群馬県側でも行われている。

　群馬県沢入(そうり)から車で入ると、林道は始め見事なスギ林が続き、高度を上げるにつれて道端に落石の転がる断崖絶壁の道となりスリルに富む。折場登山口に着くと、あずま屋とトイレ、水場付きのかなり広い駐車場があり、いつも大勢の登山客が訪れそうな雰囲気。しかし、今日は花の時期が過ぎているためか、１台の車もない。

　車から降りようとドアを開けると飛び込んできたもの２つ。１つはエゾハルゼミの鳴声。これは良いとして、もう１つはウシアブの来襲である。ほんのちょっとの間に５、６匹も入られてしまった。この後このアブは登山中、常に数匹が身体の回りにまつわりついて吸血の機会を狙っている。そのため、暑いのに長袖シャツの腕まくりを諦めざるを得なかった。それでも１カ所刺されてしまった。捕まえて見ると大型のアカウシアブ、やや小型のウシアブなど少なくとも３種類はいるようだ。最近、これらの吸血性アブ類の多さに山でひどく悩まされることがある。矢板市の八方ヶ原では身体の回りに10～20匹もまつわりつかれ、昼食を食べるのもままならなかった。また、奥鬼怒では露天

風呂に入っていると数匹が顔の回りを飛び回り、上がるとお尻を刺された。栗山村の上栗山では、宿の室内に多数入り込んできて、食事をするにも、何をするにもアブから注意を逸らすことができなかった。最近のこのようなアブの増加の原因は一体何なのだろうか。

　登り始めて次第に気が付いたのは、地面近くの樹皮が剝がれたり、傷だらけの木が多いこと、小さい木はほとんど枯れていること、道端の植物はササばかりでそのほかの草花はほとんど見られないこと。シカだなと直感した。ほどなくササ原の中に群馬県による２×２×２ｍほどのアミを張ったシカの食性調査の囲いを見つけた。さらに、今日の登山中にササ原の中を走り去る数匹のシカを目撃し、この山がすっかりシカの楽園と化してしまったことを認めざるを得なかった。

　肝心の虫の方はどうか。あるのはササばかりなので、その葉上を見つめるか、スウィーピングをするしかない。始めはハエくらいしかいないように見えたササの葉上には、思ったよりいろいろな虫が止まっていることが分かり、元気が出てきた。個体数のもっとも多いのは緑色の鱗片を付けたヒゲボソゾウムシの仲間やコメツキムシ類。次いでシリアゲムシ類、ベニボタル類など。ヒゲボソゾウムシの仲間では多い順にコブヒゲボソゾウムシ、ツノヒゲボソゾウムシ、トゲアシヒゲボソゾウムシ、コメツキムシ類は２種いて、大きさ1.2cmで黒くてツヤのあるクロツヤハダコメツキが非常に多い。ほかの１種は小型のナガナカグロヒメコメツキ。ベニボタル類はカクムネベニボタルやフトヒシベニボタル、

今日この山で出会った主な昆虫類

マルバネシリアゲ *Panorpa nipponensis*（1ex.）、ツマグロヒョウモン *Argyreus hyperbius*（1♂）、ホソアシナガタマムシ *Agrilus tibialis*（2exs.）、ナガナカグロヒメコメツキ *Dalopius exilis*（多）、コウノジュウジベニボタル *Lopheros konoi*（1ex.）、ユアサクロベニボタル *Cautires yuasai*（1ex.）、ヌバタマハナカミキリ *Judolidia bangi*（3exs.）、マダラヒゲナガゾウムシ *Opanthribus tessellatus*（1ex.）、コルリチョッキリ *Involvulus apertus*（1ex.）、トゲアシヒゲボソゾウムシ *Phyllobius annectens*（7exs.）など。

写真⑨ ヌバタマハナカミキリ（スケールは4mm）

コウノジュウジベニボタルなど6種。シリアゲムシ類ではマルバネシリアゲ、ツマグロシリアゲ、スカシシリアゲモドキなど5種。チョウの仲間ではヒカゲチョウ類をよく見かけたが、思うようにアミに入らなくて、やっと捕らえたのはヤマキマダラヒカゲとヒカゲチョウ各1匹であった。そのほか、ウラギンヒョウモン1匹を採取し、数匹のクロヒカゲらしい個体とミドリシジミの仲間1匹を目撃した。また、中腹で朽木上からヌバタマハナカミキリ（写真⑨）を得たほか、コエゾゼミと思われる鳴声を耳にした。

最後の急坂を登りきってやっと前袈裟丸頂上へ。ここが一般的な頂上で、これから北に向けて後袈裟丸、中袈裟丸、奥袈裟丸とピークが連なっているが、この先は山が崩壊しているらしく通行止めとなっていた。頂上は40×20mくらいでやや広い。周りをツガやダケカンバ、ハクサンシャクナゲ、ツツジ類が取り囲んでいる。まず、下界からやって来たであろうおびただしい数のアキアカネが目に付いた。その中を「ここはオレの天下だ」と言わんばかりに悠然と飛び回るキアゲハが1匹（写真⑯）。お昼ご飯を食べていると1匹のヒョウモンチョウが飛び込んできた。地面に止まったところをよくよく見ると、なんと珍客、ツマグロヒョウモンのオスである。そのほか、エルタテハ1匹も訪れてきたが、キアゲハに追われて飛び去った。

頂上にはハクサンシャクナゲの群落が見られるが、花は名残りの2輪だけでだいぶ前に終了し

写真⑯ 山頂の石の上で侵入者を見張るキアゲハ（前翅長50mm）

ている。これらの株も下の方には葉がなく、多くの枝が枯れていて痛々しい。これもシカの仕業によるものであろう。袈裟丸山は栃木でもっとも奥深い山の1つであり、さぞかし珍しい昆虫が多数見られるのではと期待していたが、シカの食害によって植生はササ一色に変わってしまったため、昆虫相も単純化、貧弱化しつつあると痛感させられた。このままでは、この山のセールスポイントである春先のヤシオツツジやミツバツツジ、シャクナゲなどの花がシカの食害によって見られなくなり、一般の登山者も訪れなくなると心配される。まず、シカ対策を急ぐ必要があろう。

袈裟丸山頂上

シカの食害で葉の出ないツツジ

奥鬼怒・鬼怒沼湿原

ピラミダルな笹目倉山

県央・県東の山

⑥⓪ 羽黒山 (はぐろさん) *458m*

◆登山日　2008年9月3日
◆天　候　快晴
　　　　　宇都宮市の気温、最低24.3℃、最高32.3℃
◆コース　県道63号参道入り口→カラッソ坂→十国平→頂
　　　　　上（羽黒山神社）→蜜嶽神社→ジグザグの細い道を
　　　　　下る→小室からの車道（往復）

低山ながら虫多く、珍虫も潜む

　宇都宮市の北部（旧上河内町）の田園地帯にこつ然とそびえる孤峰。標高も低く、あまり虫もいそうにないなと思ったが、まあ、何がいるかわからないので、季節を変えて2、3回登ってみようかと。

　この山の登り口は4つほどあるが、今回はもっとも一般的で車の通らない参道から入ることにした。鬱蒼とした暗い杉林の中の石畳の道である。昨夜来の雨と、陽が当たらないのに加え、あまり人が通らないと見えて、石畳にはコケが生え、ツルツル滑る。顔の回りにヤブカが寄ってくるほかは虫の気配はない。うむ、別のルートを来れば良かったかな。ただ、遠く近くの頭上からアブラゼミ、ツクツクボウシに混じってエゾゼミの鳴き声が聞こえてくる。この後、頂上付近でニイニイゼミ、山の反対側に下りた車道付近でミンミンゼミの声がした。

　30分足らずで暗い林を抜け、明るく太陽の眩しいアスファルトの車道に出た。左に行くと今里宿、右は山田、小室との道標。登山路（参道）はまっすぐ上方に伸びている。ここからはカラッソ坂と呼び、ロープの付いた滑りそうな露岩の上の急登となる。これと並行して階段も設置されているので、私は虫採りができそうな階段の方を登る。カラッソ坂を登り切ると「心身共に煩悩から離れ、清らかな状態となる」という立て看板がある。私は途中から横道に入って虫採りに熱中してしまったので、「清らかな状態」とやらはどんなものか、体験せずじまい。

階段道には草地が広がっていて、虫の姿が急に増えてきた。足元からはたくさんのクルマバッタが飛び出した。ノアザミの花にはクマバチやトラマルハナバチに混じってセセリチョウが訪れている。4匹ほどをアミに入れてみると、最近めっきり少なくなったオオチャバネセセリ2匹と、イチモンジセセリ2匹であった。同じところで、これも最近少なくなったと言われるツマグロキチョウ1匹を得た。チョウではほかに、もう栃木県内では普通種になった感のあるモンキアゲハやこのあたりの夏のチョウのほとんどにお目にかかることができた。

　あずま屋や展望台、トイレなどのある十石平に着くと、4、5台の車が止まっていて、窓を開けて気持ちよさそうに昼寝をしている人も。草むらには腹部が真っ赤で、青いアイシャドウを付けたような大変におしゃれなマイコアカネが止まっている。

　ここから階段を上って頂上の羽黒山神社へ。まずは本日の大漁と無事を願ってお賽銭と二礼二拍一礼。社殿側には「梵天祭り」で奉納された色とりどりの鮮やかなビニールひもの房を括り付けた数本の梵天が立てかけてある。一休みしながら、何気なく目に止まった敷地の周囲に設置された赤いペンキを塗った鉄製の柵の下面に虫姿を発見。近づいてみるとヒメツノカメムシ4匹が寄り添っている。メスの性フェロモンに誘引されて集まってきているのであろうか。

　頂上から反対側の様子を見ようと、蜜嶽神社(みつたけじんじゃ)を経て細いスギ林内のジグザグ道を下る。あまり人が通らないとみえて、若干ヤブの様相。15

今日この山で出会った主な昆虫類

マイコアカネ *Sympetrum kunkeli*（5exs.）、ヤドリクモバチ *Irenangelus hikosanus*（2♀♀）、セアカツノカメムシ *Acanthosomo denticauda*（7〜8匹目撃）、ツマグロキチョウ *Eurema laeta bethesba*（1ex.）、ヒラタチビタマムシ *Habroloma subbicorne*（2exs.）、アカガネチビタマムシ *Trachys tsushimae*（3exs.）、ヒゲナガアラハダトビハムシ *Trachyaphthona sordida*（7exs.）、ムギヒサゴトビハムシ *Chaetocnema cylindrica*（1ex.）、ヒゲナガホソクチゾウムシ *Apion placidum*（1ex.）、マルモンササラゾウムシ *Demimaea circula*（3exs.）他。

写真97 樹皮にまぎれて止まるナガゴマフカミキリ（体長15mm）

分ほどでアスファルトの車道に出たところで同じ道を頂上方面に戻る。

頂上直下のNHKのアンテナのある尾根上でアカシデらしい木の幹に点々と止まっている7、8匹のセアカツノカメムシを目撃。こちらは本種の食樹であるために集まっているのか、確かなことは不明。また、同じ木の根元には樹皮の色によく似たナガゴマフカミキリ（写真97）1匹が止まっていた。頂上付近一帯のスウィーピングをおこなったところ、ヒラタチビタマムシ、アカガネチビタマムシ、ヒゲナガアラハダトビハムシ、ヒゲナガホソクチゾウムシなどの多数の甲虫類が得られたが、その中にどえらい珍品が2種も含まれていてびっくり。

1つはムギヒサゴトビハムシ。私にとって実物を見るのは初めて。コムギやオーチャードグラス、ギニアグラスなどに付くとされるが、県内では塩谷町と渡良瀬遊水地の2カ所から知られているだけで、害虫となるどころか大珍品である。野生のイネ科植物で細々と生活しているのであろうか。

もう1つはマルモンササラゾウムシ（写真98）。これも県内では塩谷町、旧上河内町、田沼町からの3例の記録があるのみ。食草は知られていないと思われ、今回も何についていたか確認できなかった。

写真98 マルモンササラゾウムシ（スケールは1mm）

今日はなかなかの収穫であった。低山だからとバカにできないものだと痛感した。もう一度、別の季節に別のコースから訪れてみたいなと思いながら、慎重に滑りやすい参道を戻った。

また、今回得た若干のハチ類

を片山栄助氏に見ていたいたところ、県内では県北のみから記録されているヤドリクモバチが含まれていることがわかった。

(61) 篠井富屋連峰　最高峰本山562m

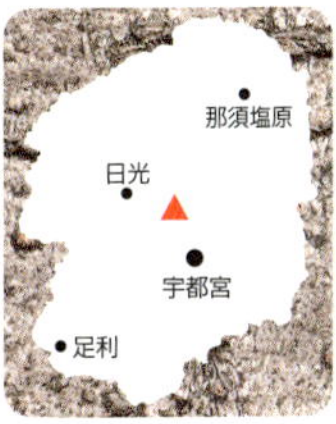

◆登山日　2005年4月30日
◆天　候　快晴
宇都宮市の気温、最低11.9℃、最高23.9℃
◆コース　篠井町子どものもり公園→榛名山→男山→本山→飯盛山→高舘山→黒戸山→兜山→徳次郎町晃陽中前

山頂を占有し、スクランブルを繰り返すミヤマセセリ

本連峰（53P参照）は宇都宮市の北部にポコンポコンポコンと500m前後の峰々が屏風のように連なるもので、宇都宮市民健康ハイキングコースとして親しまれている。4月も末となり、麓では田んぼに水が張られ盛んにしろかきが行われている。山肌は春の到来を告げるように、開き始めた木々の芽が若葉色に染めている。

子どものもり公園登山口を歩き始めると、早速足下からルリタテハが飛び立ち出迎えてくれた。コナラやサクラなどの葉をすくってみると、2mm級のレロフチビシギゾウムシやツブノミハムシなどが網の中で活発に歩き回っている。間もなくやや薄暗いスギ林の道となったが、タチツボスミレ、ニリンソウ、エンレイソウ、ヤマブキ、ヒトリシズカなどの花々が目を楽しませてくれる。稜線に出るとミツバツツジが満開である。登山口から1時間ほどで第1峰目の榛名山頂（524m）に到着。まず驚いたのは白いテッシュのような紙が一面に散乱していることだ。一体誰が、何のために、と思ったが、すぐに合点がいった。頂上にお祭りに用いたであろう梵天が1基あり、その紙が風雨で付近に散らばったものであることがわかった。6畳くらいの広さの頂上ではクマバチ、キアゲハ、キマダラヒカゲの一種各1匹と数匹のアブ類が熾烈な占有権

争いを演じている。アブを2匹ばかり捕まえてみると、シマハナアブとクロハナアブ属の一種であった。その他、この山への途中でツンプトクチブトゾウムシ、セダカシギゾウムシを得た。

榛名山から15分ほどで第2峰目の男山(527m)に着いた。ここでは男性単独2組と大人2、子ども2の家族連れ1組の計6人に出会った。この日この山で会ったのはこれだけで、思ったより少ない。男山の頂上も6畳くらいの広さである。ここでは虫より人間の頭数の方が多く、やっと飛来したヤマキマダラヒカゲ1匹とヘリムネマメコメツキを捕獲して、早々に次の峰へ向かう。

男山から30分くらいで第3峰目の本連峰最高峰の本山(562m)山頂に到着。着いてすぐ、あまりの美しさに、わあーすごいと声を上げてしまった。6畳くらいの広さの頂上の周りを満開のヤマツツジとミツバツツジの花が取り囲んでいるではないか。少し霞んではいるが、東側には羽黒山、北西には日光連山などが遠望でき、眺望もすばらしい。ここではコツバメが木の葉に止まるのを確認したほか、梢を行きかうカラスアゲハ、アゲハを目撃した。男山から本山間ではヨツボシカメムシ、クギヌキヒメジョウカイモドキ、アルマンサルゾウムシを得た。

また、本山から次の飯盛山に向かう途中のスギ林内で、本日最高の収穫ともいえるホソクビナガハムシ(写真❾❾)1匹を得た。本種はサルトリイバラを食草とし、県内では旧黒磯町、日光市、旧馬頭町、旧今市市、宇都宮市(古賀志山)から少数記録されているだけで、レッドデータブックとちぎでは「要注目」種に選定されている。

写真❾❾ ホソクビナガハムシ(スケールは2.5mm)

本山から1時間ほどかかって第4峰目の飯盛山(501m)に着いた。広さは6畳くらいである。ここではキマダラヒカゲの一種、アゲハ、カラスアゲハ、ヒオドシ

チョウ、ミヤマセセリが入れ替わり立ち替わり賑やかに飛び回っている。"めし"を食べながら様子を見ていると、1匹のミヤマセセリが地面に止まったかと思うと、上空に侵入してきたほかのチョウを追い回している。何

写真⑩ 飯盛山頂で、なわばり内への侵入者に備えるミヤマセセリ（前翅長18mm）

回もスクランブルと静止を繰り返しているところから、ここの主はどうもミヤマセセリ（写真⑩）らしい。

　飯盛山頂上を後に次の山に向かおうと歩き始めたら、ものすごく長い急下降が待っていた。しかも、地面が固く細かい石が混じっているため大変に滑りやすい。ロープは付いているとは言え女性や子どもさんは相当な恐怖を感ずることであろう。同行したうちのカミさんは立木に捕まりながら、死ぬ思い？でやっと降りた。このあたりでハイカーに会わないのは、どうもこの難所のせいではないかと思った。

　急降下に時間をとられたため、第5峰目の高舘山（477m）には1時間ほどかかって到着した。山頂は今日これまで登った5峰の中でもっとも広く3倍くらいもある。1匹のおんぼろのヒオドシチョウがわれわれを歓迎するように、いや突然の侵入者を警戒するかのように飛び回っている。一休みしていると、目の前を橙色をした1cm足らずの甲虫が飛んだ。トネリコなどを食草とするカタビロハムシではないか。最近少なくなっている昆虫の1つなので、再会はうれしい。

　高舘山から第6峰目の黒戸山（412m）、さらに第7峰目の兜山（372m）にかけてはうす暗いスギ、ヒノキの植林地が多く虫の姿はほとんど無い。その代わりでもないが、ところどころにチゴユリの大群落が見られた。これは良いとして、黒戸山のすぐ東側からものすごい車のエンジン音が響いてくるのには参った。この騒音は虫にとってどういう影響があるものか、聞いてみたいものだ。後で調べたところ、麓

にサーキット場があることがわかった。

　この連峰はハイキングコースとなっているだけあって、道標は良く整備されているが、最後の兜山の入り口だけは案内標識がなく探すのに行きつ戻りつした。本日も多くの収穫を得、無事の下山を山の神様に感謝したい。

今日この山で出会った主な昆虫類

ヨツボシカメムシ *Homalogonia obtusa*（1ex.、本山）、ヒメクロコメツキ *Ampedus carbunculus*（1ex.、飯盛山）、ヘリムネマメコメツキ *Yukoana carinicollis*（1ex.、男山、3exs.、高舘山）、クギヌキヒメジョウカイモドキ *Ebaeus oblongulus*（1ex.、本山）、カタビロハムシ *Colobaspis japonica*（1ex.、高舘山）、ホソクビナガハムシ *Lilioceris parvicollis*（1ex.、本山）、ツンプトクチブトゾウムシ *Myllocerus nipponensis*（1ex.、榛名山）、レロフチビシギゾウムシ *Curculio roelofsi*（2exs.、榛名山、1ex.、本山）、セダカシギゾウムシ *Curculio convexus*（1ex.、榛名山）、アルマンサルゾウムシ *Wagnerinus harmandi*（7exs.、本山）など。

62 鞍掛山（くらかけさん） *492m*

◆登山日　2013年5月16日
◆天　候　晴、午後にわか雨
　　　　　宇都宮市の気温、最低5.7℃、最高25.1℃
◆コース　宇都宮市新里町甲、射撃場（車）→鞍掛山登山口
　　　　　→鞍掛神社→大岩コース→頂上→奥ノ院コース
　　　　　→登山口

山に相応しくない芝生の害虫・ヒラタアオコガネ

　鞍掛山は宇都宮市北西部の旧今市市との境界に位置し、すぐ近くには同じ栃木百名山の古賀志山と多気山がある。

　9時30分ごろ登山口の鳥居をくぐって出発。しばらく小さな沢に沿った岩石混じりの薄暗いヒノキ林の中の緩い登りが続く。15分ほどで鞍掛神社への分岐標識。本日の大漁を祈願せねばと立ち寄ることに

した。少し行くと沢の上方にデッカイ岩が現れ、そこから小さな滝が落ちている。左手の岩の割れ目にできた穴の奥にはご神体が祀られ、御神酒一升が供えられている。

登山道に戻ると、ほどなく左奥ノ院コース、右大岩コースの道標。広葉樹が多く虫のいそうな感じのする大岩コースに進路をとる。早速、商売、商売と、道端の草地をスウィーピングしてみる。エモノはとアミの中をのぞいて見てエーとビックリ。キイチゴトゲサルゾウムシやムナグロツヤハムシ、キイロクビナガハムシなどに混じって大きなアブの一種、ネグロクサアブが入っているではないか。体長2.4cm、体の色は茶色（本種の写真が行道山の項にあり）。このアブは栃木県内ではやや珍しい種として注目されていたが、最近、各地からポツポツ見つかるようになり、低山地に広く生息していることがわかってきた。

この後、登山道はロープのある急な登りとなった。藪の中のサルトリイバラにはフタホシオオノミハムシの交尾個体（写真101）、ハリギリにはアオグロツヤハムシ、ワラビなどのシダ植物につくセマルトビハムシなどが見られる。

登山道はいったん鞍部に出て、再びロープの張られた岩混じりのトレイルとなり、登り切ると大きな岩の上に出る。これが大岩であり、ここからは眼前に古賀志山や宇都宮市街地方面の眺望がすばらしい。大岩からはハシゴを使って2mほど下り、尾根道を前進すると間もなく頂上に着いた。

頂上付近の広葉樹類のスウィーピングでは、キバネマルノミハムシ、ツヤチビヒメゾウムシ、コヒラセクモゾウムシ、ムモンノミゾウムシ、クロクチカクシゾウムシ、クロトゲムネサルゾウムシ、キバネホソコメツキ、ダンダラカッ

写真101 サルトリイバラ上で交尾するフタホシオオノミハムシ（体長7mm）

コウムシなど多くの甲虫類が得られた。この中でもコヒラセクモゾウ、ムモンノミゾウ、クロトゲムネサルゾウは栃木県内での発見例の少ない種である。

　頂上からさらに少し行くと、奥ノ院のある下山コースの分岐に出る。小さな祠のある奥ノ院で参拝していると、今日初めて出会うハイカーが下から登ってきた。60～70代の山ガールである。これから古賀志山へ縦走するという。私は彼女の登ってきた長い長い急坂の続く奥ノ院コースを、クサリの助けを借りて降下し、登山口まで戻った。

　登山口付近には山麓を巻く数本の林道があり、そのうちの1本を歩いてみることにした。スギ、ヒノキの林縁や林床のスウィーピングをおこなったところ、キバラルリクビボソハムシ、ムネアカタマノミハムシ、ヒゲナガホソクチゾウムシ、ヒラタクロクシコメツキ、クギヌキヒメジョウカイモドキ、ミヤマヒシベニボタルなどが得られた。

　そのほか、体長5mm、橙色をしたオオアカマルノミハムシをボタンズルから得たことについて触れておきたい。筆者はこれまで、栃木県内では本種をセンニンソウからのみ見つけていたが、今回初めてボタンズルから見つけた。センニンソウは平地から低山地、ボタンズルは低山地からやや高い山地に自生し、本種の分布も食草となるセンニンソウの分布地と重なっていた。今回の事例により、本種がボタンズルを食草とすることもあることがわかった。なお、同じ場所に両植物がある場合には、本種はセンニンソウの方につく事例を栃木県内で見ている（羽賀場山の項に関連記事あり）。

　また、林道に沿った草地をすくっていると、大変に意外な虫が採れた。それは、芝生の害虫で、とてもスギ林に棲んでいるとは思われないヒラタアオコガネである。体長1.2cm、緑色をしたコガネムシの一種である。なぜここに？、と思ったが、すぐに合点がいった。登山口に隣接してゴルフ場があるのである。この虫は芝と共にゴルフ場に持ち込まれ、そこで繁殖しているに違いないのである（本種の写真と関連

記事が高館山の項にあり）。

　鞍掛山には、筆者の自宅から近いこともあって、2013年春の登山に備えて登山口を確認しておきたいと考え、2012年10月25日に訪れ、奥ノ院コースから登って大岩コースに下山してい

写真⑩ 枯れたアカマツの倒木の樹皮下で越冬するケブカクロコメツキ（体長13mm）

る。この時、登山口近くのアカマツの伐倒木の樹皮下から、越冬中のケブカクロコメツキ数匹を見つけている。コメツキムシは樹皮と幹との間に木屑で部屋のようなもの（蛹室か）を造っていて、その中には蛹の脱皮殻も見られた（写真⑩）。秋に成虫となり、そのまま越冬中と思われる。

　また、奥ノ院コースの尾根に登り切ったところで、アカマツの立枯木の樹皮を剥がしたところマダラカマドウマ5～6匹が飛び出した。

　この日の宇都宮市の最低気温は10.1℃、最高は19.6℃。10月末でもあり、もう活動している虫はいないだろうと思ったら、麓で咲いていた白いサラシナショウマの花にキンケハラナガツチバチ1♂が訪れ吸蜜中。このハチは夏から秋に出現し、メスのみが越冬するという。ハチの名前は片山栄助氏にご教示いただいた。

今日この山で出会った主な昆虫類

ネグロクサアブ *Coenomiya basalis*（1♀）、ヒラタアオコガネ *Anomala octiescostata*（1ex.）、クギヌキヒメジョウカイモドキ *Ebaeus oblongulus*（1ex.）、キバラルリクビボソハムシ *Lema concinnipennis*（1ex.）、アオグロツヤハムシ *Oomorphoides nigroceruleus*（2exs.）、セマルトビハムシ *Minota nigropicea*（1ex.）、クロトゲムネサルゾウムシ *Mecysmoderes nigrinus*（1ex.）、ムモンノミゾウムシ *Orchestes aterrimus*（1ex.）、コヒラセクモゾウムシ *Metialma pusilla*（2exs.）、クロクチカクシゾウムシ *Catagmatus japonicus*（1ex.）など。

(63) 多気山（たげさん） *377m*

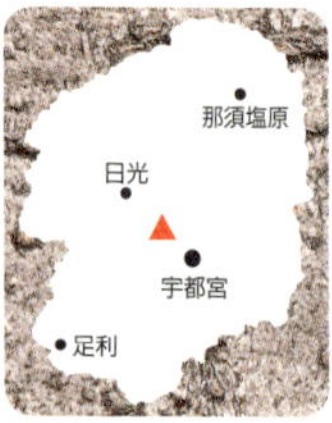

◆登山日　2011年9月14日
◆天　候　晴
◆コース　多気山表参道入り口→市営駐車場→多気不動尊入り口手前から南へ延びる林道（往復）→御殿平、頂上→森林公園への下山路→林道西多気線→萩の道交差点→表参道南側草地→市営駐車場

いっぱいに広がる鳴く虫たちの世界

多気山は宇都宮の中心街から北西に8kmほど行った、宇都宮からもっとも近い「栃木百名山」の1つである。すぐ北西にはこれも栃木百名山の古賀志山と鞍掛山が隣接している。中腹には初詣や花見、縁日などで賑わう多気不動尊がある。山一帯はスギ、ヒノキの植林もなされているが、多くのアラカシ、ウラジロガシなどの常緑樹が茂り、我が国暖帯林の北限にあたるところから市の天然記念物に指定されている。

まず、多気不動尊入り口付近から南の方角に山体を巻くように7、800mほど延びている林道に入る。歩き始めてすぐに道の両側の草むらからは、セスジツユムシ、ツユムシ、アシグロツユムシ（写真(103)）が次々に飛び出し、秋の虫の世界の中に踏み込んだことを実感する。さらに、道端の藪をすくってみると、ハヤシノウマオイ、クサキリ、フキバッタの一種が姿を見せた。また、積もった落ち葉を踏みつけると、大小さまざまな大きさのコオロギ類が慌てて逃げ出してくる。何度も取り逃がしながら、やっとのことで数匹捕まえてみると、大はエンマコオロギ、中はハラオカメコオロギ、小はシバスズであった。広葉樹の木の枝を叩い

写真(103) アシグロツユムシ（体長16mm）

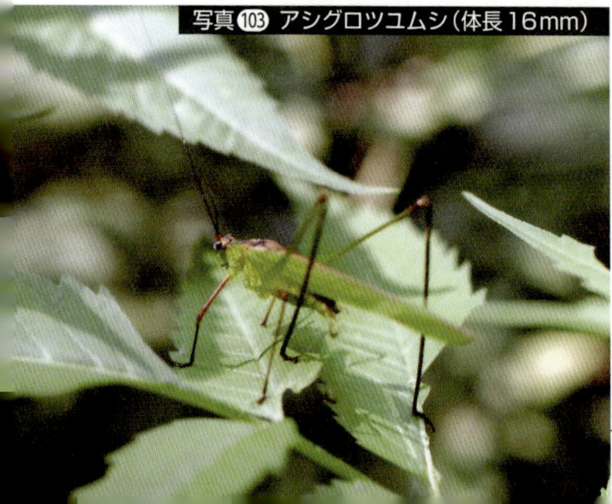

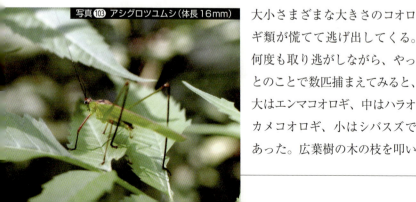

てみると、思いがけず灰色をしたナナフシの一種が2匹も落ちてきた。うちお腹の膨らんだ1匹を生きたまま三角紙に入れて持ち帰ったところ、翌朝までに数個の卵を産んだ。成虫では判然としなかったが、卵の形態からナナフシモドキとわかった。

甲虫類は、もうこの時期ではあまり期待できない。見かけたのは、ハムシ類ではヤマイモハムシ、キイロタマノミハムシ、ヨツボシハムシ、ムナグロツヤハムシ、ヒメキバネサルハムシ、ドウガネツヤハムシなど。ゾウムシ類では、クロホソクチゾウムシ、アカクチホソクチゾウムシ、タバゲササラゾウムシなど。そのほか、ヌスビトハギチビタマムシ、クズチビタマムシ、ヒロオビジョウカイモドキなど。いずれも里山に広く生息する普通種ばかりである。

この後、林道の終点でUターンし、清水のしみ出る不動尊入り口近くの登山口から頂上に向かう。常緑樹やスギなどの茂る薄暗いジグザグの道である。途中、ツクツクボウシの鳴き声が聞こえるほか、飛んでいると翅の白紋がよく目立つ数匹のホタルガ（写真104）に出会った。このガは昼間に活動するが、誘蛾灯にも飛来することが知られている。しかし、もっとも好きなのは今日のような薄暗いところや、夕方近くの薄明薄暮の時間帯のようである。私の住んでいる宇都宮市内での観察では、10月上旬、決まって陽が弱くなる16時30分ころから薄暗くなる17時30分ころまでの間に、庭の周辺を飛び回る。隣家のヒサカキに発生し、私の家の小さな庭も飛翔範囲に入っているようである。

ホタルガの飛び交う林の中を20分ほど登ると、突然バレーボールコートが作れそうな太陽の眩しい広場に出た。多気城の本丸があったという「御殿平」である。初めて来た50年ほど前にはここに展望台があって宇都宮

写真104 ホタルガ（スケールは10mm）

の街並みが眺められた。今は、それが撤去されて、代わりにあずま屋が建っている。草刈りが施された広い草地を歩いてみると、秋のバッタ類が無数に飛んだり跳ねたりしている。もっとも多いのはオンブバッタで、そのほかにコバネイナゴ、セスジツユムシ褐色型、クサキリ。コオロギ類ではエンマコオロギ、ハラオカメコオロギ、シバスズが非常に多いが、それらに混じって私にとって初めての、小型で黄色っぽい種類も見られる。帰宅後、調べてみると、カヤコオロギとわかった。また1つ私にとって新しい虫を覚えることができた。

　御殿平からは北に数分のところにある真の頂上に立ち寄る。数人で満員になるコブのような頂上で、周りの木々に遮られ遠望は利かない。ここからは、森林公園方面への道標に導かれて急な坂道を下る。途中、やや大型のヤマクダマキモドキ1匹に出会ったが、そのほかの虫の姿はほとんど見られない。頂上から20分ほどで林道西多気線に降りた。大変に立派なアスファルト道路であるが車の走っている気配はない。それもそのはず、30分ほど先の多気山裏参道との交点には通行止めの可動式ゲートが設けられている。今日最初に歩いた林道でもそうであったが、あちこちにゴミの不法投棄が目立つ。ゴミ捨ては言うまでもなく自然環境を汚染・破壊し、動植物の生息・生育に多大なダメージを与える。都市近郊の林道では、特に一般車両を通さないようにしっかりしたゲートを設けるべきであろう。こうしないと、一般車は道のある限り入り込んできて、ゴミを棄てたり、植物を盗掘したりが後を絶たない。

　裏参道から少し北寄りの「萩の道」交差点付近まで下って、畑地周辺の草地で秋の虫を探してみた。見つけたのはショウリョウバッタ、コバネイナゴ、ショウリョウバッタモドキ、ウスイロクサキリ、ハラオカメコオロギ、シバスズ、ハネナガヒシバッタなど。

　裏参道から市営駐車場にもどる道すがら、久し振りにジャコウアゲハ1♀に出会ってうれしい気分になった。そのほか、今日見かけたチョ

ウはアゲハ、モンキアゲハ、コミスジ、ツマグロヒョウモン、メスグロヒョウモン、ミドリヒョウモン、キチョウ、モンシロチョウ、ヤマトシジミ、ツバメシジミ、ウラギンシジミ、オオチャバネセセリ、イチモンジセセリ、ダイミョウセセリ、キマダラヒカゲの一種、ヒカゲチョウ、クロヒカゲ。

　帰路につく前に、もう少しと思い表参道南側の水辺に下りてみた。タデ類の生えた草地をすくってみると、タデサルゾウムシ、トゲアシクビボソハムシに混じって、見慣れない橙色をした大きさ5mmほどのアナアキゾウムシの一種が得られた。帰宅後、調べてみると、私にとっては旧栗山村以来2度目、栃木県内でもそのほか塩谷町からしか記録のないと思われるトドマツアナキゾウムシとわかった。いつもながら、どこに何がいるかわからない、という感を強くした。

　この日採集したハチ類を片山栄助氏に見て頂いたところ、栃木県初記録のツヤヒメアリガタバチが含まれていることがわかった。

今日この山で出会った主な昆虫類

ツヤヒメアリガタバチ *Epyris blandus*（1♀）、ヤマクダマキモドキ *Holochlora longifissa*（1ex.）、カヤコオロギ *Euscyrtus japonicus*（2exs.、他に多数目撃）、ナナフシモドキ *Baculum irregulariterdentatum*（1ex.、他に1匹目撃。）、ジャコウアゲハ *Byasa alcinous*（1匹目撃）、ホタルガ *Pidorus atratus*（6匹目撃）、トドマツアナアキゾウムシ *Dyscerus insularis*（1ex.）など。

太郎山山頂

⑥④ 古賀志山 (こがしやま) *583m*

◆登山日　2007年4月29日
◆天　候　快晴
　　　　　宇都宮市の気温、最低4.6℃、最高23.2℃
◆コース　宇都宮市森林公園駐車場→北コース→富士見峠
　　　　　→東稜展望台→頂上→御岳山→南コース→森林
　　　　　公園駐車場

マツの朽木の中からコメツキムシがぞくぞく

　古賀志山は宇都宮市の西部にそびえるゴツゴツした岩山で、麓には森林公園やサイクルロードレースのコースのほか、ロッククライミングのゲレンデのあることでも知られ、休日には大勢の家族連れやハイカーで賑わっている。

　この山は、私にとって50年ほど前に、宇都宮に来て初めて採集に連れて行ってもらった思い出深い山でもある。5月の連休のころ、細野ダム付近ではムカシトンボが飛び交っていたし、路上にはハンミョウがたくさんいた。いつのころからか、この付近には大きなダムができ、道は舗装され、車や人の往来が多くなり、すっかりムカシトンボの飛び回るような雰囲気ではなくなってしまった。ちなみに、細野ダムのムカシトンボは1973年に宇都宮市の天然記念物に指定されたが、その後、1990〜1992年の宇都宮市教育委員会による現地調査では、生息は確認されなかったと報告されている。

　今日はそんな思い出のある細野ダム側の北コースから登り始める。新緑の若葉色がまぶしい渓流沿いの登山道で、最初に目に入ったのは忙しそうに飛び回るルリタテハ。間もなく道はスギ、ヒノキの人工林に入る。道端の草葉をスウィーピングしてみると、ヒゲナガオトシブミやキクビアオハムシ、マダラアラゲサルハムシ、キベリハバビロオオキノコ、クチブトカメムシほかが入った。アザミの一種の葉上には常連のアザミ

カミナリハムシ、藪をつついたらホソミオツネントンボが飛び出した。まだ早いかなと思ったが、だいぶいろいろな虫が出始めているようである。

道沿いのスギの木の幹にポスターのようなものが括り付けてあるのに気が付いた。「山をきれいに」、「火の用心」、「ゴミは持ち帰ろう」などと絵を添えて書いてある。地元の城山西小の生徒さんたちが書いたものだ。こんな小さなことでも、これを作った子どもたちにはもちろん、マナーの悪い大人たちには大変に良い環境教育になるだろうなと思った。

今日はゴールデンウイークの最中とあってハイカーの数も大変に多い。その中に熊よけのスズを鳴らしながら歩いている人がいる。エーこの山に熊がいるんだっけ！

一汗かいて尾根上の東稜展望台に着いた。北の方には雪を頂いた日光連山や高原山などの眺めがすばらしい。濃いピンクのミツバツツジの花も咲いている。ヤマツツジは麓で咲き始め、ここでは間もなく咲きそうな蕾。ふと足元の岩に目をやると、飛んできたヒオドシチョウ（写真⑩⑤）が止まった。

すぐ隣の頂上に着くと、20名くらいの子どもさんの団体プラス十数名の家族連れで大賑わい。西の方の空中にはハンググライダーが気持ち良さそうに舞っているのが見える。陽当たりの良い片隅に生えたニガイチゴらしい白い花上には数匹のコツバメとミヤマセセリが花を奪いあっている。頂上近くのアカマツの枯れ木の樹皮を剥がしてみたら、ヤマトシロアリの大群が出てきた。このアリは、街の中の人家の台所や風呂場の床下の柱などを食い荒らす大害虫であるが、山では枯れ木の分解者とし

写真⑩⑤ 越冬から目覚めて飛び出したヒオドシチョウ（前翅長33mm）

写真⑩ 枯れたマツの樹皮下で越冬しているオオアカコメツキ（体長13mm）

ての役割を果たしているんだと再認識した。

　頂上からの下りは、足の短い私のコンパスにまったく合わない長い長い丸太階段の道にまいった。そこをやっと過ぎてアスファルトの道に出た。下の方から息を荒げて登ってくるサイクリング中の人たちに会う。下りは快適だろうが、上りはわれわれの登山より大変だろうな、と。

　この道沿いには種々の広葉樹が芽を吹いていて、それらの葉上からヒメクロコメツキやクロナガハナゾウムシ、シロトホシテントウ、カクムネベニボタル、アカクチホソクチゾウムシ、ヒトツメアトキリゴミムシほかを得た。また、道端に倒れていた直径30cmほどのアカマツの朽ち木の皮を剥いだところ、一度に7匹のケブカクロコメツキと2匹のオオアカコメツキ（写真⑩）が出てきてびっくり。オオアカコメツキは県内では山地帯を中心に得られているが、あまり多い種ではないので、思わぬ収穫に大満足！

　この山の南面の登山口の1つに城山小学校側を起点とする滝コースがある。途中に滝やロッククライミングのゲレンデがあることで知られている。このコースの入り口付近には唐沢池と呼ばれる200㎡ほどの池がある。ここにはかってキヌツヤミズクサハムシが多数生息していたので、2009年5月9日、山登りのついでに今どうなっているのかのぞいてみることにした。

　現地に着いてビックリ。池はすっかりコンクリートや石で護岸工事が施され、岸辺には遊歩道もできて、昔の面影は無い。池の周辺に群生していたスゲ類は消え、それを食草としていたキヌツヤミズクサハムシの姿もない。池の側には当池が宇都宮百景に選定され、改修、整備された旨の看板が立っている。

代わりに今日は池の周りで、通常、山の中で時々見かける程度のホソミオツネントンボの大集団に遭遇した。ちょうどこの時期に水辺に集まって交尾、産卵が行われるのであろう。

　この日の登山では、トラフシジミやウスバシロチョウ、ヒラタクロクシコメツキ、チャバネツヤハムシ、チビヒョウタンゾウムシなど多数の昆虫類が見られたほか、栃木県内での記録がごく少数のチュウジョウキスジノミハムシ *Phyllotreta chujoe*（1ex.）、セマルトビハムシ *Minota nigropicea*（1ex.）、コブクチブトサルゾウムシ *Phytobiomorphus bifasciatus*（1ex.）などが得られた。

今日この山で出会った主な昆虫類

クチブトカメムシ *Picromerus lewisi*（2exs.）、ヒトツメアトキリゴミムシ *Parena monostigma*（1ex.）、ヒメクロコメツキ *Ampedus carbunculus*（1ex.）、オオアカコメツキ *Ampedus optabilis optabilis*（2exs.）、ケブカクロコメツキ *Ampedus vestitus vestitus*（5exs.、他にも目撃）、カクムネベニボタル *Lyponia quadricollis*（1ex.）、キベリハバビロオオキノコ *Tritoma pallidicincta*（6exs.）、シロトホシテントウ *Calvia decemguttata*（1ex.）、アカクチホソクチゾウムシ *Apion pallidirostre*（1ex.）、クロナガハナゾウムシ *Bradybatus sharpi*（2exs.）など。

㉞ 八溝山（やみぞさん） *1022m*

◆登山日　2014年6月15日
◆天　候　晴
　　　　　大田原市の気温、最低13.5℃、最高28.7℃
◆コース　旧黒羽町上南方→三県林道→頂上（往復）

スギの一大林業地帯なれど豊富な昆虫相

　八溝山（*257P*参照）は栃木県北東部の大田原市、福島県棚倉町、茨城県大子町の3県にまたがっているが、頂上はわずかに茨城県側に位置している。栃木県側からの登山道は上南方から頂上に延びる全

長約8kmのアスファルト舗装道路の林道が1本あるだけで、歩き専用の登山道は無い。そのほか、登り口となる上南方(かみなんぽう)までの交通アクセスが大変不便であるなどから、現在、栃木県側から登る人はほとんどいないと思われる。この山への登山は、茨城県大子町からのルートが一般的のようであるが、こちらも頂上まで車道が通っているため、下から歩いて登る人はあまりいなくて、車で来る観光客が大部分のようである。

　私は、この山へは5回、延べ8日間訪れているが、それは1983年から1985年にかけて栃木県博物館主催の八溝山地の自然総合学術調査へ調査員として参加したことによる。この調査による昆虫類に関する成果は1990年に刊行された栃木県立博物館研究報告書、第8号八溝の自然(IV)動物篇で公表されている。私が担当したのは甲虫目のコメツキムシ類とハムシ類で、そのほかゴミムシ類、カミキリムシ類、カメムシ類、アリ類、蛾類、チョウ類についてもほかの著者により執筆されている。

　今回は、朝8時頃上南方に車を捨てて、薄暗い林道を登り始める。周囲には見事なスギの林が続いている。次第に陽当たりが良く、両側にはコナラ、イタヤカエデ、イヌシデ、リョウブ、モミ、ツツジなどの茂る道筋となり、さらに上部ではミズナラやブナ、マユミなども多くなった。また、中腹付近では大規模なスギの伐採が進行中のところも見られ、林業の山であることを実感する。頂上までに行き会った車は乗用車4台とバイク5台ほどで、静かで採集には支障はない。

　頂上には4時間ほどかかって到着。まず、八溝嶺神社へ参拝。すぐ隣にある展望台にも上がってみると、日光連山や那須岳、安達太良山、筑波山などがうっすらではあるが遠望でき、360度の素晴らしい眺めである。山頂付近では車で来られたであろう軽装の二十数名の人たちと出会った。気が付くと付近ではエゾハルゼミの鳴声が聞こえている。

　今回の山行で出会った虫についてであるが、まずチョウ類ではガマ

ズミの白い花上にたくさんのヒョウモンチョウ類が見られ、いくつかすくってみると、ウラギンヒョウモン、クモガタヒョウモン、メスグロヒョウモン、ミドリヒョウモンであった。頂上に咲いていたニッコウキスゲの花にはクロアゲハ、オナガアゲハ、キアゲハ、アゲハがひっきりなしに訪れている。林道上ではテングチョウ、アサギマダラ、イチモンジチョウ、コミスジなどが見られた。アサギマダラは4匹を目撃。この時期に見られる個体は南西諸島方面から移動してきた可能性が高いらしい（花瓶山の項に関連記事あり）。この日見掛けたチョウ類は19種ほどで、いるかなと思ったミドリシジミなどのゼフィルス類の姿は無かった。

　ハムシ類では、これまで八溝山から記録されている種は90種ほどであるが、今回出会ったのは33種であった。主な種としてはワモンナガハムシ（付いていた植物、マユミ）、チビルリツツハムシ（コナラ）、サムライマメゾウムシ（ハギ、名前にゾウムシとあるが、現在ハムシ科に含められている）、カバノキハムシ（コナラ）、ヨモギハムシ（ヨモギ）、オオルリヒメハムシ（ボタンヅル）、フタイロセマルトビハムシ（シラキ）など。この中のフタイロセマルトビハムシは、栃木県内では花瓶山、鷲子山、鎌倉山といった八溝山系からのみ見つかる種である（花瓶山の項に写真あり）。

　ゾウムシ類で出会った主な種はキンケノミゾウムシ、ササジノミゾウムシ、ハチジョウノミゾウムシ、コゲチャホソクチゾウムシ、キボシトゲムネサルゾウムシ、ナカスジカレキゾウムシ、マエバラナガクチカクシゾウムシ、セダカシギゾウムシ、チャバネシギゾウムシ（写真107）、ミヤマハナゾウムシ、ユアサハナゾウムシ、クリイロクチブトゾウムシ、ナラルリオトシブミ、

写真107　チャバネシギゾウムシ（スケールは1mm）

写真⑱ シロオビチビカミキリ（スケールは2mm）

ファーストハマキチョッキリ、サクライクビチョッキリなど。今回、ゾウムシ類ではハムシ科とほぼ同数の34種が見られた。この中で、ササジノミゾウムシは堀川正美氏に同定いただいたもので、栃木県内からはこれまで旧藤原町（現日光市）と塩谷町から2例の記録しかないようである。食草はアカシデとのことである。

　カミキリムシ類では、トリアシショウマの花上でニンフホソハナカミキリ、チャイロヒメハナカミキリ、ニセヨコモンヒメハナカミキリが多数見られた。そのほか、道沿いの草葉上でシロオビチビカミキリ、ドウボソカミキリ、シラホシカミキリ、ハネビロハナカミキリ、トゲヒゲトラカミキリを見掛けた。この中のシロオビチビカミキリ（写真⑱）は体長8mm、体は褐色で、上翅の中央に白い横帯がある。過去にも八溝山から記録されているが、栃木県内では日光市、真岡市、那須塩原市、塩谷町などから得られているが、あまり多くない。

　コメツキムシ類では10種ほど得られたが、これまで八溝山から記録されていなかったシモフリコメツキ、ケブカクロコメツキ、キアシヒメカネコメツキの3種が含まれている。この中のキアシヒメカネコメツキは1894年にG. Lewisが日光から原記載した種で、栃木県内では日光市のほか、那須塩原市、塩谷町から得られているが少ない。

　タマムシ類では、アカガネチビタマムシ、ヤナギチビタマムシ、ソーンダースチビタマムシ、ウグイスナガタマムシ、クワナガタマムシが得られた。後の2種は大桃定洋氏に同定していただいた。

　また、今回この山で得たハチ類を片山栄助氏に見ていただいたところ、栃木県内ではやや稀な大型のコンボウハバチの一種のヨウロウヒラクチハバチが含まれていた。

以上、今回出会った主な昆虫類について述べたが、これといった特記すべき種は得られなかった。しかし、過去においては八溝山からムネアカツヤケシコメツキやクロサワツヤケシコメツキ、オオサビコメツキ、ウエツキブナハムシ、アザミオオハムシ、ジュウシホシツツハムシ、アブクマナガゴミムシ、ルリクワガタなどの珍しい種も得られているので、参考までに挙げておきたい。

　八溝山はスギの一大林業地帯で虫は少ないのではと思われたが、歩いた林道沿いには多数の広葉樹が茂っていて、豊富な昆虫類が生息しているなと、感じた。

今日この山で出会った主な昆虫類

クワナガタマムシ *Agrilus komareki*（1ex.）、ソーンダースチビタマムシ *Trachys saundersi*（1ex.）、キアシヒメカネコメツキ *Limonius approximans*（1ex.）、シロオビチビカミキリ *Sybra subfasciata subfasciata*（1ex.）、ドウボソカミキリ *Pseudocalamobius japonicus japonicus*（1ex.）、サムライマメゾウムシ *Bruchidius japonicus*（1ex.）、フタイロセマルトビハムシ *Aphthonomorpha collaris*（1ex.）、ササジノミゾウムシ *Orchestes sasaji*（1ex.）、キンケノミゾウムシ *Orchestes jozanus*（4exs.）、キボシトゲムネサルゾウムシ *Mecysmoderes ater*（1ex.）、ミヤマハナゾウムシ *Anthonomus alni*（1ex.）、チャバネシギゾウムシ *Curculio fulvipennis*（1ex.）など。

㊇花瓶山 （はなかめやま） 692m　㊈向山 （むこうやま） 548m

◆登山日　2012年6月24日
◆天　候　晴
◆コース　須賀川（車）→うつぼ沢出合→如来沢林道→花瓶沢土場→花瓶山頂上→大倉尾根→向山→うつぼ沢出合

移動中か、アサギマダラとアキアカネ

　花瓶山は栃木県北東部、大田原市（旧黒羽町）と茨城県大子町の境に位置する八溝山地の山である。栃木県側の登山ルートは、如来沢林

道から頂上を極めるコースと、うつぼ沢出合から向山を経て大倉尾根から頂上を目指す2つのルートがある。今回は、如来沢林道から頂上に至り、大倉尾根、向山経由の縦走コースを歩いた。

午前9時、うつぼ沢出合に車を置いて如来沢林道を歩き始める。出合には切り出された見事なスギの丸太が積み上げられていて、八溝林業地のまっただ中に来たことを実感する。如来沢に沿った林道はほとんど平坦な砂利道で、両側にはスギの美林が続く。所々に陽光の当たる伐採地も広がっている。林道沿いにはチドリノキやフジ、イタドリ、テンニンソウなどが多く見られる。

この林道で、まず数の多さで特に目に付いたのは、静岡、山梨、長野、新潟以北に分布するヒガシカワトンボである。いずれも透明な翅を持ったタイプで、オスのみに見られる橙色の翅を持った個体には出会わなかった。そのほかに水辺の葉上を飛ぶクロサナエ2匹を目撃した。

また、陽当たりの良い場所でアカトンボの一種を見つけたので確認のため採ってみると、アキアカネであった。この後も5、6匹を目撃した。アキアカネは6月ごろ平地の水田などで羽化し、夏は標高の高い山で過ごすことが知られている。このあたりの標高は400m前後とあまり高くないが、ここに留まって夏を過ごす個体があるのだろうか。それとも、さらに高所への移動の途上にある個体なのだろうか。

移動する昆虫と言えばもう1つ。この林道の途中で、道端の草葉に静止するアサギマダラ1♀を見つけた。このチョウは日本本土と南西諸島等の間を長距離移動することで知られ、毎年多くの愛好家たちが翅にマーキングした個体を放し、移動先や経路を調べている。さて、今日見つけた個体は南の島から飛んできた個体か、それとも今春このあたりで発生した個体か、いずれであろうか。そのほか、この日、この山で見たチョウはカラスアゲハ、サカハチチョウ、コミスジ、ヒョウモンチョウの一種、ヒメウラナミジャノメ、コジャノメ、クロヒカゲ、ダイミョウセセリであった。

この林道沿いでは多数の甲虫類も見られたが、ゾウムシ類ではリンゴヒゲボソゾウムシ、アカナガクチカクシゾウムシ、アイノカツオゾウムシ、ツヤケシヒメゾウムシ、ジュウジトゲムネサルゾウムシなど。この中で、ツヤケシヒメゾウムシは体長3.5mm。からだは光沢のない黒色。全国的にみるとブドウやナシの害虫となる地域もあるらしいが、栃木県内では発見例のあまり多くない種である。

　ハムシの仲間ではヒゲナガウスバハムシ、セスジトビハムシ、アザミカミナリハムシ、キイロタマノミハムシ、ムネアカサルハムシ、アカイロマルノミハムシ、ホオノキセダカトビハムシなど。この中で特筆すべき種はセスジトビハムシである。体長2.3mm。からだは黄褐色。県内では旧塩原町、旧栗山村、旧藤原町、旧黒磯市、矢板市、などから得られているが、記録例数は少ない。筆者は黒磯市百村(もむら)でハクウンボクから得ている。

　そのほか、白いトリアシショウマの花でニンフハナカミキリとツヤケシハナカミキリを見かけた。また、スウィーピングではニセリンゴカミキリ、アカガネチビタマムシ、ヒラタチビタマムシ、ベニバネテントウダマシなどが得られた。

　1時間40分ほどの林道歩きを終え、草で覆われたやや急な登山道を30分ほど登り、花瓶山頂上に到着した。頂上の広さは4畳半くらい。栃木県側は薄暗い杉林、茨城県側は広葉樹林。ここからは、アップダウンの多い、長い長い大倉尾根の縦走路に入る。尾根上は西斜面はスギ、ヒノキの植林地、東斜面はブナ、コナラ、ツツジ、コアジサイ、コシアブラなどの広葉樹林で、両者の境が踏み跡程度の登山路となっている。時々尾根の分岐や広い尾根にさしかかって進行方向が判然としなくなるが、木の枝に付けられた目印の赤や銀色のテープに助けられて前進する。

　尾根上で出会った主な種類はヒレルホソクチゾウムシ、キンケノミゾウムシ、ヒゲナガアラハダトビハムシ、フタイロセマルトビハムシ、フタ

写真109 セアカツノカメムシ（スケールは15mm）

ホシオオノミハムシ、ヨモギハムシ、ヘリグロリンゴカミキリ、ネジロモンハナノミ、セアカツノカメムシ（写真109）、スコットヒョウタンナガカメムシなど。

この中で、フタイロセマルトビハムシ（写真110）は、今のところ栃木県内ではこの山も含めた八溝山系の鎌倉山、鷲子山以外からは見つかっていない。ヨモギハムシはヨモギを食べる平地から山地にかけてごく普通種であるが、最近めっきり見かけなくなった。本種は大きさ8mmほどで、身体の色は黒青色、または金銅色。今日見つけたのは黒青色の1個体。本種の減少原因は、平地では除草剤の使用や刈り取りによるヨモギの減少かなと思われるが、山地帯では食草のヨモギそのものは減少していないようなので、原因は何かはっきりしない。

ネジロモンハナノミは、めったにお目にかからない珍虫で、体長8mmくらい。からだはグレー。ブナの枯れ木に集まるという。栃木県内では旧栗山村、旧足尾町、旧塩原町などから少数の記録がある。スコットヒョウタンナガカメムシも、あまり見かけない種で、体長6mm。からだは黄褐色で細長い。食草はネジキで、県内では足利市などからの記録がある。

頂上から2時間30分を要して、車を置いてあるうつぼ沢出合へ無事下山。これもひとえに、所々に設置されていた「黒羽山の会」の方々による案内板と、登山道の目印になる色テープのお陰であり、深く感謝申し上げたい。「日本百名山」など全国区の山々では大勢の人が登り、道標も完

写真110 フタイロセマルトビハムシ（スケールは1mm）

備していて道迷いの心配は全く無いが、地方の低い山では登山口やルートの案内板がほとんど無いため、道に迷うことも度々である。市町村の行政当局や山岳会の方々に、ぜひとも早急に案内板等の設置を願うものである。

今日この山で出会った主な昆虫類

スコットヒョウタンナガカメムシ *Pamerana scotti*（2exs.）、ベニバネテントウダマシ *Mycetina rufipennis*（1ex.）、ネジロモンハナノミ *Tomoxia scutellata*（1ex.）、セスジトビハムシ *Lipromela minutissima*（5exs.）、フタイロセマルトビハムシ *Aphthonomorpha collaris*（1ex.）、ヒレルホソクチゾウムシ *Apion billeri*（1ex.）、キンケノミゾウムシ *Orchestes jozanus*（1ex.）、ツヤケシヒメゾウムシ *Pellobaris melancholica*（1ex.）、ジュウジトゲムネサルゾウムシ *Mecysmoderes kerzhneri*（1ex.）、アカナガクチカクシゾウムシ *Rhadinomerus annulipes*（1ex.）など。

68 萬蔵山（まんぞうさん） *534m*

◆登山日　2013年5月22日
◆天　候　晴
　　　　　大田原市の最低気温16.2℃、最高気温26.2℃
◆コース　旧黒羽町尻高田→頂上→堂平→八溝山縦貫林道
　　　　　→尻高田

39年ぶりに再発見のナガチャクシコメツキ

　萬蔵山は栃木県北東部の旧黒羽町にあり、一帯は八溝県立自然公園に指定されている。

　登山口は黒羽市街地から国道461号を雲巌寺（うんがんじ）方面に向かい、その途中の北野上地区の尻高田（しったかだ）集落にある。入り口には登山口の看板があり、わかりやすい。

　スギ林の中を歩き始めて間もなく、道端のヤマジノホトトギスの葉に虫食い跡を見つけた。ソッと葉の裏を見ると、体長5〜6mmで赤紫色

をしたカタクリハムシがいた。この虫はカタクリのほかサルトリイバラ、ウバユリ、コオニユリにつくことが知られているが、筆者は栃木県内ではこれまでヤマジノホトトギス以外についているのは見たことがない。

　まだ朝9時過ぎということで、道端の草木の葉は露で濡れている。かまわずネットですくってみると、クワハムシがわんさと入った。今日もっともたくさん見た昆虫の1つである。この虫は体長6mmほど、からだの色は青緑色。食草としてクワ、コウゾ、カジノキ、ヤマナラシ、ヤマノイモなどが知られている。今日はこの中ではコウゾとヤマノイモを見かけたが、虫の方はどこでもたくさん見かけたので、ほかにも広くいろいろな植物を食べている可能性がある。

　20～30分歩いたところで、突然立派なアスファルトの「八溝縦貫林道」(以下林道と記す)に出た。その傍らに白い花を付けた樹高2～3mのツルアジサイを見かけたので、花を叩いてみたところ、ハナムグリ、ヒラタハナムグリ、クロハナケシキスイ、トゲヒゲトラカミキリなどが落ちてきた。今日このほかに見た花はコゴメウツギとシャガ、スミレ類などで、登山書に見られると書いてあったイワウチワは花期がずれたのか見られなかった。

　登山道は林道を横切って、スギ林の登りが続く。そして、少し登ったところで、苔むした古い階段が現れた。百段余り登ったところで無人の雲光教寺に着いた。このお寺は安産と婦女子の守護尊となっているという。境内、建物ともこざっぱりと整理されており、麓の人たちによって手厚く守られている様子が感じられた。

　神社からはヒノキ林の中のジグザグ道。ほとんど虫の姿を見かけないまま、30分ほどで頂上着。頂上はヒノキ林に囲まれた6畳間くらいの広さで遠望は利かない。頂上からは「お富士山」、「塩ノ草」、「堂平」への3つのルート選択があるはずであったが、道標もなく、道もはっきりしないため、踏み跡があり、色テープの道しるべのある堂平方面に下ることにした。堂平では往くときに横切ったアスファルトの林道

の延長線上に出た。

　登山口〜頂上〜堂平間で出会った虫の一部をあげると、リンゴヒゲボソゾウムシ、ヒラズネヒゲボソゾウムシ、ホソアナアキゾウムシ、ヒメシロコブゾウムシ、ツヤチビヒメゾウムシ、セマルト

写真⑪　ムラサキシキブ葉上のイチモンジカメノコハムシ（体長8mm）

ビハムシ、ハラグロヒメハムシ、カバノキハムシ、フタホシオオノミハムシ、イチモンジカメノコハムシ（写真⑪）などなど、ゾウムシやハムシ類が多いが、スギとヒノキ林の中の道だったため、これといっためぼしい種は見られなかった。

　堂平からは林道を北に向かって歩いてみることにした。ヘヤピンカーブの多い道であるが、コナラ、ミズキ、サワグルミ、ヌルデ、エゴノキ、アカメガシワ、ハギ類ほか、いろいろな樹種が見られ、虫が多く棲んでいるような予感。陽当たりも良いため、クモガタヒョウモン、ギンボシヒョウモン、アゲハ、クロアゲハ、モンキアゲハ、コミスジなどのチョウ類のほか、ヒメクロサナエ、ヒガシカワトンボなどの空中を飛ぶ虫も多く見られる。大変立派な舗装道路なので、時々伐採木を積んだトラックが走ってくるのかな、と思ったが、車にはまったく出会わない。その理由は1kmほど先でわかった。山が数十メートルにわたって崩れ、道路が埋まっているのである。もしかしたら、2年前の東北大震災で崩れ、大規模なためそのままになっているのかも知れない。

　林道沿いの広葉樹をすくいながら歩いていると、「オヤ、これはなんだっけ」という凄いのが採れた。クシコメツキの一種だな、と思ったが、これまであまり採ったことのない種なので、ヒメクシかナガチャクシか、それともほかの種か判然としない。帰宅後すぐに調べたところ、ナガチャクシコメツキ（写真⑫）とわかった。本種は大きさ1.1cm、からだの色はコゲチャ色。栃木県ではこれまで日光から1個体の記録

写真⑫ ナガチャクシコメツキ（スケールは4mm）

しかない。そのほかに筆者は高校生の時、生地の山形県酒田市の最上川河口付近で得た1個体を所持している。

林道では、そのほかにアカアシクロコメツキ、セアカヒメオトシブミ、ムネスジノミゾウムシ、ウグイスナガタマムシ、アカタデハムシ、サシゲトビハムシ、キクビアオハムシ、ワモンナガハムシなど多数を得た。

堂平から林道を2kmほど北に進んだところに、ゴルフ場付近に下りる分岐があり、登山口方向に戻ることにした。沢に沿った薄暗いテンニンソウなどの茂る道であるが、途中、突然、山の斜面が広範囲に皆伐された八溝林業のスギ伐採現場にさしかかった。この間でも多数の昆虫類に出会ったが、その一部はホソアナアキゾウムシ、トゲカタビロサルゾウムシ、カナムグラトゲサルゾウムシ、ジュウジトゲムネサルゾウムシ、ホオジロアシナガゾウムシ、ムツボシチビオオキノコ、イカリモンテントウダマシなどなど。

今日の山行では、登山口から頂上を経た堂平までは、スギ、ヒノキの人工林の中にあり、虫の姿はあまり見られなかった。しかし、広葉樹が多く、陽当たりの良い縦貫林道沿いでは、多くの昆虫類に出会うことができた。

今日この山で出会った主な昆虫類

ウグイスナガタマムシ *Agrilus tempestivus*（1ex.）、アカアシクロコメツキ *Ampedus japonicus japonicus*（1ex.）、ナガチャクシコメツキ *Melanotus spernendus spernendus*（1ex.）、ムツボシチビオオキノコ *Tritoma towadensis*（1ex.）、イカリモンテントウダマシ *Mycetina ancoriger*（1ex.）、マダラカミキリモドキ *Oedemera venosa*（1ex.）、セマルトビハムシ *Minota nigropicea*（1ex.）、セアカヒメオトシブミ *Apoderus geminus*（1ex.）、ムネスジノミゾウムシ *Orchestes amurensis*（1ex.）、カナムグラトゲサルゾウムシ *Homorosoma chinense*（1ex.）など。

(69) 鷲子山（とりのこさん） *468m*

◆登山日　2012年5月27日
◆天　候　晴
◆コース　那珂川町坂本→山頂→大那地→大室→坂本

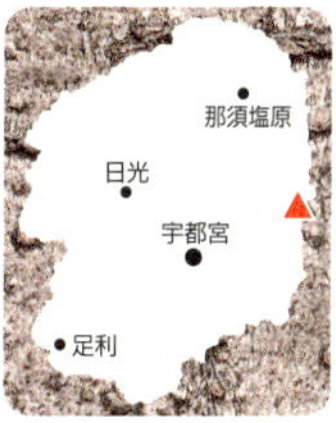

八溝山系に固有なシリアカタマノミハムシ

鷲子山は栃木県東部の那珂川町（旧馬頭町）と茨城県常陸太田市との境に位置し、山頂付近にはモミやブナ、カシなどの自然林があり、自然環境が豊かなところから「日本の自然百選」に選ばれているほか、栃木県の環境保全地域にも指定されている。

また、山頂には平安時代初期に創建された天日鷲命（あまのひわしのみこと）を祭る鷲子山上神社があり、山名の由来となっている。

午前９時少し前、麓の坂本集落から矢又川沿いの新参道を歩き始める。もう１本、同じ所を起点として旧参道があるが、こちらは薄暗い杉林のコースとなっているので、採集にはあまり良くないと判断し、アスファルトの車道ではあるが、陽当たりも良く、虫もいそうな新参道を選んだ。

歩き出して間もなく、沢沿いの草地上を活発に飛び回っている薄緑っぽい小型のチョウに気づいた。葉上に止まったところを確認。久ぶりにお目にかかるアオバセセリであった。陽当たりの良いところではコゴメウツギなどの花にカラスアゲハやクロアゲハ、オナガアゲハがひっきりなしに訪れている。水辺ではあちこちでヒガシカワトンボのゆったりと飛ぶ姿が見られる。それらに混じって、１匹だけ水辺を飛び出して、近くの木の枝に止まったトンボ。アミの柄を一段長く伸ばしてすくい取って見ると、ダビドサナエであった。トンボの季節にはまだ早いらしく、今日出会ったトンボはこの２種のみであった。

写真⑬ ヒメシロコブゾウムシ（体長13mm）

　道端の草葉上ではアトボシハムシ、ヨツボシハムシ、ルリクビボソハムシ、キスジアシナガゾウムシ、交尾中のヒメシロコブゾウムシ（写真⑬）、コゲチャホソクチゾウムシ、コウゾチビタマムシなどが見られた。また、イタドリの葉上などには緑色の鱗片を装ったゾウムシ2種が見られたが、帰宅後しらべてみたところ、リンゴヒゲボソゾウムシ（写真⑭）とヒラズネヒゲボソゾウムシであった。

　登山口から1時間ほどで神社のある山頂に着いた。前回ここを訪れてからかれこれ二十数年が経っているが、今日見渡してみると、神社の境内には広い駐車場や大きなフクロウの像、おみやげもの店などが出現していて、観光地に様変わりしているような感じを受けた。今日は日曜日とはいえ、まだ午前10時ころとあって、参拝客は4、5人を数えたのみ。

　それにしても、ちょっと意外に思われたのは、神社のあちこちに「ふくろう」の像や絵があふれていること。前に来たときはそんなものは見られなかったと思うのだが。この神社の名前からすると、同じ鳥でも「鷲」のはずが、それがどうして「ふくろう」なのか、判然としない。

　それはそれとして、神社で参拝の後、登山口とは反対側の「大那地（おおなち）」方面に向かって下山開始。この山を東から西へ山麓を大きく迂回して車を置いてある登山口に戻ろうという魂胆である。大那地への道は車も通行できるアスファルトの道で、片側は沢や湿地、もう一方は広葉樹やスギの

写真⑭ リンゴヒゲボソゾウムシ（スケールは3mm）

森が続いている。スゲやタデ類の生い茂る湿地に入ってみると、湿地固有のスゲヒメゾウムシとイチゴハムシがお目見え。路上ではスミナガシやサカハチチョウが飛び回っている。

　一方、森側の低木をスウィーピングしながら歩いていると、サルトリイバラにシリアカタマノミハムシ（アカバタマノミハムシ）がいた。体長約3mm、上翅は黒色ながら末端のみが赤褐色。本種はなぜか県の西部からは記録が無く、八溝山系に固有な種と考えられている。頂上から大那地間では、そのほかトビサルハムシ、キアシノミハムシ、ヒゲナガホソクチゾウムシ、チビアナアキゾウムシ、アカアシクロコメツキ、アカガネチビタマムシなどが得られた。

　頂上から東に下って大那地の手前から北（大室）に向かう林道に入ろうとしたところ、崖崩れで通行不能との看板。仕方なく大那地まで行って引き返そうと思ったが、途中でお会いした地元の人から、大室の林道は徒歩なら通れるとお聞きした。気を取り戻して林道を進む。ところどころ道に岩が崩れているが、歩くのには支障がない。

　広葉樹の多いこの林道沿いではナガトビハムシ、サメハダツブノミハムシ、キイチゴトゲサルゾウムシ、ヨツキボシコメツキ、ソーンダースチビタマムシなどを得たが、思いのほかたいした獲物はいない。と思いながら低木の枝葉をすくっていてアミをのぞくと、オヤッという虫。大きさ2mmくらいの頭胸部が橙色のハムシの一種。これは本県ではこの時点までは同じ八溝山系の鎌倉山からしか記録のないフタイロセマルトビハムシであった。

　また、本日シリアゲムシ科の昆虫ではシリアゲムシ、スカシシリアゲモドキ、プライアシリアゲの3種を見かけた。県内では、シリアゲは平地〜山地帯、スカシとプライアは500m以上の山地帯にいずれも普通に見られるが、これまで八溝山系ではスカシの記録はなく、プライアも那須町伊王野から1例の記録しか見られないようである。八溝山系では本目の調査があまり進んでいないのであろうか。

2万5千分の1地形図「馬頭」を見ると、「大室」から鷲子山の北側を巻いて坂本へ至る道がある。この道が今本当にあって、通れるのか心配になったので、大室集落の民家で尋ねてみることに。戸口をノックしたら70歳くらいのおじさんが出てきて「その道は途中までしかなく、今は使われていない。ちょうどこの道の奥にワラビとゼンマイの生育状況を見に行こうと思っていたところなので、一緒に行きましょう。案内しますよ」と。途中でスギの木の根元からたくさんのハチが出入りしているニホンミツバチの巣をみせてもらった。トレイルは半分くらいで消滅し、スギの植林地と藪に変わっていた。しかし、おじさんのお陰で遠回りしないで車を止めてある坂本に戻ることができた。おじさん、大変ありがとうございました。

　この日採集したハチ類を片山栄助氏に見て頂いたところ、栃木県初記録のイノデホウシハバチが得られていることがわかった。本種の幼虫はシダ植物の胞子を食べるという。

今日この山で出会った主な昆虫類

スカシシリアゲモドキ *Panorpodes paradoxus* (6匹目撃)、プライアシリアゲ *Panorpa pryeri* (1ex.)、イノデホウシハバチ *Rocaria japonica* (1♀)、ソーンダースチビタマムシ *Trachys saundersi* (1ex.)、アカアシクロコメツキ *Ampedus fagi fagi* (1ex.)、ヨツキボシコメツキ *Ectinoides insignitus insignitus* (1ex.)、フタイロセマルトビハムシ *Aphthonomorpha collaris* (3exs.)、シリアカタマノミハムシ *Sphaeroderma nigricolle* (1ex.)、リンゴヒゲボソゾウムシ *Phyllobius prolongatus* (5exs.)、スゲヒメゾウムシ *Linnobaris albosparsa* (1ex.)、チビアナアキゾウムシ *Nipponiphades foveolatus* (2exs.) など。

⑦ 松倉山 *345m*

◆登山日　2010年5月2日
◆天　候　快晴
　　　　　那須烏山市の気温、最低4.6℃、最高22.3℃
◆コース　那須烏山市大木須→長久寺観音堂→頂上→茂木
　　　　　町山内甲→浅又→新屋敷→大木須

陽光を浴びて飛び交う春のチョウ

　松倉山は旧烏山町と茂木町の境に位置する、八溝山系の低山である。山体の多くはシラカシ、ウラジロガシなどの照葉樹に覆われ、頂上付近には栃木県指定重要文化財の観音像を安置する観音堂のあることでも知られている。

　登山口は芽を吹き出した木々のうす緑色鮮やかな山間の水田地帯にある。水田では田植えの真っ最中である。そんなたんぼ道を歩き始めると、多数のイトトンボが飛び回っているのに気づいた。早速、商売開始。数匹をすくってみると、ホソミオツネントンボである。本種は冬の間、里山のヤブの中などで成虫越冬しているイトトンボの仲間である。交尾個体も多く、山から水辺に下りてきて、産卵シーズンを迎えているのである。

　間もなく、薄暗いスギ、ヒノキの林道に入る。まだ早春のためか、道端には植物も少なく寒々しい感じで、虫の気配はない。少し進むとよく陽の当たる草地があり、その上を横ぎる中型のトンボの影が見えた。なかなか止まってくれなくて苦戦の末、やっとネットイン。羽化して間もないホンサナエである。

　道沿いの小さな谷間にはヤマブキやコゴメウツギが満開で、バサバサすくってみると、キスイモドキ、キバネホソコメツキ、カクアシヒラタケシキスイなどが入った。さらに、芽吹いたばかりのイヌシデやキイチゴなどの広葉樹ではウスアカオトシブミ、キイチゴトゲサルゾウムシ、アト

写真⑮ ニワハンミョウ（体長17mm）

モンサビカミキリなどが得られた。また、中腹の陽当たりの良い林道沿いでは、ツマキチョウやコツバメ、キタテハ、キチョウなどが飛び交っている。

登り始めて1時間くらいして、頂上近くにある長久寺観音堂に着いた。山の上にしてはかなりの広さの場所に、かなり大きななお堂が建っているなと感心。まずはと、神社と間違えて二礼二拍一礼をしてしまった。とにかく、本日の大漁を祈願して広場に降りると、早速御利益か。何やら地面上を飛び立ったり、止まったりしている数匹の虫の姿。近づいて見ると、ニワハンミョウ（写真⑮）である。さらに、ソッと近づいてカメラに収めた。

お寺の境内を後にして間もなく、頂上のすぐ下あたりで、直径20cmほどの枯れた広葉樹の樹皮を剝がしてみると、同行の薄井氏が「あ、虫が落ちてきた」と。前回はいつ、どこで出会ったかも忘れたほど久し振りのヨツボシゴミムシダマシ（写真⑯）であった。本日一番の獲物かもと思いながら、頂上へ。

頂上は周囲にヤマザクラやカシ類などの樹木が茂っていて遠望はない。しかし、陽の良く当たる10畳くらいの広さで、ヒオドシチョウやミヤマセセリ、アゲハ、ルリタテハ、黒いアゲハチョウが頻繁に飛び回っている。お昼ご飯を食べていると、中央部の一等三角点の石上でおんぼろのヒオドシチョウ1匹が周囲を伺っている。時々、アゲハなどがやってくるが、すぐにスクランブル発進して追い払っている。特に、ミヤマセセ

写真⑯ ヨツボシゴミムシダマシ（スケールは3mm）

リが再三再四三角点を奪おうと挑戦するが、ヒオドシに退けられる。三角点のヒオドシによる占有はしばらく続きそうな気配であった。

頂上からは来た道を戻らず、茂木町方面に下りることにした。途中、急斜面の伐採地脇を通った。切り倒された木は黒いビニールシートで覆われていたところから、マツクイムシの伐倒駆除（枯れた木を倒し、殺虫剤を散布）が行われたマツと推察された。しかし、伐採地には多数の広葉樹の稚樹が育っていて、絶好の採集ポイント発見である。早速、スウィーピング等を行ったところ、ヒラズネヒゲボソゾウムシやコモンヒメヒゲナガゾウムシ、ムラカミチビシギゾウムシ、トビサルハムシ、カバノキハムシ、アカアシクロコメツキなど多数の甲虫類が得られた。その中で、特に珍しい種ではないが、県西部の約700m以上の山地帯のカンバ類に多いカバノキハムシが得られ、おやと思った。当地にはカンバ類は自生していないので、本種のそのほかの食草として知られるシデ類やナラ類を食べているのであろうか。

茂木側の山道は観音堂への参道となっているということで、よく踏みならされた歩きやすい道である。頂上から1時間ほどで山内甲に下りた。ここからは少し遠回りになるが、松倉山の南西方を巻く山間の道を、新緑を楽しみながら大木須の登山口に戻ることにする。途中には谷を埋めるように美しい棚田が並んでいる。この道すがら、ウメチビタマムシ、ヘリムネマメコメツキ、ムネスジノミゾウムシ、アオバネサルゾウムシなどを得た。

浅又の集落を過ぎたところで、舗装道路上で点々とイモリやカエル、シマヘビ、ゴミムシ類などの轢死体のあるのに気づいた。山の方から麓の水辺へと下りる時に、彼らの生活圏を分断する車道を横切っていて轢かれたのである。しかし、大部分の人間は、この車道が多くの生き物の命を奪っているなんて夢にも思わないし、轢かれて死んだ生き物を見たとしても、なんの感傷も持たないであろう。悲しいけど、こんな風にして、ここの生き物たちもだんだんと失われていくのであろう

か。

　1997年7月30日にこの山で得たタマノミハムシの一種は、滝沢春雄博士により新種であることが分かり、近く学名に筆者の名前を入れ、*Sphaeroderma inaizumii* Takizawaとして学会誌に発表されることになった。

今日この山で出会った主な昆虫類

ウメチビタマムシ *Trachys inconspicus*（1ex.）、アカアシクロコメツキ *Ampedus japonicus*（2exs.）（うち1匹は薄井採集）、ヘリムネマメコメツキ *Yukoana carinicollis*（1ex.）（薄井採集）、カクアシヒラタケシキスイ *Epuraea bergeri*（1ex.）、ヨツボシゴミムシダマシ *Basanus erotyloides*（5exs.）（うち2匹は薄井採集）、トビサルハムシ *Trichochrysea japana*（1ex.）、コモンヒメヒゲナガゾウムシ *Rhaphitropis guttifer*（1ex.）、ムネスジノミゾウムシ *Orchestes amurensis*（1ex.）、ムラカミチビシギゾウムシ *Curculio murakamii*（1ex.）、タデノクチブトサルゾウムシ *Rhinonchu sibiricus*（1ex.）、キイチゴトゲサルゾウムシ *Scleropteroides hypocrita*（1ex.）、アオバネサルゾウムシ *Ceutorhynchus ibukianus*（1ex.）など。

---

71 鎌倉山（かまくらやま） *216m*

◆登山日　2012年5月8日
◆天　候　晴曇
◆コース　大瀬登山口→展望台→菅原神社→頂上→鷹ノ巣
　　　　　（往復）

新緑を謳歌する多数のハムシ類

　鎌倉山は県南東部茂木町にある那珂川県立公園内に位置し、その山裾には関東随一の清流といわれる那珂川が接している。山頂からは蛇行する那珂川の流れや、八溝山系などの絶景が眺望されることで知られている。

　この山の名前の由来は不明であるが、新日本山岳誌（日本山岳会編、

2005)を見ると、「鎌倉山」、「鎌倉岳」という名前を持つ山が宮城県、福島県、鳥取県などに4つほどあり、その多くは鎌倉幕府に関連する武士の砦跡や修験者の行場に由来するとのことで、当地のそれもそれらに類するものであろうか。

　また、これから登る鎌倉山は「栃木百名山」の中でもっとも標高が低く、最短で30分足らずで頂上まで登れる山でもある。

　今回は大瀬の登山口近くに車を置いて登り始める。道はすぐにジグザグ、階段状の急登である。私にとって今年初めての山登りとあって、間もなく息が切れ、汗も吹き出してきた。低山だからとばかにしたものではない。道端の新緑の木々の葉をすくいながら、時々何が入っているのかドキドキしながらアミの中をのぞいてみると、トビサルハムシ、クワハムシ、ツツジコブハムシ、コゲチャホソクチゾウムシ、ツンプトクチブトゾウムシ、ナラルリオトシブミなど低山地の甲虫類が動き回っている。

　さらに行くと展望所があり、久し振りに絶景を拝む。真下の大瀬では夏になると梁が設置され、アユ料理で賑わう。このすぐ上には古びて今にも倒壊しそうな菅原神社があり、ここでもちょっと立ち止まって本日の大漁を祈願。この間ではオオヒラタカメムシ、マダラアラゲサルハムシ、アカタデハムシ、ルリツツハムシ、キスジコガネ、キバネホソコメツキ、マルムネチョッキリなどが得られたが、いまいちドッキリするような獲物は現れない。

　頂上には小1時間ほどかかって到着。あずま屋でまずは一休み。周囲には終わりかけのヤマツツジの花が咲いていて、2匹のオナガアゲハが花から花へ飛び回っている。突然、1台の軽自動車が目の前に止まった。40代くらいのオッサンがカメラをぶら下げて展望所の方に降りていった。今私が登ってきた登山道の反対側からは、頂上まで車道が延びているのである。数年前の夏に来たときには、頂上に商社マンらしい若者の車が止まっていて、窓から足を投げ出して昼寝の最中で

写真⑰ ハサミツノカメムシ（スケールは5mm）

あった。

　頂上からは「関東ふれあいの道」を鷹ノ巣方面に進路をとる。こんもりとした広葉樹に覆われたアスファルト道路をスウィーピングしながら下って行く。時々ネットの中をのぞいてみると、ベニコメツキ、ヒラタクロクシコメツキ、ヒラタチビコメツキ、チビカサハラハムシ、ヒゲナガホソクチゾウムシ、ハサミツノカメムシ（写真⑰）などに混じって、見たことのない体長2mmくらいの丸っこいハムシの一種が入った。帰ってから調べてみると、県内でこの山から一例の記録しかないフタイロセマルトビハムシとわかった。本種の食草はシラキ（トウダイグサ科）で、県内では北部低山地に多く自生しているようで、これまでなぜ本種がこの山以外から得られていないのか不思議である。

　頂上からの車道を歩いていると、下るにしたがって道端に50cm立方ほどの麻袋が多数置かれているのが目に止まった。ちょっと袋の中をのぞいてみると、どれにも落ち葉がぎっしり詰まっている。何のためにこんなことをしているのであろうか。正解は帰りがけにこの車道を降りきったところで見つかった。麓に茂木町が経営するらしい有機質肥料工場があり、そこで落ち葉を粉砕し肥料を作っていたのである。工場の周辺にも膨大な量の落ち葉入り麻袋が積み上げられており、これを見て私はちょっと心配になってきた。

　というのは、落ち葉はこの山一帯で秋から冬にかけて集められたものと思われるが、実はこの落ち葉にくっついてたくさんの昆虫類やクモ、ヤスデなどの地表性生物が冬を越しているのである。以前、私たちは宇都宮市と真岡市、上三川町の雑木林から落ち葉を採ってきて、それらに付着して越冬する昆虫類について調べたことがある。その結

果、予想外に多くの昆虫類が見出され、その種類数はテントウムシ類、カメムシ類、ゾウムシ類など6目51科113種類にのぼった（稲泉ら、1997）。

　そんなわけで、肥料を製造している方々には夢にも思われないかもしれませんが、落ち葉採取が広域にわたって大規模に行われた場合、落ち葉と一緒に山から持ち出されてしまう生き物はかなりの数量にのぼり、それによってその山の生物相や生態系に何らかの影響を及ぼす可能性があると推察されるのである。

　頂上から20分ほどで車道から分かれ、鷹ノ巣へのトレイルに入る。いつの間にか山道の傍らには山からしみ出た水を集め渓流が出現し始めた。その道すがら種々の植物葉上でキイロクビナガハムシ、オオアカマルノミハムシ、ナガトビハムシ、カタクリハムシ、キバラルリクビボソハムシ、ヨツボシハムシ、サシゲトビハムシ、アケビタマノミハムシ、クロサワツブノミハムシなど多数のハムシ類に出会った。今日この山で見かけた甲虫類ではハムシが断然多く30種、次いでゾウムシの11種、コメツキムシの5種の順であった。

　何度かアップダウンを繰り返して、頂上から1時間半ほどで鷹ノ巣展望台に到着した。ここからの大瀬橋方面の那珂川の眺望も大変にすばらしい。また、ハイキングコースに指定されているだけあって、この山の登山道はよく整備されていて、ここにはベンチとテーブルが設置されている。ここで絶景を眺めながらの昼食とする。今日は大変に良く晴れていて、木々の間からはツツピーツツピーとシジュウカラの囀りも聞かれる。

　帰路、さらにハイイロチビタマムシ、クリチビカミキリ、ムラサキヒメカネコメツキ（写真118）、アルファルファタコゾウムシな

写真118 ムラサキヒメカネコメツキ（スケールは2.5mm）

ど、比較的お目にかかることの少ない種をゲットして、まずまずの収穫に恵まれた早春の採集行となった。

また、今日この山で採った若干のハチ類を片山栄助氏に見て頂いたところ、栃木県内での採集例の少ないアタミアリガタバチが得られていることが分かった。

今日この山で出会った主な昆虫類

ハサミツノカメムシ *Acanthosoma labiduloides*（1ex.）、オオヒラタカメムシ *Mezira scabrosa*（2exs.）、ハイイロヒラタチビタマムシ *Habroloma griseonigrum*（1ex.）、ムラサキヒメカネコメツキ *Limonius eximia*（1ex.）、クリチビカミキリ *Sybra kuri*（1ex.）、チビカサハラハムシ *Demotina decorata*（1ex.）、フタイロセマルトビハムシ *Aphthonomorpha collaris*（1ex.）、マルムネチョッキリ *Chonostropheus chujoi*（1ex.）、キスジアシナガゾウムシ *Mecysolobus flavosignatus*（1ex.）、アルファルファータコゾウムシ *Hypera postica*（1ex.）、アタミアリガタバチ *Holepyris atamensis*（1♀）など。

引用文献

稲泉三丸・小林隆人・香川清彦．1997．雑木林の落葉下で越冬する昆虫類．インセクト48（1）：13-23．

72 芳賀富士(はがふじ) *272m*

◆登山日　2004年4月10日
◆天　候　快晴
　　　　　近隣の真岡市の気温、最低5℃、最高23℃
◆コース　益子町、真岡鉄道七井駅→安善寺（益子町大平）
　　　　　→芳賀富士→安楽寺（茂木町北高岡）→茂木駅
　　　　　（SL）→七井駅

早春の虫たちとSL列車の旅

さくら吹雪の舞う七井駅を出発し、「関東ふれあいの道」順にしたがって栃木百名山では5番目に標高の低い芳賀富士を経て茂木駅を目指した。歩き出した大平地内は丘陵地で、3回ほどアップダウンを繰

り返した。丘の上には雑木林や畑地が広がり、谷の方は水田で田植えの準備が行われている。林の周辺ではコナラやツツジ類、エゴノキ、クサボケ、テリハノイバラの一種、アケビなどがようやく芽吹いて小葉を出し始めている。歩きながらこれらのスウィーピングを試みたところ、予想以上の収穫があった。獲物はアカアシノミゾウムシ、ヒレルホソクチゾウムシ、キアシチビアオゾウムシ、ホソルリトビハムシ、ツブノミハムシ、シロジュウシホシテントウ、クロハナコメツキ、アカアシヒゲナガゾウムシ、ツンプトクチブトゾウムシなどの甲虫12種、ツノコバネナガカメムシ、マルカメムシなどのカメムシ類が3種であった。また草丈30cmほどに伸びたセンニンソウからはオオアカマルノミハムシを得た。

　1時間ほどで芳賀富士の登山口となっている安善寺に着いた。この付近ではサクラがちょうど満開で、林縁にはイチリンソウも咲いている。富士というのは名ばかりで、形はそれらしい雰囲気があるが、標高はわずか272mである。暗い常緑広葉樹林のジグザグな急坂を20分も登ると頂上に到着。少し息が上がったとは言え、もの足りない感じである。しかし頂上からの筑波山方面の眺めはすばらしいと思うと同時に、眼下に広がる木を切り、谷を埋めて造成されたゴルフ場の傷跡にがっかり。頂上は狭いが、サクラのある明るい芝生の広場となっている。まず目に入ったのは地面すれすれを飛ぶ多数のニホンヒゲナガハナバチ。色あせたヒオドシチョウがここの主のように飛び回っている。時々新鮮なアゲハ、キアゲハが元気一杯にやって来ては梢に消えて行った。風がなく、気温も上がっているので、越冬から目覚めた小さな虫が無数に飛び回っている。数匹網に入れてみるとムネアカテングベニボタルやゴミムシ類ではないか、これもいい収穫である。

　頂上からはうす暗いヒノキ林の中を茂木側に下山。山裾に農家の散在する北高岡の田園地帯を通り、大ケヤキと大仏で有名な安楽寺へ。このお寺の裏手で可憐なアズマイチゲの群落に出会い珍虫を見つけたようなうれしい気分になる。ここからは段々畑のある細い谷を上り詰

め茂木の街に向かう。この谷間ではホソミオツネントンボを得たが、今春発生のトンボ類はまだ見られない。途中農家の庭先のウメからツツムネチョッキリ、クコからトホシクビボソハムシを頂戴した。

野を越え丘を越え、本日の終点となる茂木駅に着いた。土曜日とは言え駅舎にはいやに人が多い。何かあるのかな、と思っていると、その理由は間もなくわかった。今日はSLの走る日なのである。私とカミさんは「ラッキー」と、子どものように喜んで、うん十年ぶりの石炭列車の一時を楽しんだ。早春のため虫の方はいまいちであったが、SLのおまけ付きの山行となった。

2013年4月17日、今年の山行の足慣らしと、早春の虫との出会いを期待して、カミさんと2人でハイキングにやってきた。周辺の山々の木々の芽吹きの様子は9年前に来たときとほぼ同じで、まだ始まったばかり。この山は頂上まではごく短時間で登れてしまうため、今回は麓を1周することにした。

熊野神社から登り始め、頂上を経て反対側に下山。そこから少し遠回りの道なりに南西方向に進路をとる。途中、水田や雑木林の側で、ミヤマセセリやモンキチョウ、ツマキチョウ、キタテハ、ベニシジミなどを見かけるも、これといった虫には出会わず。約半周して南側の登山口の1つの安善寺に着き、一休みしていると、草むらを素早くはい回るやや大型の甲虫を発見。久し振りに出会うツチハンミョウ科のメノコツチハンミョウではないか。

写真119 メノコツチハンミョウ（体長18mm）

この虫は体長1.8cm、濃紺色で、退化した小さな翅を持つ、一風変わった格好の虫である（写真119）。北海道と本州中部以北に分布しているが、栃木県では、これまですぐ隣の茂木町から見つかっているだけである。

ツチハンミョウ科の昆虫は日本から7種ほど知られているが、いずれも変わった生態、生活史を営んでいる。越冬した成虫は早春に出現し、土中に産卵する。孵化した幼虫はタンポポなどの花上に群生して、蜜を吸い

写真⑳ トビサルハムシ（スケールは2mm）

にやってきたハナバチ類の身体に乗り移り、その巣に運ばれていく。その後、巣内に寄生して、ハチが自身の幼虫のために運んできた花粉や蜜を失敬して育つ。この間ツチハンミョウの幼虫は齢期によりさまざまな形態に変わるほか、擬蛹という一段階を経るところから、過変態を行う昆虫としても知られている。

　山麓一周の調査では、9年前の山行で出会った種類のほか、クロボシツツハムシ、トビサルハムシ（写真⑳）、アカタデハムシ、マダラアラゲサルハムシ、ケブカクロコメツキ、オオハナコメツキなどが見られたが、木々の葉の展開が始まったばかりのため、本格的な昆虫類のシーズンはこれからという感じを受けた。

今日この山で出会った主な昆虫類

シロジュウシホシテントウ *Calvia quatuordecimguttata*（1ex.）、ムネアカテングベニボタル *Konoplatycis otome*（1ex.）、クロハナコメツキ *Cardiophorus pinguis*（1ex.）、オオアカマルノミハムシ *Argopus clypeatus*（3exs.）、ホソルリトビハムシ *Aphthonaltica angustata*（3exs.）、アカアシヒゲナガゾウムシ *Araecerus tarsalis*（1ex.）、ツンプトクチブトゾウムシ *Myllocerus nipponensis*（1ex.）、キアシチビアオゾウムシ *Scythropus japonicus*（1ex.）、ヒレルホソクチゾウムシ *Apion hilleri*（1ex.）、アカアシノミゾウムシ *Orchestes sanguinipes*（8exs.）など。採集地はいずれも益子町大平。

73 鶏足山 けいそくさん *431m*

◆登山日　2006年5月15日
◆天　候　晴
　　　　　近隣の烏山町の気温、最低10.2℃、最高22.3℃
◆コース　茂木町下小貫→焼森山→鶏足山南峰→鶏足山北
　　　　　峰（往復）

ミヤマベニコメツキが謎の群生

　この山は栃木県東南部の茂木町と茨城県城里町との県境に位置する鶏足（とりあし）山塊の主峰である。

　登山道はスギ林の林道から始まる。数十メートル歩いたところで、急に視界が開け、道の両側斜面の雑木山が広範囲に伐採されている。陽当たりが良く、オナガアゲハやコミスジ、ダイミョウセセリ、コチャバネセセリなどが飛び交っている。林道は300mほどで終わり、こんどはスギ林の中の細いジグザグの登り道となった。途中、朽ちて放置されたシイタケ栽培のホダ場があり、その傍のシダ植物の葉上からミヤマベニコメツキ2匹を得た。ややきつい登りで一汗かき、ほどなく雑木とアカマツの茂る尾根に出た。展望の利かない尾根道を歩きながら、まず気づいたことは、やたらとアカマツの立ち枯れや倒木の多いことである。そう言えば、この辺は数十年前から松食い虫の猛威が吹き荒れたところであったことを思い出した。松食い虫による松枯れは、松を枯らすマツノザイセンチュウ（線形動物）と、それを生の松に運び、枯れた木を幼虫の食物とするマツノマダラカミキリとの共同犯で生ずることが知られている。今日は枯れた松の樹皮上からはマツアナアキゾウムシ、樹皮下からはコツヤホソゴミムシダマシ各1匹が得られた。

　道端では時折ジャノメチョウの仲間がかなり忙しそうに飛び回っているのが見られる。種名を確かめようとネットを振るが、当方の振りの鈍さか、衰えか、なかなかネットインできない。やっとの思いで4

匹ほど捕まえてみると、コジャノメ3、ヤマキマダラヒカゲ1であった。

　間もなくこの山体の第2のピーク焼森山（420m）に着いた。ここから鶏足山の頂上にかけての稜線は幅10m、長さ数百メートルの防火帯となっている。永年にわたって下草刈りが行われてきたとみえ、適度な草地が維持されている。昔、植樹されたと思われる朽ちたサクラの木も点々と見える。その1本を暴いてみると、コクワガタ1オスが顔を出した。この稜線上は植物相が豊富なようで、思いのほか、昆虫の種類も多く、息つく暇もなく採集に熱中してしまった。獲物の1部をあげると、低山地性で日本のカミキリムシの中では最小の部類に入るケシカミキリ、平地～低山地に住むが、最近めっきりその姿が少なくなったトビサルハムシ、県東部の八溝山地に特異的に分布するシリアカタマノミハムシ（写真121）、逆に県西部の山地帯には多いが、八溝山系には少ないカバノキハムシ、県内での採集例が必ずしも多くないヘリアカナガハナゾウムシ、県内では那須岳以来の記録と思われるジュウジトゲムネサルゾウムシのほか、マルモンタマゾウムシ、リンゴノミゾウムシ、ムモンチビシギゾウムシなどが得られた。

　この山には南側ピークと北側ピークの2つの頂上がある。南ピークはやや広く14、15畳くらい。周囲にアカマツやコナラ、サクラ、ツツジ類が茂り、眺望は利かない。そこから15分ほど下って登り返すと北ピークである。広さは南ピークの半分くらいで、手作りのベンチが1脚置いてある。ミツバツツジの花が散り、代わって数本のヤマツツジが満開で、カラスアゲハが吸蜜に訪れている。ここからの眺望は春霞でやや判然としないが、宇都宮市街や太平洋までも見えそうな感じですばらしい。

　北ピークには山名の由来となったトリアシ状の岩があると、

写真121　シリアカタマノミハムシ（スケールは1mm）

写真⑫ 大群で見られたミヤマベニコメツキ（体長12mm）

登山ガイドに書いてあったので、ぜひ一見しておかねばと、頂上付近をうろついたところ、そんなものは見当たらないばかりか、なんと山頂は断崖絶壁の上にあることがわかり、転落したら終わりだな、と諦めた。

帰路、午前中に通ったスギ林内の朽ちたシイタケのホダ場にさしかかった時、地上20〜30cmの種々の草葉上に、行くときに2匹採集したミヤマベニコメツキ（写真⑫）が何匹もいるのに気が付いた。1株に1〜3匹で、1葉1匹ずつ、全部で15匹を数えた。本種を一度にこんなにたくさん見たのは初めてなので、なんでかと思った。ホダ木の傍の狭い範囲に集中していること、本種の幼虫は広葉樹の朽ち木内に住むことが知られていることなどから、ホダ場でたくさん発生したのではないかと推察された。

今日この山で出会った主な昆虫類

ミヤマベニコメツキ *Denticollis miniatus*（2exs.、他にも多し）、コツヤホソゴミムシダマシ *Menephilus lucens*（1ex.）、ケシカミキリ *Sciades tonsus*（4exs.）、ツバキコブハムシ *Chlamisus lewisii*（1ex.）、トビサルハムシ *Trichochrysea japana*（2exs.）、シリアカタマノミハムシ *Sphaëroderma nigricolle*（1ex.）、マルモンタマゾウムシ *Cionus tamazo*（1ex.）、リンゴノミゾウムシ *Rhamphus punicarius*（1ex.）、ヘリアカナガハナゾウムシ *Bradybatus limbatus*（8exs.）、ムモンチビシギゾウムシ *Curculio antennatus*（1ex.）、ジュウジトゲムネサルゾウムシ *Mecysmoderes kerzhneri*（1ex.）など。

74 高館山 *302m*

◆登山日　2011年5月9日
◆天　候　快晴
◆コース　益子の森→展望台→高館山→権現平→西明寺（往復）

芝生上で群飛するヒラタアオコガネ

　高館山は宇都宮市から南東に25kmほど離れた、焼き物で有名な益子町にある。今回は北麓の県立益子県立公園内にある「益子の森」に車を置き、「関東ふれあいの道」に沿って登山開始。

　歩き始めてまさに3歩ほどのところで、目の前に広がる野球場1つ分くらいの芝生の広場で、何やら飛び回る多数の昆虫を発見。早速捕まえてみると、大きさ約1cm、緑色をしたヒラタアオコガネである（写真❿）。かって、西日本方面の芝生の害虫として知られていたが、近年の温暖化とゴルフ場の全国的な広がりによる芝草の移動や、栽植面積の拡大等により、分布域を北に延ばしている。栃木県では15年ほど前に県北のゴルフ場周辺で初めて発見された。

　本日見られる個体群は芝生の上すれすれを飛び回り、時々芝生や混生しているシロツメクサ上に止まっては歩き回る行動を繰り返している。20匹ほどを捕まえて性比を調べてみると、すべてオスであった。多分、どこかに潜っているメスの性フェロモンに引きつけられて乱舞しているものと思われるが、根元にいる10個体ほどを調べてみたが、やはりメスは見当たらない。メスは土の中に潜っていて見つからないのか、メス

写真❿ シロツメクサ上のヒラタアオコガネ（体長10.5mm）

の個体数が極端に少ないのか、どうもわからない。

　その後、広場の周りの緩い斜面を登っていくと、アカマツの伐採地が広がっていて、種々の灌木が新葉を展開している。それらをすくってみると、カシルリチョッキリ、ケブカホソクチゾウムシ、コバノトネリコにつくカタビロハムシ、ツツジコブハムシ、クワハムシ、ヒラタクロクシコメツキ、キバネホソコメツキ、ホソアシナガタマムシ、コミミズク、セスジナガカメムシなど多くの昆虫類が得られ、春本番の到来を思わせる。満開のヤマツツジの花ではカラスアゲハやアゲハが蜜を吸っている。道端ではキチョウやミヤマセセリ、ダイミョウセセリに混じってキマダラヒカゲが多数飛び回っている。3匹ほど捕まえて確認すると、みなヤマキマダラヒカゲであった。突然ヤブの中からハネの黄色いトンボのような大きな虫が飛び出し、目の前を横切った。栃木県のレッドリストで「要注目種」に選定されているキバネツノトンボである。春の陽気に誘われてかハイキングに来ている人もぽつぽつ。2人連れの高年のおじさん、おばさん「何とってへんの」と声を掛けて追い越していった。

　間もなく本コースのポイントの1つ展望台に着いた。ここには日本宝くじ協会から寄贈されたという高さ20m、木製の頑丈な展望塔が設置されている。ラセン階段を上っていくと、途中の柱の陰にオオトビサシガメ1匹が止まっている。ここで冬を越し、そろそろお目覚めの頃だったのかも知れない。塔のテッペンからは360度の展望。今日はやや霞がかかっているが、東に鶏足山、西に日光連山、南に雨巻山、北に高原山などが伺える。

　塔の周囲にはアカシデ、ネジキ、アオハダ、コナラ、リョウブ、カエデ類などが茂っていて、多くの樹木には名札が付いていてありがたい。そのうちのカエデの一種の花をすくってみると、ヒメトラカミキリ、エグリトラカミキリ、キバネニセハムシハナカミキリが採れた。また、リョウブの葉に見たことのない大型のアブが止まっているので捕まえた。

大きさ2.7cm、茶色で腹部がばかでかい。帰宅後、図鑑で調べてみたところ、ネグロクサアブとわかった。アブ専門の松村雄氏にお聞きしたところ、栃木県内からはわずかしか記録のない珍しい種であるという。とにかく偉い物が捕れたらしい。

　展望台から降りて、高館山に向かおうとしたが道標が見当たらない。同方向のはずの「西明寺」への道標を見つけ、歩き始めた。ヒサカキのたくさん茂った薄暗い山道を行くと、急な階段状の道に変わった。登り切ると、リョウブやヤマザクラ、ウメ、モミジなどの樹木に覆われた平らな頂上とおぼしき場所に着いた。頂上の看板はどこかと捜したところ、はずれの一段高い木陰に隠れていた。いくつかテーブル付きのベンチがあり、頂上らしい雰囲気ではあるが、あたりの景色が見えないためか、森の中にいるような感じである。

　頂上から西明寺にかけては広葉樹林の中の道で、道すがらの低木の葉上からマダラアラゲサルハムシ、県内では東部の山系にのみ生息しサルトリイバラにつくシリアカタマノミハムシ、アカヒゲヒラタコメツキ、クロナガタマムシ、ツノヒゲボソゾウムシ、コゲチャホソクチゾウムシ、セスジナガカメムシ、竹の中に住むコガシラコバネナガカメムシなどさまざまな種類が得られた。

　頂上から15分ほどで見晴台のある「権現平」に着いた。陽当たりの良いコンクリート製のあずま屋のある休憩ポイントである。真下に益子の街並みが見えている。お昼ご飯にしょうとベンチに腰を下ろしたところ、地上5mくらいの空中をホバリングしている大きな黒い1匹のハチかアブ。つなぎ竿を一杯に伸ばしてエイと振り回すがアト少しで入らない。4、5回しくじってようやくネットイン。逆光でよく見えなかったが、なんだクマバチではないか。それにしても何度も捕まりそうになりながらも、必死で縄張りを死守した様はアッパレである。よって逃がしてつかわそう。

　その後、西明寺に立ち寄り、同じ道を戻った。気がかりなのは朝9

写真⑫ ミヤマシギゾウムシ(スケールは1.5mm)

時半頃に見たヒラタアオコガネがどうなっているかである。14時30分に戻ってみると、もう1匹も飛んでいない。芝の根元を少しのぞいてみると、若干の個体が潜り込んでいたが、やはりメスは見られなかった。

　登山口に戻ったところで、近くに湿地のあることに気づき、一応立ち寄ってみることにした。予想したとおり、スゲの一種が咲いており、キヌツヤミズクサハムシが集まっていた。また、付近の枯れ木上で県内での発見例の少ないミヤマシギゾウムシ(写真⑫)と、アトモンサビカミキリ各1匹を得、気を良くして本日の虫採り山行を終了した。

　なお、本日採集した若干のハチ類を片山栄助氏に見ていただいたところ、栃木県内では那須塩原市からのみ記録されているイシイツヤアシブトコバチが含まれていることがわかった。

今日この山で出会った主な昆虫類

コミミズク *Ledropsis discolor*(1ex.)、キバネツノトンボ *Ascalaphus ramburi*(1ex.目撃)、ネグロクサアブ *Coenomyia basalis*(1ex.)、イシイツヤアシブトコバチ *Antrocephalus ishii*(1♀)、ヒラタアオコガネ *Anomala octiescostata*(多数)、クロナガタマムシ *Agrilus cyaneoniger*(1ex.)、キバネニセハムシハナカミキリ *Lemula decipiens*(1ex.)、カタビロハムシ *Colobaspis japonica*(1ex.)、シリアカタマノミハムシ *Sphaeroderma nigricolle*(1ex.)、ミヤマシギゾウムシ *Curculio koreanus*(1ex.)など。

75 高峯 (たかみね) *520m*

◆登山日　2011年6月29日
◆天　候　晴
◆コース　県道宇都宮笠間線、上小貫バス停（車）→小貫観音堂（駐車）→奈良駄峠→頂上→林道高峯線→小貫観音堂

多く見られる松枯れとクチキムシ類

　高峯（235P参照）は、栃木県の南東部、茂木町と茨城県桜川市との県境に位置している。いつものことながら、山の麓まではたどり着いたが、登山口となると看板がないため判然としない。近くの田んぼにいたおばさんに教えていただいて出発にこぎつけた。

　まず、薄暗いスギ、ヒノキの林内の小さな流れに沿った林道を緩く登って行く。下草にアオキ、コゴメウツギ、コアジサイ、ヒサカキ、シダ類、カメバヒキオコシなどが生えている。それらの葉上にはウスモンオトシブミ、イネゾウムシ、マダラアラゲサルハムシ、クチブトコメツキ、シロホシテントウなど、山麓の常連が見られるだけで、虫の影はすこぶる薄い。奈良駄峠近くまで来ると、狭い路肩から沢に落ちかけた乗用車1台が放棄されているのにびっくり。この峠を越えようとしたのか、それとも向こうから越えてきたのか、とにかく力尽きて捨てたらしい。峠に着いて一休みし、南面の茨城県側を眺めると、すぐ下は採石場となっていて、薄茶色の山肌が露出していて痛々しい。

　峠からは東に行けば仏頂山、西に行けば高峯の頂上である。ここから道は階段状の急な登りとなった。植生もツツジ類やエゴノキ、ヤマザクラ、コバノトネリコなど広葉樹が多くなり、林床はササに変わった。それらをバサバサすくってみると、セダカシギゾウムシ、レロフチビシギゾウムシ、アカアシヒゲナガゾウムシ、ヒゲナガホソクチゾウムシ、クロツヤハダコメツキ、ホソルリトビハムシ、メダカヒシベニボタル、モン

キツノカメムシなどが得られたが、多くの個体が入ったのはウスイロクチキムシとクロツヤバネクチキムシである。この2種はこの山に非常に多いアカマツの枯れ木内で育ったものと推定される。このあたりは数十年前から松枯れの多発地帯で、枯死木が非常に多く目に付く。

　汗ビッショリかいて2時間ほどで頂上に着いた。広くて、よく整備された頂上で、テーブルやベンチも備え付けてある。テーブルの上に荷物を降ろそうとしたら、キスジトラカミキリ1匹が忙しそうに歩き回っている。「チョットお借りしますよ」と、カミキリさんにおことわりをしてお弁当を広げたが、一向に逃げる様子はない。お気に入りの場所で、そう簡単には他人には明け渡せないとでもいうのだろうか。頂上からは南の方角に筑波山が、うっすらと見えている。

　頂上付近はホオノキ、クリ、コナラ、シラカシ、クマシデなど種々の広葉樹が多いので、少ししっかり虫採りをやってみることにした。得られた獲物はコルリチョッキリ、マツオオキクイゾウムシ、スグリゾウムシ、ニセシラホシカミキリ、オオヨツアナアトキリゴミムシ、ヒメハサミツノカメムシなどのほか、初めて見るゾウムシの一種など、なかなかすごい。このゾウムシは大きさ4mmもある大型のノミゾウの一種らしい（ノミゾウムシの仲間は大部分が2mm大である）。なんだろう、と家に帰るまで気になっていたが、調べた結果、フトノミゾウムシといい、原色日本甲虫図鑑（森本、1984、保育社）によれば、分布は本州、九州で、少ない種とわかった。この時点では栃木県内からは未記録であったが、その後、前原（2011）により益子町高館山から記録された。

　6月末の梅雨の最中というのに、このところ下界では30℃を超える猛暑が続いていて、北関東では連日午後に雷雨の予報が出ている。北の空はやや薄暗く怪しくなって来たので、12時半ごろ下山にかかる。道は上りとは異なる林道高峯線経由とする。頂上を出て間もなく奈良駄峠方面と別れ、急な階段が続く。30分ほどで林道に出た。山からの浸透水を集めた小流は結構な水量となっていて、乾いたノドを潤して

くれる。林道の草むらをスウィーピングしながら下っていくと、県内で記録の少ないニセヒシガタヒメゾウムシが採れた。そのほか、ナラルリチョッキリ、ムネアカサルハムシ、ヒゲナガアラハダトビハムシ、ムラサキヒメカネコメツキなどが得られた。

写真125 ハンミョウ（体長20mm）

　林道を少し下ったところで、足元から何やら飛び立って、3mほど前方に降りた。もしかしてと思い、急いで近づくと、また数メートル先に着地した。チラッと見えた体色が赤や緑、青、白色だったことからハンミョウとわかった（写真125）。3、4回林道を上下に行ったり来たりの追いかけっこが始まった。地面に止まったところを写真に撮りたいのだが、すぐに飛び立たれてしまい難しい。ようやく30cmほどに近づきシャッターが切れた。

　ハンミョウは、40～50年前までは県内のあちこちの山麓あたりで普通であったが、最近はほとんど見られなくなった。ハンミョウの幼虫は山道や粘土質の裸地などに棲んでいるが、山道の舗装化などによっ

今日この山で出会った主な昆虫類

ヒメハサミツノカメムシ *Acanthosoma forficula*（1ex.）、モンキツノカメムシ *Sastragala scutellata*（1ex.）、ハンミョウ *Cicindela chinensis*（1ex.、目撃）、ウスイロクチキムシ *Allecula simiola*（多数目撃）、クロツヤバネクチキムシ *Hymenalia unicolor*（多数目撃）、ニセシラホシカミキリ *Pareutetrapha simulans*（3exs.）、コトリチョッキリ *Involvulus apertus*（1ex.）、スグリゾウムシ *Pseudocneorhinus bifasciatus*（1ex.）、イネゾウムシ *Echinocnemus squameus*（1ex.）、フトノミゾウムシ *Rhynchaenus excellens*（1ex.）、セダカシギゾウムシ *Curculio convexus*（1ex.）、ニセヒシガタヒメゾウムシ *Barinomorphoides similaris*（1ex.）、マツオオキクイゾウムシ *Macrorhyncolus crassiusculus*（1ex.）など。

引用文献

前原諭. 2011. 栃木県で採集したカメムシと甲虫について. インセクト62（1）:56-59.

て多くの棲家を失った。2000年台に入ってから筆者が栃木県内でこの虫に出会ったのは、旧今市市の鶏鳴山(2005年)、塩谷町の鶏岳(2007年)と、今回で3度目に過ぎない。この後も本種に注意しながら下りてきたが、今回見たのはこの1匹だけであった。どうかいつまでも残っていて欲しい、と祈るばかりである。この日、登山口近くまで下ったところで、また林道上を飛び立つ虫数匹を見かけたが、これらはいずれもニワハンミョウで、まだあちこちに健在である。

登山口近くまで降りた道端で真っ赤な実をたくさん着けた数株のクマイチゴが目に付いた。このまま見過ごす手はないなと、かたっぱしから熟した実を頬張った。甘くてなんともおいしい。高峯の恵みに感謝しつつ、雷様の来る前に帰路についた。

76 仏頂山 ぶっちょうやま *430m*

◆登山日　2014年5月19日
◆天　候　快晴
　　　　　近隣の真岡市の気温、最低13.0℃、最高24.4℃
◆コース　茂木町上小貫(車)→小貫観音堂→奈良駄峠→仏頂山頂上→奈良駄峠→高峯山頂→林道高峯線→小貫観音堂

立派なヒゲを生やした森の紳士・ヒゲコメツキ

　仏頂山は栃木県茂木町と茨城県笠間市との境に位置している。
　奈良駄峠までは前回(2011年6月29日)の高峯山行と同じコース。今回は仏頂山に登り、戻って同じ稜線上にある高峯に至るルートを歩いて見た。
　上小貫から林道に入って間もなく、クリやコナラの葉上をすくってみると、久し振りの1匹が入った。体長2.5cmほどの大型のヒゲコメツキ(写真126)である。体の色は赤褐色。触角はメスでは弱い鋸状であ

るが、オスでは長く平たい分岐を出したクシ状。見事なオスのアンテナからこの名があるが、正に森のジェントルマンである。本種は日本全国に分布し、栃木県内でも少し前までは平地から低山地で時々見られたが、最近、ほとんど見掛けなかったので、今日の出会いは大変にうれしい。

写真126 ヒゲコメツキ（スケールは7mm）

　奈良駄峠からは仏頂山を目指して進路を東にとる。尾根上の道は始め木の丸太を並べた階段状で、その後はなだらかなアップダウンが続く。この時期木々の新緑は爽やかで、絶好のハイキング日和である。時折、道沿いの樹木の幹には樹名表示板が取り付けてあって、木の名前をあまり知らない筆者にとって大変にありがたい。確認したのはアカマツ、エゴノキ、コナラ、イタヤカエデ、ホオノキ、ヤマザクラ、クヌギ。ほかにも名前の知りたい木がたくさんあるので、もっと名前をつけていただくとありがたいのだが。名札の付いていたのは太い木ばかりだったので、幹の細い木々には長持ちする名札を付けるのは難しいのかも、と思った。道沿いにはそのほかにも筆者の知っているもので、アオキやリョウブ、ヒサカキ、ヤマツツジ、コゴメウツギなどが見られた。

　奈良駄峠～仏頂山で出会った主な昆虫類は、ゾウムシ類ではホソフタホシヒメゾウムシ、カオジロヒゲナガゾウムシ、カシワクチブトゾウムシ、ツンプトクチブトゾウムシ、イネミズゾウムシ、ウスモンノミゾウムシ、ヒゲナガホソクチゾウムシ、エゴツルクビオトシブミ、ルリイクビチョッキリ、など。

　この中のホソフタホシヒメゾウムシ（写真127）は堀川正美氏の同定によるもので、栃木県内では初めて見つかった種である。体長は2mmほど。体は黒色。ガマズミ、ミヤマガマズミから得られているという。

写真⑫ ホソフタホシヒメゾウムシ(スケールは1mm)

イネミズゾウムシは体長3mm。グレーがかった体色で、アメリカから愛知県に果樹園用の干し草に付着して侵入したイネの害虫である。林の落ち葉下などで冬を越し、田植えが終わった頃水田に飛んでくる。

ハムシ類では、トビサルハムシ(付いていた植物はコナラ)、マダラアラゲサルハムシ(カシ)、チビルリツツハムシ(コナラ)、ムシクソハムシ(クリ)、クロウスバハムシ(エノキ)、ハラグロヒメハムシ(ボタンヅル)、カタクリハムシ(ヤマジノホトトギス)、サメハダツブノミハムシ(アカメガシワ)、チャバネツヤハムシ(ガガイモ)など。

コメツキムシ類では、ヒラタクロクシコメツキ、カバイロコメツキ、アカアシクロコメツキ、ヒメクロコメツキ、ケブカクロコメツキ、クロハナコメツキなど。そのほか、カミキリムシではコゴメウツギ花上からフタオビノミハナカミキリ、ニンフハナカミキリ、シロオビゴマフカミキリ、トンボではホンサナエ、カメムシではクチブトカメムシなどに出会った。

奈良駄峠から1時間15分ほどで仏頂山の頂上に着いた。広さ8畳くらいで、イス付きテーブルが1台あり。周りはクヌギ、コナラ、ヒノキなどに覆われ遠望は利かない。一休みしていると、50代と70代の人間2♂が登ってきた。この山ではほかに30代と70代の2♂に出会ったが、いずれも茨城県側からの登山者であった。この山は山そのものは栃木・茨城の県境に位置しているが、頂上はほんの少しだけ茨城県側にずれているのである。ここから、茨城県側の楞厳寺に降りると、国の天然記念物に指定されている片庭ヒメハルゼミ発生地がある。機会があったら6、7月頃、このセミに会いに行ってみたい、と思っている。

この後、奈良駄峠まで戻り、前回と同じコースで高峯に向かう。こ

ちらで、仏頂山コースと特に異なっていると思ったのは、高峯コースでは樹木の下草にササが生えていること。前回見掛けなかったが、今回出会った主な昆虫類としては、リンゴヒゲボソゾウムシ、ウスモンヒゲボソゾウムシ、コゲチャホソクチゾウムシ、ムモンノミゾウムシ、ルイスジンガサハムシ、アカヒゲヒラタコメツキ、ムラサキヒメカネコメツキ、ヒシカミキリなどがある。この中のムラサキヒメカネコメツキ(写真❶❶❽ *217P*参照)は体長7mmほど。頭と胸部背面は真鍮色の強い金属光沢、上翅は紫色の強い金属光沢があり、大変に美しい種。低山地で見掛けることがあるが、あまり多くない。

前回来たとき、頂上から下った林道で見掛けたハンミョウにまた会えるかなと、楽しみにしていたが、残念ながら姿を見せなかった。この虫の命がその後も受け継がれているといいのだが。

今日この山で出会った主な昆虫類

ヒゲコメツキ *Pectocera fortunei fortunei*(1ex.、奈良駄)、ムラサキヒメカネコメツキ *Limonius eximia*(1ex.、高峯)、ヒシカミキリ *Microlera ptinoides*(2exs.、高峯)、チビルリツツハムシ *Cryptocephalus confusus*(3exs.、仏頂)、チャバネツヤハムシ *Phygasia fulvipennis*(1ex.、仏頂)、シロオビゴマフカミキリ *Falsonesosella gracilior*(1ex.、仏頂)、ルリイクビチョッキリ *Deporaus mannerheimi*(1ex.、仏頂)、ホソフタホシヒメゾウムシ *Nespilobaris parabasimaculata*(1ex.、仏頂)、ムモンノミゾウムシ *Orchestes aterrimus*(1ex.、高峯)など。

高峯(頂上は右ピーク)

77 雨巻山 *533m*
（あままきやま）

◆登山日　2004年9月9日
◆天　候　晴
　　　　　近隣の真岡市の気温、最低19℃、最高29℃
◆コース　益子町上大羽大川戸→沢コース→頂上→三登谷山→大川戸

鳴き声を競うセミ類5種

　雨巻山は栃木県南東部の茨城県境に位置する八溝山系南部の山である。平野部ではナシ、ブドウ、クリが出始め、田圃では稲刈りの季節を迎えている。初秋の低山にはどんな虫が見られるのであろうか。

　登山口の大川戸の駐車場を歩き始めると、まずアブラゼミとツクツクボウシの鳴き声が聞こえてきて、やはり秋かなーと思わせた。さらに、畑地の縁の草むらを数回網ですくってみると、クモヘリカメムシ、ホソハリカメムシ、トゲカメムシなどのカメムシ類、セスジツユムシやオンブバッタ、カマキリなどが入った。林道を少し山の中に入っていくと、カンタンやフキバッタの一種、チャイロクチブトカメムシ、ムラサキシラホシカメムシが目に付いた。チョウではウラギンシジミ、ルリシジミ、ダイミョウセセリ、メスグロヒョウモン、サトキマダラヒカゲ、ヒカゲチョウなど。花ではフジカンゾウ（マメ科）、キンミズヒキ、アキギリが多く見られる。麓で出会う虫や花からは確かに秋を感じたのであるが、この後登るにつれて、意外にも夏を感じさせる虫たちがたくさん登場してくるのである。

　山道は次第にうす暗い水流のある沢に入った。川縁には時々ヤマジノホトトギスやモミジガサの花が見られる。この沢には鎖場があったり、浅い流れのあるヌルヌルした岩の上を歩いたりで、チョットした沢登りの気分が味わえる。流れの淀みには水面を走り回っている数匹の虫の姿。シマアメンボであった。また、意外にも大型のトンボの一種がこ

の水辺を低く忍者のようにスーと飛んでいるのに気付いた。慎重に必殺のネットを振ると、入った！夏から秋にかけて渓流沿いに出現するミルンヤンマであった。沢を上り詰め、流れが消えたころ道端にエンレイソウの名札が立っていた。春に花を付け、その後地上部は枯れてしまったのか、今は植物の姿は無い。頂上への最後の登り道に、2日前の台風で落ちたらしいコナラのドングリがたくさんころがっている。

この沢コースの途中で意外にもミンミンゼミとエゾゼミの一種の鳴き声を聞いた。ミンミンは1～2個体、エゾゼミの一種の鳴き声はこの後頂上方面でも多く聞かれた。県内ではエゾゼミは那須山麓、今市市、塩谷町などのやや低地に、コエゾゼミは那須岳、栗山村奥鬼怒、日光戦場ヶ原などのやや高地に生息する。雨巻山と同じ山系の八溝山（1022m）にはコエゾゼミが生息することがわかっているが、さて、この山で鳴いていたのはどちらであろうか。

登山口から頂上の間で出会った主な種は、タテスジグンバイウンカ、ミツボシツチカメムシ、ツノボソキノコゴミムシダマシ、オオキイロマルノミハムシ、ツヤチビヒメゾウムシなど。

頂上は4、5人が座れそうな木製の休憩台が6脚ほど設置され思ったより広い。傍らにキクとアザミの一種が数十本花盛りで、そこでたくさんのチョウ類が吸蜜中である。その中に2匹のアサギマダラ（写真❿）がいた。これから台湾方面への長旅に備えてエネルギー源を補給中なのだろうか。頂上の地面上では数匹のキオビツチバチが飛び回っている。

この日山で会った人間の方は60歳くらいの2パーティ6名であったが、1人の女性がアサギマダラに気付いて「ウワー珍しいチョウがいるよ。何んていうチョウだろう。アミを持っているあ

写真❿ 山頂でアザミの花から吸蜜するアサギマダラ（前翅長58mm）

写真⑫ オオツノカメムシ（スケールは5mm）

んたは虫の専門家ですか、教えて」。山上の花園には、そのほかミドリヒョウモン、スジグロシロチョウ、イチモンジセセリ、キアゲハ、カラスアゲハが飛び交っている。さらに、頂上にいた30分ほどの間に、同一個体と思われるモンキアゲハが5回くらい猛烈なスピードでやってきては飛び去った。

　下山は三登谷山経由の尾根道をとった。途中はコナラ、アオハダ、アカガシ、ヤマツツジ、ミヤマシキミ、アカマツなどの林で、それらの葉上からオオツノカメムシ（写真⑫）、セアカツノカメムシやクリイロクチブトゾウムシ、トウヨウダナエテントウダマシなどを得た。途中、相変わらずエゾゼミの一種とミンミンゼミの鳴き声のほか、もう1つおまけのようにチッチゼミの鳴き声も聞かれた。

　今回は秋の虫との出会いが多いものと考えていたが、実際には真夏の虫にも多く出会う虫登となった。

今日この山で出会った主な昆虫類

ミルンヤンマ *Planaescna milnei*（1ex.、他に1匹目撃）、チッチゼミ *Cicadetta radiator*（鳴声）、タテスジグンバイウンカ *Catullia vittata*（1ex.）、シマアメンボ *Metrocoris histrio*（多数）、オオツノカメムシ *Acanthosoma giganteum*（1ex.）、ミツボシツチカメムシ *Adomerus triguttulus*（1ex.）、ツノボソキノコゴミムシダマシ *Platydema recticorne*（2exs.、倒木に生えた多孔菌の一種より）、オオキイロマルノミハムシ *Argopus balyi*（2exs.、ボタンズルより）、ツヤチビヒメゾウムシ *Centrinopsis nitens*（1ex.）、キオビツチバチ *Scolia oculata*（1ex.、頂上の地面上）など。

県南の山

⑱ 谷倉山 599m

◆登山日　2011年8月29日
◆天　候　晴
◆コース　栃木市星野遺跡公園→林道山口沢線→頂上（往復）

「渡り」の途中か、花上に群れるイチモンジセセリ

　この山は旧粟野町、栃木市、西方町にまたがり、麓から見ると全体的に平べったくて、やや低く感ずる山容である。県道栃木柏尾線（32号）をはさんで反対側には、3つほどの尖った峰を持つ本山と同様栃木百名山の1つである三峰山（605m）が対峙している。

　登山口のある星野遺跡記念館前の駐車場に車を止めて、民家や田畑などの側を通って歩き始める。まず耳に入ってきたのはミンミンゼミの鳴き声。目の高さほどの空間にはウスバキトンボとウラギンシジミの飛ぶ姿が見られる。足元の草むらをすくってみると、クルマバッタモドキ、ヒロバネヒナバッタ、ツユムシなどの秋の虫がたくさん飛び跳ねている。

　また、道端には橙色のキツネノカミソリがたくさん咲いていて、しばし足を止めて眺めていると、イチモンジセセリが多数吸蜜に訪れているのに気付いた。ごく狭い範囲に20匹以上を数えたので、このチョウが「渡り」をすることを思い出した。イチモンジセセリは東北・関東地方で育った秋の個体が、中国・四国・九州などの暖地に渡り、その幼虫が冬を越す。翌春、第1化の成虫が良好なイネ科植物の多い関東方面にやってくるというものである。つまり、「暖かい場所」と「豊富な餌場」の間を行ったり来たりしているのである。このチョウは地味で小さくて目立たないため、渡りをすることで著名なアサギマダラほどその実体は調べられていない。

この山の登山コースとしてガイドブックに紹介されているのは、林道を通って沢に入り、それを上り詰めて尾根に出て頂上に至るというもので、途中から道は消えるという。チョット不安であったが尾根に出ればなんとかなると思って出発した。この山の全体はスギ、ヒノキの人工林であり、薄暗い林道を歩き始める。間もなく林道は終わりとなり、道の無い沢登りとなる。倒木や刈り払われた枝などが散乱していてすこぶる歩きづらい。途中から沢が２本に分かれて、進路不明となる。思い切って沢を離れ、斜面を直登することに。これがまた凄く急で、時々滑落しそうになる。途中で引き返すことを考えて、持ってきたビニールテープを木の枝に結びながら、あえぎあえぎ登る。歩き出して１時間半ほどでなんとか尾根に出たが、ここにもはっきりした踏み跡は無く、依然として自分の居る位置も頂上の方向も不明。最近ほとんど誰も登っていないのであろう。地図を見ながら大体の見当で前進すると、さらに20分ほどで大きなアンテナ鉄塔のある頂上に着いた。やれやれである。それにしても、道の無い山に登らされるとは、虫採りどころではないではないか。もし、この山の登山ルートが、これしかないとすれば、迷ったり、急斜面からの滑落などの危険があり、山慣れた人以外は登れないのではないか、と。

　頂上から北側にはアンテナ鉄塔の巡視路で、旧粟野町柏木方面に延びる山道が付いている。少し歩いてみたが大変にしっかりした道で、なぜこちらをこの山の登山ルートとしてガイドブックが採用しなかったのか、不思議でならない。

　頂上付近にはカシワやツツジ、ムラサキシキブなどの広葉樹が茂っていて虫もいそうな感じである。まず足元の路上に飛んだり止まったりしている虫が見られる。ニワハンミョウであった。陽の当たる梢付近を飛ぶ黒いチョウはモンキアゲハ。カシワをすくってみるとオオクチブトゾウムシ、クリイロクチブトゾウムシ、ガロアノミゾウムシ、カシワツツハムシが得られた。ガマズミからはサンゴジュハムシ。ムラサキシキ

写真⓭ オオタコゾウムシ(スケールは3mm)

ブからは陣笠のような格好をしたイチモンジカメノコハムシ。枯れた木の皮の下からはでっかいノコギリカミキリが出てきた。そのほか、オオタコゾウムシや、ムナビロサビコメツキ、ルリオトシブミ、ナトビハムシ、エゾツノカメムシなどが見られた。このうち、オオタコゾウムシ(写真⓭)はヨーロッパ原産の外来種で、1978年に横浜で発見。その後、日本各地に分布を拡大している。シロツメクサなどのマメ科牧草を食べる。栃木県内では1993年以降、少数ながら平野部を中心に見つかっている。

また、頂上付近の樹木類の葉上には、かなり多数のナミテントウが見られた。1～2匹ならいつでも見かけるが、20～30匹以上もいるとなると尋常ではないな、と思った。ナミテントウは秋になると、越冬場所とするため山の上部の白っぽい岩や木、建造物に集まる習性があるので、それに関連する現象かな、と推察された。

それから、頂上近くの山道上で散乱しているおびただしい鳥の羽毛に遭遇した。1匹のハトが首を切断され、胸部付近の羽毛が抜けて、血が流れ出ている状況である。足を見ると「０９３２１４イタガキレーシング」と記された赤い輪が付いている。飛んでいるときに猛禽類にやられたのか、それとも地上でほかの動物に捕まったのか。長距離移動中に事故に遭ってしまったのであろう。死骸は襲われた直後のごく新鮮なものであったが、虫屋の私からすれば、もう2、3日後にこの死骸を見つけていれば、死肉を食べにいろんな昆虫が集まってきているだろうに、とチト残念でならない。

下山は目印のテープを頼りに滑ったり、転んだりしながら急斜面を降りてきたが、途中でテープを見失い、上りと異なるルートを通過。しかし、最終的に朝登った林道と出会い事なきを得た。林道を歩いて

写真⓭ アオオサムシ（体長30mm）

いると、道を横切るアオオサムシ（写真⓭）を見つけた。今回は、時期的に虫の姿が少なくなってきており、これといっためぼしい種も得られなかったが、登山的には少しだけ冒険をさせてもらった山行であった。

　下山後、せっかくの機会なので、登山口にある星野遺跡記念館を訪ねてみたが、残念ながら休館中であった。しかし、入り口付近に8万年前の旧石器時代から縄文時代にかけて使用された石器や土器の一部が展示されていたので、そのごく一部に触れることができた。

今日この山で出会った主な昆虫類

エゾツノカメムシ *Acanthosoma expansum*（1ex.）、カシワツツハムシ *Cryptocephalus scitulus*（1ex.）、サンゴジュハムシ *Pyrrhalta humeralis*（多数目撃）、ナトビハムシ *Psylliodes punctifrons*（1ex.）、イチモンジカメノコハムシ *Thlaspida cribrosa*（1ex.）、ルリオトシブミ *Euopus punctatostriatus*（1ex.）、オオクチブトゾウムシ *Macrocorynus variabilis*（5exs.）、クリイロクチブトゾウムシ *Cyrtepistomus castsneus*（1ex.）、オオタコゾウムシ *Hypera punctata*（1ex.）、ガロアノミゾウムシ *Orchestes galloisi*（1ex.）など。

 三峰山（みつみねさん） *605m*

◆登山日　2010年6月2日
◆天　候　快晴
◆コース　栃木市星野、御嶽山神社→清滝→奥の院→永野御岳山→三峰山→浅間大神→御嶽山神社

アカソハムシ棲む信仰と石灰石採掘の山

　この山は栃木市の北西部、旧粟野町（あわの）と葛生町にはさまれた位置にあ

り、星野御嶽神社を起点とする信仰の山である。

　神社までは何とか着いた。広い駐車場もあり車も置けた。しかし、いつものことながら、登り口がわからない。それらしい看板も道標もないし、人の気配もない。やや広い神社の境内をうろついていると、山の方に延びる道を見つけ、ようやく歩き始める。

　登るにしたがって、いくつかの社殿、お堂、滝などが現れ、登山道であることを確信。早速、道沿いの草地をすくってみるとキクスイカミキリ、ヒゲナガルリマルノミハムシ、クワハムシ、アトボシハムシなどに混じって、私にとっては初めての丸っこいゾウムシの一種が入った。持ち帰って調べてみると、栃木県内では宇都宮市と野木町から2例の記録しかないケブカヒメカタゾウムシ（写真132）であった。何処に何がいるかわからんもんだなーと。

　その先は急な階段状の岩の道となった。信仰の山岳とあって、道端には多数の霊神を祀った祠が並んでいる。こんなところでアミを振ったらバチが当たりそうであるが、ツイいつもの癖でバサバサやってしまった。アミの中を見ると、翅が紫色で美しいムラサキヒメカネコメツキやクビアカモリヒラタゴミムシなどが得られた。

　しばらく登って行くと、突然10m級の垂直なクサリ場。とても越えられそうになく、本日はこれまでか、と思われたが、巻き道があって先に進むことができた。ピークを1つ越え、薄暗い杉林の中の登り道となった。コクサギやシダ類、テンニンソウなどの下草をすくってみると、リンゴヒゲボソゾウムシ、ヒゲナガホソクチゾウムシ、オオルリヒメハムシなどが入った。

　登り始めてから1時間ほどで稜線上にある奥の院に到着。ここからはスギ、ヒノキを主体とした混交林の尾根歩きとなる。

写真132　ケブカヒメカタゾウムシ（スケールは2mm）

林床にはササも多いが、虫のいそうな予感のする森が続く。スウィーピングの第1弾ではヒメカクムネベニボタル、アカアシクロコメツキ、トビサルハムシ、日光千手ヶ浜と旧川治温泉からのみ記録のあるスネビロオオキノコなどが得られ、まずまずの収穫。

長い尾根道を歩いていると、西側への立入禁止を示すロープが張られ、それに沿って登山道が続く。11時40分過ぎ、西側の麓の方からサイレンの音がした。お昼のチャイムかなと思った瞬間、足許でドカン！と耳をつんざくような大音響。からだが数センチ宙に浮いたように思えたほど。石灰石を掘るためのハッパ（発破）だったのである。間もなく見つけた立て看板を見ると、11：40〜12：10と15：40〜16：10にハッパをかけるので注意とある。西側斜面の下方からはブルやダンプの動き回る音が聞こえるようになった。覚悟を決めスウィーピング第2弾目。ヒメクロコメツキ、ケブカクロコメツキ、ムネアカテングベニボタル、リンゴコフキハムシ、エゴシギゾウムシなど面白いものがいろいろ入った。

4時間ほどかかって三峰山頂に着いた。数本のスギと背の高い篠竹に囲まれた6畳くらいの狭い頂上である。傍らに白い花を付けた1本のオオカメノキがあり、フタオビノミハナカミキリ、エグリトラカミキリ、ヒラタハナムグリ、アオジョウカイなどが集まっている。頂上の西側が開けているようなので、ヤブ越しにのぞいてみると、ビックリ仰天。山は採掘で削り取られ、西側半分は無くなっているのである。東側半分には森があり神の山なのに、西側半分は痛々しい破壊の現場である。この山に隣接する山々も採石で禿山になっている。このあたりに生息する動物や、自生する植物はどうなってしまうのだろう。勿論、コンクリートも必要だし、ここで働いている人がいることも理解できるが、山が消えてしまうのは悲しいし、これでいいのだろうか、とも思う。

そんなことを考えながら下山にかかる。途中は急な滑りやすい道で、虫は目に入らない。代わりに足許に咲く、可憐なクワガタソウとヒイラ

写真⓭ アカソ葉上のアカソハムシ(体長5.5mm)

ギソウが眼に付く。

　麓近くまで降りた林道沿いで、もうひと頑張りと虫採りを再開。スウィーピングではヌルデケシツブチョッキリ、カナムグラヒメゾウムシ、オオアカマルノミハムシのほか、宇都宮市、旧藤原町、岩舟町などからごく少数の記録しかないキアシチビアオゾウムシが得られた。

　また、県内では鹿沼市や旧粟野町、旧葛生町、旧田沼町、栃木市一帯に限って分布し、コアカソ、アカソを食べるアカソハムシ数匹を確認することができた(写真⓭)。さらに、ツユクサを食べ県内では那須町と旧西那須野町の2カ所からのみ記録のあるキバラルリクビボソハムシもお初にお目にかかることができた。

　今日はハッパの音には度肝を抜かれたが、初めての虫にも出会えて大変すばらしい山行となった。まずは、この山に祀られている御嶽大神、三峯大神、浅間大神の神々に感謝。

今日この山で出会った主な昆虫類

クビアカモリヒラタゴミムシ *Colpodes rubriolus* (1ex.)、ムラサキヒメカネコメツキ *Limonius eximia* (1ex.)、ケブカクロコメツキ *Ampedus vestitus vestitus* (1ex.)、ムネアカテングベニボタル *Konoplatycis otome* (1ex.)、スネビロオオキノコ *Pseudamblyopus palmipes* (1ex.)、フタオビノミハナカミキリ *Pidonia puziloi* (1ex.)、キバラルリクビボソハムシ *Lema comcinnipennis* (3exs.、他にも数匹目撃)、アカソハムシ *Potaninia cyrtonoides* (2exs.、他にも数匹目撃)、キアシチビアオゾウムシ *Scythropus japonicus* (1ex.)、ケブカヒメカタゾウムシ *Arrhaphogaster pilosa* (2exs.)など。

⑧⓪ 不動岳 *665m*
ふどうだけ

◆登山日　2012年8月28日
◆天　候　晴
◆コース　上永野与洲公民館→塩沢林道→塩沢峠→頂上（往復）

下界は猛暑、山では多いカメムシ類に初秋を感ずる

　この山は鹿沼市上永野と佐野市秋山の境に位置している。

　今年の夏は連日の猛暑で、お盆を過ぎても平地では35℃前後の日が続いている。山の上はまだ夏なのか、それとも秋の気配が感じられるのか、どんな虫が見られるのか、様子を見に行くことにした。

　落合集落から塩沢沿いの湿ったスギ林の中の林道を登っていくと、真夏のセミであるミンミンゼミとアブラゼミに混じって、夏の終わりを告げるツクツクボウシの鳴声が聞こえてくる。道端の草地をすくってみると、アオフキバッタとヤマトヒバリが顔を出し、秋の気配を感じさせる。

　1時間ほど登ったところで、標高500m余りの塩沢峠に到着。傍らに首のないお地蔵さんが倒れている。頭の代用をしていたと思われる丸い石も転がっている。起こしてやろうかと思ったが、重くて私1人の力ではどうにもならないと諦めた。昔は、この峠を越えて、旧葛生町秋山側との交流が盛んに行われたのではないかと思われるが、現在はその面影は見られない。

　峠から頂上にかけては、スギ・ヒノキに混じって、ツツジ、カシワ、コナラ、ネジキ、コアジサイなどの広葉樹の多い稜線歩きとなる。スウィーピングを行いながら、時々アミの中をのぞいてみると、セアカツノカメムシやモンキツノカメムシ、エサキモンキツノカメムシ、ヒメツノカメムシ、シモフリクチブトカメムシ、ヘラクヌギカメムシなどのカメ

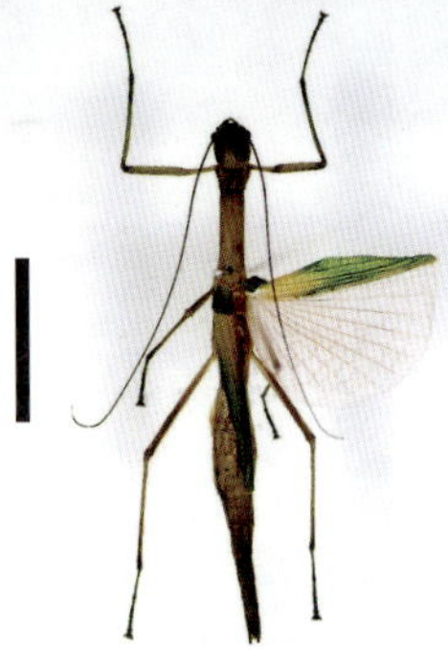
写真(134) ヤスマツトビナナフシ（スケールは15mm）

ムシ類の多いのに気づく。このことからも、やはり山にはもう秋がきているんだなぁーと感ずる。

さらなるエモノは想定外のものであった。バッタのような、カマキリのような緑色をした体長5cmほどの細長い虫。たまに出会うことのあるナナフシの一種のヤスマツトビナナフシ（写真(134)）である。栃木県内では平地～低山地にかけて点々と見つかっているが、あまり多くない虫である。翅があって飛びそうなのであるが、実は前翅は3mmほどのカサブタ状に短縮している。後翅は前縁が緑色の革質であるほかは大部分はピンク色をした膜質。後翅は扇のように開くことができるが、弱々しく、とても飛ぶための役には立っていそうもない。

そのほか、塩沢峠～頂上間ではルイスジンガサハムシ、ミヤマヒシガタクモゾウムシ、クリイロクチブトゾウムシ、チャマダラヒゲナガゾウムシ、シロトホシテントウ、ツノゼミなどが得られた。

塩沢峠から1時間ほどで頂上に着いた。稜線上のちょっとだけ高くなったような細長い狭い頂上で、ツツジなどの樹木に遮られて眺望は利かない。リュックを降ろし、やれやれと腰を下ろそうとしたとき、足元の靴下付近が赤く滲んでいるのに気が付いた。やられた！ヤマビルだ！両足のふくらはぎ1カ所ずつにベットリ血が付いている。ヒルは十分に吸血して既に脱出した後であった。

今日、この山に上る前に、すぐ近くの尾出山や大鳥屋山にはヒルがいるので、この山にも必ずいると確信し、ヒル忌避剤を持ってきていたのに、虫採りに夢中だったのと、もう1つ、こちらも吸血鬼であるウシアブを追い払うのに懸命のあまり、ヒルのことをすっかり忘れていたのだ。ヒルは尾根のような乾燥したところにはいないが、沢沿い

や暗くて湿った場所に住んでいるので、危険地帯では注意が必要である。また、標高が700m以下くらいで、シカの住んでいるところもヤマビルが多い。シカに寄生したヒルがシカの移動先に運ばれて、分布を拡げているといわれている。今日、この山で走り去るシカ2頭を目撃していて、ヤマビルの生息条件とピッタリであった。

写真⓭ キオビナガカッコウムシ(スケールは3mm)

　帰途、頂上～塩沢峠間では、スウィーピングでチビカサハラハムシ、ムネスジノミゾウムシ、ガロアノミゾウムシ、クロトゲムネサルゾウムシ、ナラコメツキモドキ、キオビナガカッコウムシなどを得た。この中のクロトゲムネサルゾウムシ、ナラコメツキモドキは県内でもごく少数しか記録のない稀種である。また、キオビナガカッコウムシ(写真⓭)は体長9mm、からだの色は茶褐色。県内では旧塩原町、鹿沼市、塩谷町、矢板市などからごく少数しか得られていない。

　今回は、8月末頃の660m余りの山の虫の様子はどうだろうかと、登ってみた。ツクツクボウシの鳴き声やカメムシ類、バッタ類に多少秋の気配を感じたが、いろいろな虫の種類も多く、モンキアゲハやカラスアゲハ、オニヤンマの飛ぶ姿やミンミンゼミ、アブラゼミの鳴き声など

今日この山で出会った主な昆虫類

ヤスマツトビナナフシ *Micadina yasumatsui*(1ex.、他に1匹目撃)、キオビナガカッコウムシ *Opilo carinatus*(1ex.)、ナラコメツキモドキ *Languriomorpha nara*(1ex.)、チビカサハラハムシ *Demotina decorata*(1ex.)、ルイスジンガサハムシ *Thlaspida lewisii*(1ex.)、チャマダラヒゲナガゾウムシ *Acorynus latirostris*(1ex.)、ムネスジノミゾウムシ *Orchestes amurensis*(2exs.)、ガロアノミゾウムシ *Orchestes galloisi*(1ex.)、クロトゲムネサルゾウムシ *Mecysmoderes nigrinus*(1ex.)、ミヤマヒシガタクモゾウムシ *Labotrachelus minor*(1ex.)など。

から、まだ山は夏だなぁーと感じた山行であった。

81 尾出山 933m　82 高原山 754m
（おでやま）（たかはらやま）

◆登山日　2009年6月2日
◆天　候　快晴
◆コース　与州平バス停→寺沢林道→尾出峠→頂上→尾出峠→高原山→送電線186鉄塔→寺沢林道出合→与州平バス停

自然いっぱいで虫の多い環境保全地域

　この山は鹿沼市（旧粟野町）の西、佐野市（旧葛生町）との境界に位置する、勝道上人が修行を行った信仰の山である。この山からの昆虫の記録はほとんど見られないので、虫屋はあまり訪れたことがないのかも知れない。

　宇都宮から鹿沼市街地を抜け、旧粟野町上永野へ車を飛ばす。途中2回ほど現地の人に道を尋ねながら、登山口のある市営バスの終点、与州平へ。近づくにつれ、「クマに注意」の看板2枚と「シカに注意」の看板1枚が目に入った。今日は、クマ除けの鈴と、近くにヤマビルのいる氷室山があるのでヤマビル忌避剤を持ってきた。どちらも出ませんように。

　バス停からは渓流に沿うスギ林の中の林道が延びている。1kmほど入ったところの空き地に車を捨てて、商売開始。道沿いにはタマアジサイやキイチゴ、コゴメウツギ、シダ類など多くの植物が茂っていて、ところどころ陽当たりも良い。今日の初獲物はフジウツギ葉上で交尾中のマルモンタマゾウムシ。大きな岩の隙間に生えた植物をすくったところ、神社の石垣や階段などのコケにつくクロホシテントウゴミムシダマシが入った。いずれも久し振りの出会いである。タマアジサイの葉上からは体が細く、アンテナの長いドウボソカミキリと小型のキッコウモ

ンケシカミキリ（写真❶36）が得られた。さらにスウィーピングを続けながら登っていくと、ジュウジコブサルゾウムシ、トゲカタビロサルゾウムシ、ヒゲナガホソクチゾウムシ、リンゴノミゾウムシ、オオルリヒメハムシ、ダイ

写真❶36 キッコウモンケシカミキリ（スケールは1.5mm）

ミョウナガタマムシなど山地性の上物が続々採れ出す。

　標高450m付近の少し広くなった林道脇に栃木県の設置した「与州自然環境保全地域」の看板。この山一帯はブナ、ミズナラ、コナラ等に覆われ、ニホンザル、シカ、ノウサギが多く生息し、優れた自然環境が保たれている、と記されている。600m付近で林道が終わり、沢沿いの急斜面のトラバース道となる。ところどころロープの張られた岩場もあり、慎重に登る。この沢を登り詰めたところで尾出峠と呼ばれる尾根に出た。

　ここからはクヌギやコナラ、コアジサイ、ツツジ類の多い急な登りが頂上まで続く。途中、広葉樹のスウィーピングで思いがけず県内での発見例の少ないニホンカネコメツキ1匹を得た。そのほか、ヘリムネマメコメツキ、ヒメベニボタル、キボシトゲムネサルゾウムシなどが得られた。

　歩き出してから2時間30分ほどで頂上に到着。広さは10畳間くらい。周囲を広葉樹で囲まれていて遠望は利かない。傍らに小さな祠と石碑が立っている。石碑には「勝道上人修業、第2宿堂跡」と彫ってある。ちょうどお昼になったので弁当を食べていると、大型の甲虫がブーンと飛び回っている。止まったところを見ると獣糞にやってきたセンチコガネであった。静かな森の中からはエゾハルゼミの鳴声が聞こえてくる。人間は誰も登って来ないので、仕方なくセルフタイマーで記念写真を撮り下りることにした。

頂上からの下りは急坂が続き、岩場もあって危ぶない。それに、踏み跡がいくつもあって道が判然としない。霧が出たら道に迷うかも。誰かが木の枝に付けてくれた目印のテープはありがたい。なんとか無事にさきほど通過してきた尾出峠まで戻る。ここからそのまま来た道を戻ってもよいのだが、せっかくなので少し遠回りではあるが、高原山経由の縦走路を行くことにした。

　この道は尾根上のコースで、時々西側の木々の間から旧葛生町方面の山々が遠望できる。始め道の西側がヒノキ林、東側がカシワなどの広葉樹林の続くなだらかな森の道。続いて広葉樹とササの道。伐採跡地に防鹿ネットを張り巡らせたヒノキの植林地などがあり、変化に富む。ここでは、ナカスジカレキゾウムシ、ツノヒゲボソゾウムシなどを得たほか、名前のわからない栃木県初記録と思われるゾウムシ2種を得て、これはすごいことになったゾウ！下山後、堀川正美氏に見ていただいたところ、1種はクチブトノミゾウムシで、予想どおり栃木県初記録。もう1つもノミゾウムシの一種であるが、未記載種と思われ、現在同定中である。

　また、カシワの幹の根元にコフキコガネに似た大きさ2cmくらいの甲虫を見付けた。クチキクシヒゲムシである。私にとっては5年に一遍くらい出会う変な格好の虫である。セミの幼虫に寄生して生活するらしい。写真を撮ろうとして近づいたら、空中に消えた。このあたりにはカシワの枯れ木がたくさんあるので、カミキリの珍品でもと何本か調べてみたが、少々枯れが進み過ぎていて何もいない。

　この後、高原山と2本の送電線鉄塔下を経由して林道に戻った。やれやれ、心配したヒルにもクマにも遭わずに良かった。この山は標高の割にはアプローチが長く時間を要したが、山奥にあり虫の種類も多く、良好な自然環境が保たれているな、と感じた。

　2011年6月4日、前回(2009)登山時に採集した新種らしいノミゾウムシの一種の再採集と食草の確認を目的に再訪。

前回採集地点の850ｍの尾根付近でカシワの葉裏に点々とノミゾウムシを発見。十数匹採集して現地でルーペにより確認したが、2009年の個体と同じものか判然としないため、帰宅後、顕微鏡で見たところガロアノミ

写真⓭　ウスモンノミゾウムシ（スケールは１mm）

ゾウムシ Orchestes golloisi がほとんどで、残り３匹がウスモンノミゾウムシ Orchestes variegatus（写真⓭）と判明。新種らしい2009年の個体は１匹も含まれていなかった。その後、堀川正美氏のご教示で、新種と思われた個体は、実はガロアノミゾウムシの羽化直後の未成熟個体であろうとの判定が下された。

　なお、今回、沢沿いのじめじめした登山道で、前回遭わなかったヤマビル多数に襲われたので、この山に登られる方はご注意を！

今日この山で出会った主な昆虫類

ダイミョウナガタマムシ Agrilus daimio（1ex.）、ニホンカネコメツキ Limoniscus niponensis（1ex.）、ヒメベニボタル Lyponia delicatula（2exs.）、ドウボソカミキリ Pseudocalamobius japonicus（1ex.）、キッコウモンケシカミキリ Exocentrus testudineus（1ex.）、マルモンタマゾウムシ Cionus tamazo（2exs.）、クチブトノミゾウムシ Orchestoides decipiens（1ex.）、キボシトゲムネサルゾウムシ Mecysmoderes ater（1ex.）、ジュジコブサルゾウムシ Craponius bigibbosus（5exs.）、トゲカタビロサルゾウムシ Cyphosenus bouvieri（1ex.）など。

⑧³ 氷室山 *1123m* ⑧⁴ 宝生山 *1154m*

- ◆登山日　2013年6月23日
- ◆天　候　晴のち曇
  　　　　　佐野市の気温、最低17℃、最高28.3℃
- ◆コース　旧粟野町と旧葛生町境界の登山口→氷室山→宝生山（往復）

全山に響くエゾハルゼミの大合唱

　登山口は、鹿沼市から県道鹿沼足尾線で上粕尾・山の神へ。そこからさらに分岐する大荷場木浦沢林道を3kmほど入った佐野市秋山と鹿沼市上粕尾の境界付近にある。林道の峠にはゲートのあるやや広い砂利道が東方に延びている。これは登山道ではなく、東京電力の送電用鉄塔の管理道である。ホンマの登山口は林道を少し下がった切り通しの路肩の上にある。赤い鳥獣保護区の表示板の下に小さく「氷室山登山口」と書かれた案内表示がある。ちょっと分かりにくく、鉄塔の管理道の方に入りやすいので、注意が必要である。

　登山道に入って間もなく、全山に響くセミの大合唱が耳に飛び込んできた。このセミはエゾハルゼミ（写真⑬⑧）で、日本全土の山地帯に分布し、6～7月に出現する。鳴き声を表記するのは難しいが、ミョウキン、ミョウキン、ケケケ……と聞こえる。声はすれども樹上に姿を見つけるのは難しい。たまたま道端のササ葉上に止まっているのを見つけた。体長は3cmほどで、翅の先端までの大きさは4cmほどである。翅は透明で、7月ごろ出現しカナカナと鳴くヒグラシに似ているが、それより若干小型。

　稜線までの登山道周辺にはヒノキの人工林が見られるが、幹

写真⑬⑧ エゾハルゼミ（スケールは10mm）

の高さ1m50cmくらいまで金網が巻き付けられている。シカの食害から木を護るためである。上粕尾の林道の始点付近でもスギの幹に同様の網が巻き付けられていた。しかし、今日は山の中で1頭のシカにも会わなかった。実は、氷室山付近にはヤマビルがいると聞いていたので用心していたのであるが、今回吸いつかれずに済んだ。標高1000m以下でシカがいるとヤマビルがいることが多いのであるが、この山の上部は1000mを超えていることと、登山道が乾燥した尾根上にありヤマビルは生息していない可能性が高い。

　1時間ほどで稜線に出る。ここから山頂方面にかけての植生はツツジ、リョウブ、ホオノキ、カシワ、オオバアサガラ、ヤシャブシなどの広葉樹で、林床にはササが茂っている。

　登山口から稜線までの間で、種々の植物の葉上で見られた昆虫類は、ハムシ類ではヒゲナガウスバハムシ、ヒゲナガアラハダトビハムシ、チャバネツヤハムシ、ヒロアシタマノミハムシなど。ゾウムシ類ではクロトゲムネサルゾウムシ、キイチゴトゲサルゾウムシ、ムネスジノミゾウムシ、リンゴヒゲボソゾウムシ、トゲアシヒゲボソゾウムシ、ウスアカオトシブミなど。コメツキムシ類ではカバイロコメツキ、ヒラタクロクシコメツキ、チャグロヒラタコメツキ、コガタシモフリコメツキ（写真❶❸❾）。

　これらの中で想定外の種はチャバネツヤハムシであろうか。体長5mmほどで、翅は光沢の強い茶色。栃木県内では、通常平地から低山地の林縁や河川敷、湿地周辺などでガガイモの葉を食べて生活している。今回、標高1000mの高いところで見られたのは意外であった。このあたりにもガガイモがあるのか、それとも、低地から風で吹き上げられてきたのか。

　稜線に出てから30分ほどで氷室山頂に着いた。カラマツやア

写真❶❸❾　コガタシモフリコメツキ（スケールは3mm）

カマツの混じる広葉樹に囲まれ遠望は利かない。細長い尾根の一角といった狭い頂上である。頂上から少し下ったやや広い鞍部には氷室山神社がある。1対の石灯籠と石垣のある石祠には、お賽銭や御神酒、お菓子、飾りなどが供えてある。早速、私も本日の大漁と無事の下山を願って、二礼二拍一礼。

　この後、頂上からの道を南に進むと、道は二股に分かれる。左は大荷場方面へ、右は根本山方面へ。この分岐を右にとり、さらに進むとまた道は2分する。直登すると宝生山へ。右の巻き道を進むと宝生山頂を経ないで十二山へのルートである。このあたり道標が古くてよく見えなかったり、無かったりで迷いやすいな、と感じた。

　宝生山では本日初めて人間に出会った。足利や桐生方面から来られた会社の同僚と見受けられる、3♂1♀の4人連れである。年代は50代と40代が各1人、20代が2人か。

　宝生山の頂上は細長い4.5畳くらいの広さ。ツツジの木に木札がぶら下がっているのでよく見ると、「アカヤシオ」と書かれている。このあたりはシーズンにはアカヤシオの花が一杯で、さぞかしきれいなのであろう。

　稜線に上がってから宝生山にかけてで出会った主な昆虫類は、キンケノミゾウムシ、ウスモンノミゾウムシ、クロツブゾウムシ、ナガアシヒゲナガゾウムシ、アカタマゾウムシ、ツノヒゲボソゾウムシ、クリイロクチブトゾウムシなどのゾウムシ類のほか、カバノキハムシ、ミカドキクイムシ、キノコヒラタケシキスイ、クシヒゲベニボタル、ヒゲブトジュウジベニボタル、ホソアシナガタマムシなど、など。

　これらの中で、キンケノミゾウムシ以下、アカタマゾウムシまでの5種は栃木県内での発見例の少ない種である。また、ツノヒゲボソゾウムシは稜線上でもっとも多く見られた種類で、体長3〜5mm、からだは緑色や灰褐色色の鱗片で覆われている。栃木県内では1000m以上の山地帯に広く分布し、ツツジやナラ、ヤナギなどの広葉樹につく。

午後は雷雨との予報なのでお昼頃、車を止めてあるところに戻った。しかし、天気はまだ大丈夫そうなので、登山口近くの林道を少し歩いてみた。これというエモノは無かったが、今日山の上の方で見かけなかったアカアシクチブトカメムシ、キバネマルノミハムシ、チャイロサルハムシ、オオルリヒメハムシ、ミドリトビハムシ、ヒゲナガホソクチゾウムシとクロサナエに出会った。そのほか、虫以外のすごいオマケが付いた。アスファルト道路の真ん中で、長さ1m以上の2匹のアオダイショウが絡み合っているのである。多分、交尾中。私に気付いて2匹とも鎌首をもたげて攻撃姿勢。カメラを向けようとすると道の端に逃げた。せっかくのところお邪魔して、すんません！

今日この山で出会った主な昆虫類

クロサナエ *Davidius fujiama*（1ex.）、コガタシモフリコメツキ（ヘリアカシモフリコメツキ）*Actenicerus aerosus aerosus*（5exs.）、チャグロヒラタコメツキ *Calambus mundulus*（1ex.）、ヒゲブトジュウジベニボタル *Lopheros crassipalpis*（1ex.）、オオルリヒメハムシ *Calomicrus nobyi*（1ex.）、チャバネツヤハムシ *Phygasia fulvipennis*（1ex.）、ナガアシヒゲナガゾウムシ *Habrissus longipes*（1ex.）、アカタマゾウムシ *Stereonychus thoracicus*（2exs.）、ウスモンノミゾウムシ *Orchestes variegatus*（2exs.）、キンケノミゾウムシ *Orchestes jozanus*（6exs.）、クロツブゾウムシ *Sphinxis koikei*（1ex.）、クロトゲムネサルゾウムシ *Mecysmoderes nigrinus*（1ex.）など。

八溝山（左寄りピーク）

(85)根本山 1199m　(86)熊鷹山 1169m

ねもとやま　くまたかやま

◆登山日　2009年8月25日
◆天　候　曇時々晴
◆コース　佐野市作原→学林口広場→熊鷹山→十二山→十二山根本山神社→根本山→熊鷹山→沢コース→白ハゲロ→学林口広場

◆登山日　2010年6月17日
◆天　候　晴
◆コース　学林口広場→熊鷹山→十二山→根本山（往復）

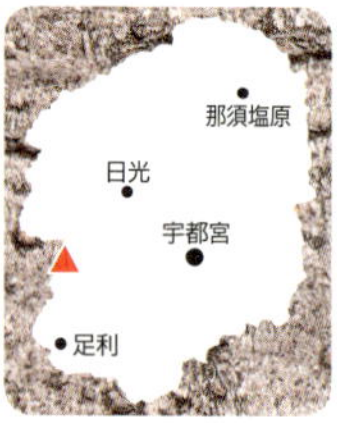

キスジコガネの集団乱舞に遭遇

この２つの山は旧田沼町の奥深く群馬県境近くに位置し、根本山は山頂が佐野市と群馬県桐生市に接している。

登山口の学林口広場（470m）には大きな駐車場とあずま屋、トイレなどが設置されているが、最近はあまり利用されないらしく、廃虚化している。どこに通じているのか不明であるが、立派に舗装された県道201号から林道らしき道に入る。天気は曇り、昨宵の雨で道沿いの植物は濡れていて、虫の気配はない。約10分で林道は終わり、渓流沿いの細い山道に入る。川と道の間にアミが張り巡らされているので、川の方をのぞいてみると、ワサビ田があるではないか。今晩の刺身のツマに２、３本欲しいなと思っているうちに、道は川を離れ、杉林の中のジグザグの急登となった。

750m付近で稜線に出ると、広葉樹が多くなり、道端にもコアジサイやツツジ類が見られるようになった。それらをすくってみると、からだにダニを付けたホソアナアキゾウムシ、フトハサミツノカメムシ、アルマンコブハサミムシなどが入ったが、いやに虫の数が少ない。

その後やや急な登りが続き、２時間あまりで熊鷹山頂に着いた。狭い頂上には木製の立派なヤグラ型の展望台が設置されている。今日は曇りで余り眺望はないが、晴れていれば日光連山や八ヶ岳、富士山も

見えるという。午前11時の頂上の気温は12℃しかなく、寒く感ずるくらいである。

　ここからさらに奥にある十二山、根本山を目指す。途中は稜線上のなだらかな道で、ミズナラなどの広葉樹の素晴らしい森が続いている。下草は背の低いササ原である。試しにこのササをすくってみると、ササ類を食草とするヒメクモヘリカメムシが1匹と、これもササの葉を食べるヒロアシタマノミハムシと微小なツマアカヒメテントウがワンサと入った。この後も数回ササ上をすくってみたが、虫の内容は同じであった。

　熊鷹山から30分ほどで十二山を経て十二山根本山神社に着いた。やや広い平らなスペースに大きな鳥居と小さな祠があるほか、壊れた建物の残骸が放置されている。昔は神社があって信者たちで賑わったのであろうか。ここからさらに30分ほど登って根本山頂上に着いた。尾根上の一角といった感じの狭い頂上で、周囲は広葉樹に囲まれ眺望は無い。

　帰りは熊鷹山に戻り、ほどなく白ハゲ口への沢コースを選んで下る。ところが、この道は所々で崩壊している上に、朽ちた橋や渓流の渡渉があり、スリル満点。あまり歩かれない道のようで大失敗。それでも、このコースでヒゲナガウスバハムシ、マルモンタマゾウムシ、クリイロクチブトゾウムシなどを得た。また、白ハゲ口へ下山した後、学林口への40分の長い林道歩きで、チビカサハラハムシ、ヒゲナガアラハダトビハムシ、サメハダツブノミハムシ、オオキイロマルノミハムシなど山地に常連のハムシ類などを得た。もう秋なのか、虫が少ないな、と感ずる山行であった。

［2010年6月17日の山行］

　昨年8月に訪れたときは、寒々しく、虫もあまり見られなかったので、季節の良い今回の再訪となった。学林口から林道を歩いて間もなく、道端の樹木の葉や草葉をすくってみると、いきなり大珍品が得ら

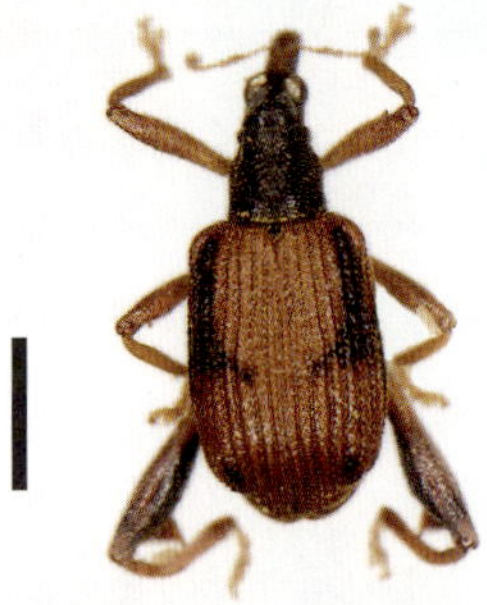
写真(140) ハラグロノコギリゾウムシ（スケールは1.5mm）

れ、やったー。私にとっては初めての採集となるハラグロノコギリゾウムシ（写真(140)）である。県内では旧黒磯市と塩谷町、足利市から４例の記録しか知られていないものである。そのほか、アラメクビボソトビハムシ、ウスグロチビヒゲナガゾウムシ、シロオビアシナガゾウムシなど中珍クラスも得られた。

稜線上ではツツジ類、コアジサイほかの広葉樹の葉上からルリウスバハムシ、ヒラタチビタマムシ、ヒラタクロクシコメツキなどが得られた。途中、大きな広葉樹の根本で休んでいると、そばの地上1mくらいの高さにホバリングしているやや大型のアブ１匹に気づいた。私の動きを警戒しているらしく、腕を上げたりすると、すぐに少し位置を変える反応を示す。アミを持って捕まえようとすると、どこともなく飛び去った。ところが、数十秒後にはまた元の位置でホバリングしている。こんなことを２、３度繰り返し、待ち伏せをして戻ってきたところをアミに入れた。からだに黄色と茶色の文様のある大変に美しいアブである。特徴がはっきりしているので、アブに盲目の私でもと、帰ってから図鑑で調べてみたところ、シロスジナガハナアブであった。

少々バテ気味となりながらも、２時間余りで熊鷹山頂に着いた。早速展望台に登って素晴らしい景色で疲れを癒そうと思ったら、東側1kmほど遠方で山肌を削って道路建設が行われているのと、すぐ近くの根本山の中腹で樹木の伐採が行われているのを眼にして、せっかくの絶景も台無し。

山頂で休憩していると、道端のいたるところで数十匹のキスジコガネ（写真(141)）の群飛が見られた。良く陽の当たるごく狭い範囲であるが、地面すれすれを飛び回っては、付近のササの葉や草葉上に止まる

ことを繰り返している。性比を調べてみようと15匹ばかり持ち帰って調べてみたところ、なんと皆♂であった。♀は草葉の根元あたりにいて性フェロモンを出し、♂を引きつけていたのであろうか。葉上での交尾個体は

写真⑭ キスジコガネ（体長10mm）

ゼロであったが、この乱舞は配偶行動の一種ではないかと推察されるが、どうであろうか。

　熊鷹山と根本山との間はなだらかなミズナラなどの大木とササの茂る大変にすばらしい森である。前回はヒロオアシタマノミハムシが見られたくらいであったが、今回はコブヒゲボソゾウムシ、ツノヒゲボソゾウムシ、ミヤマジュウジアトキリゴミムシ、ミヤマベニコメツキ、キバネマルノミハムシ、シロホシテントウなど多数の甲虫類が見られ、豊かな森だなーと実感した。

今日この山で出会った主な昆虫類

2009年8月25日：チビカサハラハムシ *Demotina decorata*（1ex.）、クリイロクチブトゾウムシ *Cyrtepistomus castsneus*（1ex.）、マルモンタマゾウムシ *Cionus tamazo*（1ex.）、ホソアナキゾウムシ *Dyscerus elongatus*（1ex.）。

2010年6月17日：シロスジナガハナアブ *Milesia undulata*（1ex.）、ミヤマジュウジアトキリゴミムシ *Lebia sylvarum*（1ex.）、キスジコガネ *Phyllopertha irregularis*（多数目撃）、トゲムネツツナガクチキ *Hypulus acutangulus*（1ex.）、アラメクビボソトビハムシ *Pseudoliprus nigritus*（1ex.）、ウスグロチビヒゲナガゾウムシ *Uncifer truncatus*（1ex.）、ハラグロノコギリゾウムシ *Ixalma nigriventris*（1ex.）など。採集地名はすべて佐野市熊鷹山とする。

87 大鳥屋山 693m 88 岳ノ山 704m

◆登山日　2012年6月18日
◆天　候　晴
◆コース　佐野市前沢・市営駐車場→林道下前沢線→大鳥屋山頂→624ピーク→岳ノ山→五丈の滝→前沢登山口

スギの美林とヤマビルとカミキリムシ

　大鳥屋山は栃木県南西部の安蘇山塊に属し、旧葛生町と旧田沼町の境界付近にある。

　午前9時頃、前沢の「五丈の滝」の看板とトイレのある市営駐車場に車を置き、登山案内書にしたがって林道下前沢線を歩き出す。沢の流れに沿った大変に見事な杉林の中の道である。この山には登山口とか、道標のような案内板は無いようで、道迷いが心配である。

　30分ほどで第一ポイントの林道終点に着いた。登山書では、ここから右の沢に沿った作業道に入ると書いてある。草木をかきわけて進むうちに、いつの間にか道を見失った。虫採りに夢中になっているうちにケモノ道にでも入ってしまったのであろうか。そこで、もう一度林道終点に戻り、今度は左側の沢を登ることにした。

　こちらは倒木やヤブ続きで、人の歩いた気配はない。その時、土の上に足跡を見つけた。しかし、よく見ると人間のものではなく、クマかシカかイノシシか、何か大型動物のものらしい。さらによく見ると、2つのひづめ（蹄）が左右並んでいるところから、ニホンジカのものであろうと判断し、前進を続けることにした。しばらく行くと、沢の水は枯れ、二手に分かれた。右側を選択。いずれにしても、この沢を登り詰めれば大鳥屋山と岳ノ山を結ぶ稜線に出ると確信し、杉林の急斜面を直登。雨上がりで地面は柔らかいため、滑りやすく、大変な難儀を強いられた。

10時40分ころ、稜線上のしっかりした登山道に飛び出した。まずはホッ。ここからはアト30分ほどで大鳥屋山頂のはずである。ここまでは登るのに精一杯でほとんど虫を採っていないので、コアジサイやリョウブ、

写真⑭ トビイロカミキリ（スケールは5mm）

ツツジなどのスウィーピングに励む。しばらくしてアミの中をのぞいてみてアット驚いた。橙色で、体長1.5cmほどの、60年間も虫をやっていて私のまだ見たことのないカミキリムシの一種である。下山後、トビイロカミキリ（写真⑭）とわかった。本種は、栃木県では日光、宇都宮からごく少数しか記録のない大珍である。そのほか、頂上までの間では、ツヤチビヒメゾウムシ、ミヤマヒシガタクモゾウムシ、アカアシノミゾウムシ、ジュウジコブサルゾウムシ、キイチゴトゲサルゾウムシ、ズグロキハムシなどにお目にかかった。また、この時得た体長2mmの黒っぽいゾウムシの一種は、その後、野津裕氏の同定により栃木県初記録のヨツオビクチブトゾウムシと判明した。

　11時過ぎに大鳥屋山頂に着く。尾根上の広く平らな杉林の中にあり、山ノ神の石祠や御嶽講の石碑などがあり、信仰の山だったらしい面影が伺われる。

　一休みして頂上に別れを告げ、さきほど上り詰めた尾根との合流点まで戻り、岳ノ山方面に向かう。途中の624mピーク付近では作原側でスギの伐採が行われている。ピークで昼食を摂っていると、付近の林床を飛び回るたくさんのヒカゲチョウ類が目に付く。なかなかうまく採れなくて苦労の末、やっと4匹ばかりネットに入れた。ウラジャノメ2匹とコジャノメ2匹であった。そのほか、同じ場所でカラスアゲハ1匹とダイミョウセセリ2匹を見かけた。

　ピークを出発して間もなく、低木のスウィーピングで、またしても

写真❶❹❸ クモノスモンサビカミキリ(スケールは3mm)

私にとって初めてのカミキリムシを得た。大きさ7mm。黄色っぽく、翅端付近に白いクモの巣のような模様がある。クモノスモンサビカミキリ(写真❶❹❸)であった。本種は、栃木県内では日光市、旧栗山村、旧塩原町、塩谷町などから見つかっているが、少ない種のようである。この後もカミキリムシがアミに入り、またかとドッキリしたが、こちらは普通種のシナノクロフカミキリであった。

　岳ノ山に近くなったころから、道に岩とロープが現れ、大岩をよじ登るスリルあるトレイルに変わった。慎重に通過してやれやれと思っていると、岳ノ山頂方から60代くらいのおじやんが下りてきた。私の住む宇都宮市の隣の石橋から来たという。ちょうど私と逆コースを登ってきているのである。おじさんにヤマビルに遭いませんでしたかと、尋ねてみると「やられました。この通り」と、真っ赤に血の滲んだふくらはぎを見せてくれた。

　昨年夏に、私が岳ノ山に登りに来たとき、登山口の駐車場に「ヤマビルに注意」という看板が立っていた。そのときは、岳ノ山の頂上に着いて足元を見ると、3匹ほど登山靴の外側に付いていたが、吸血されずに済んだ。今日は、登山口に看板はなかったが、襲われてもよいように「ヤマビルファイター」というヤマビルを防ぐ薬を登山靴にスプレーしてきたので、足の方は大丈夫だった。しかし、五丈の滝上の沢のあたりで、岩につかまったりして下りてきたところ、手の甲に1匹吸い付いていた。

　大鳥屋山から1時間余りで岳ノ山山頂に到着。山頂には2つほど石の祠があったので、登山の無事とヤマビルに遭わないように手を合わせた。この山の付近ではエゴツルクビオトシブミ、キノコアカマルエンマ

ムシ、ヒラノクロテントウダマシ、ヤノナミガタチビタマムシ、ルイスコメツキモドキなどに出会った。

　岳ノ山と五丈の滝との中間地点まで下りた谷間で、ちょっと不思議な光景に遭遇した。時刻は2時40分ころからで、ちょうど太陽が近くの峰に隠れて、少し暗くなりかけた時である。あちこちで、前翅開張2〜3cmほどの蛾が1〜3mくらいの高さの空間を飛び回ったり、付近の木の葉や枝に止まったりを繰り返している。ガの大きさやハネの色などはいろいろで、4、5匹捕まえてみると、シャクガ科やメイガ科のもので、多くの種が含まれているようである。配偶行動や縄張り行動でもなさそうである。照度に関係ある現象なのであろうか。飛び回っている小蛾類を見ていたところ、突然目の前の木の葉に前翅開張が11cmもあり、うす水色で美しいオオミズアオ1匹が止まっているのに気づきビックリ。

　この後、「五丈の滝」の観瀑台に立ち寄り、高さ40m、傾斜80度の岩肌を滑るように落ちる栃木景勝百選の名瀑を観賞し帰路についた。

今日この山で出会った主な昆虫類

キノコアカマルエンマムシ *Notodoma fungorum* (1ex.)、ヒラノテントウダマシ *Endomychus hiranoi* (1ex.)、トビイロカミキリ *Allotraeus sphaerioninus* (1ex.)、クモノスモンサビカミキリ *Graphidessa venata* (1ex.)、ズグロキハムシ *Gastrolinoides japonicus* (1ex.)、エゴツルクビオトシブミ *Cycnotrachelus roelofsi* (1ex.)、アカアシノミゾウムシ *Orchestes sanguinipes* (1ex.)、ヨツオビクチブトゾウムシ *Imachra nipponica* (1ex.)、ツヤチビヒメゾウムシ *Centrinopsis nitens* (1ex.)、ジュウジコブサルゾウムシ *Craponius bigibbosus* (2exs.)、ミヤマヒシガタクモゾウムシ *Lobotrachelus minor* (1ex.) など。

89 多高山 608m

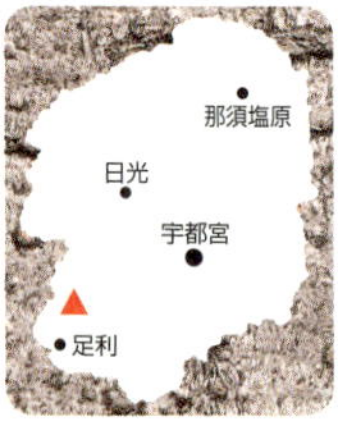

◆登山日　2014年6月3日
◆天　候　晴曇
　　　　　佐野市の気温、最低16.7℃、最高29.1℃
◆コース　老越路峠→頂上→ゴルフ場→県道66号→老越路峠

カシワが育む多くの昆虫類

この山は群馬県桐生市に近い旧栃木県田沼町（現・佐野市）飛駒にあり、すぐ近くには栃木百名山の赤雪山と仙人ヶ岳がある。

車で県道66号桐生田沼線を通り、飛駒の番場付近に差し掛かると、西の方角に三角形をした端正な山体が見えてくる。あれだな、と直感しながら、間もなく登山口のある老越路峠（標高約400m）に着く。

登り口はこのあたりかなと眺め回すと、ヤブの中に半ば朽ち果てた文字のはっきりしない登山口と書いた標識がある。ヒノキ林の中の細い道を登り始めると、山岳信仰の名残であろうか道端に古い「根本山神」と書かれた石の祠がある。道は次第に急な斜面の登りとなるが、踏み跡は落ち葉の下に消え判然としなくなる。最近、あまり登山者が来ていないなと感じた。頂上までたどり着けるのか不安になってきたが、登るにつれて木の枝や幹に目印と思われる色テープを見つけ、それを便りに登っていく。途中、カメラに付けていた小型の三脚を落としたことに気づいた。しかし、はっきりしない道を登って来たため、探しに戻るのは危険と考え断念することに。

道の両側にはマツノザイセンチュウにやられたアカマツの立ち枯れ木が目立つ。この山の登山道付近の植生は下りの行程も含めコナラ、ツツジ、リョウブ、ネジキ、コバノトネリコなどのほか、カシワがもっとも多く見られるようである。

1時間20分ほどで頂上に着いてしまった。石祠と木に吊された山名

板がある。10畳くらいの広さで、周囲はホオノキ、カシワ、アカマツなどの樹木に覆われ、遠望は利かない。

写真144 ヤツボシツツハムシ（体長7.5mm）

この山の登山道沿いにはカシワが大変に多く見られたのであるが、今回、この植物に育まれたと思われる多くの昆虫類にも出会うことができた。その主なものとしては、アカシジミ、クロオビカサハラハムシ、ヤツボシツツハムシ（写真144）、ツンプトクチブトゾウムシ、カシワクチブトゾウムシ、ガロアノミゾウムシ、レロフチビシギゾウムシなど。

この中のアカシジミ（写真145）は前翅を拡げた差し渡しの長さは3cm余り。全体橙色をした美しいシジミチョウの一種である。北海道から九州まで全国に分布。栃木県内では平地から日光戦場ヶ原のような山地帯にかけて広く生息しているが、そんなには多くない。幼虫はカシワのほか、コナラ、クヌギなどを食べる。

山頂からはもと来た道を戻らず、東側山麓にあるゴルフ場へ下るコースをとった。ただ、頂上から降りようとしたとき、ゴルフ場への案内標識が逆向きに付け替えられているのに気づいた。ちょっと迷いそうになって地図で確認。案内板は登山者にとって命に関わる大変に重要な標識なので、絶対にいたずらなどしないで欲しい。多分、中学生あたりが面白半分にやられたのではないかと思われるが、もし、大人や教師が同行していたらご注意のほど願いたい。

山頂から降り始めると、1カ所危険な岩場があり、慎重な通過が求められた。この後ゴルフ

写真145 アカシジミ（スケールは5mm）

場までは緩やかな尾根道をクラブハウスの赤い屋根を目指して下った。

　今回、登山道で出会ったそのほかの主な昆虫類は、アカガネチビタマムシ、ズグロキハムシ、キバネマルノミハムシ、ツヤチビヒメゾウムシ、ネジキトゲムネサルゾウムシ、ミヤマイクビチョッキリ、モンキアゲハ、アカタテハなど。

　ゴルフ場に下りた後、老越路峠に戻り、登山口付近でしばらく採集を行った。ブーンという賑やかな合唱音が聞こえてきたので頭上を見ると、白いエゴノキの花に無数のクマバチが訪れているところであった。また、ガマズミの白い花上にはジョウカイボンやハナムグリに混じってキイロトラカミキリが訪れていた。そのほか、カミキリムシ類ではキモンカミキリ、シナノクロフカミキリ、キクスイカミキリ、ハムシ類ではリンゴコフキハムシ（付いていた植物、クリ）、オオアカマルノミハムシ（ボタンズル）、キアシノミハムシ（ハギ）、ムナグロツヤハムシ（クリ）、ヨツボシハムシ（？）、コメツキムシ類ではクロツヤハダコメツキ、ヒメクロコメツキ、ゾウムシ類ではヒゲナガオトシブミ、エゾヒメゾウムシ、ウスグロアシブトゾウムシ、ヒラズネヒゲボソゾウムシなど。

　この中で特に注目される種はウスグロアシブトゾウムシである。本種は体長2mmほど。体は黒色で地味な種。本州、四国、九州に分布し、全国的に少ない種とされる。栃木県内では、これまで矢板市、日光市（旧栗山村）、塩谷町から3例の記録が知られるのみである。

　多高山は栃木百名山に選ばれていない、群馬県境に位置している、これといったセールスポイントがない、などからか知名度が低い。そ

今日この山で出会った主な昆虫類

アカシジミ *Japonica lutea*（1ex.）、キモンカミキリ *Menesia sulphurata*（1ex.）、クロオビカサハラハムシ *Hyperaxis faciata*（1ex.）、オオアカマルノミハムシ *Argopus clypeatus*（3exs.、他にも数匹目撃）、ウスグロアシブトゾウムシ *Gryporrhynchus obscurus*（1ex.）、エゾヒメゾウムシ *Baris ezoana*（1ex.）、ネジキトゲムネサルゾウムシ *Mecysmoderes brevicarinatus*（3exs.）など。

のためか、あまり訪れる人もなく、登山道もはっきりしないところがある。山の形がきれいで、珍しい虫もいるようなので、地元で登山道や案内板の整備などをおこなって、もっとハイカーを呼び込んではいかがだろうか。

⑩ 仙人ヶ岳 *663m*
せんにんがたけ

◆登山日　2006年9月3日
◆天　候　快晴
　　　　　近隣の佐野市の気温、最低20.2℃、最高31.6℃
◆コース　足利市岩切登山口→生不動尊→頂上→犬返し→
　　　　　東尾根の分岐→猪子トンネル→岩切登山口

本地域の固有種アシカガミヤマヒサゴコメツキ

　仙人ヶ岳は足利市の西北部に位置し、群馬県桐生市との境界にある山である。標高はあまり高くないし、楽に登れる山だろうと思った。しかし、山名が人間離れしているようだし、登山案内書には僧侶が荒行の場として不動明王を祀ったと記載してあるので、ひと味違うのかも知れないと思った。

　歩き始めると、登山道は小俣川の清流に沿って延びており、せせらぎの音が心地良い。まだ午前8時とあって道沿いの草葉は露で濡れていて虫の姿はない。最初に虫を認識したのはミンミンゼミの鳴き声であった。次いで紫色のギボウシの花で吸蜜するホウジャクの一種を見つけたが、写真を撮ろうとして逃げられた。道沿いの路肩や斜面がボコボコに荒れているところが多い。自然に崩れたのでも、人為的なものでもなく、イノシシの仕業ではないかと思った。陽当たりの良いヤブ状の路肩では蔓植物のボタンヅルやセンニンソウが繁茂しており、前者にはムネアカタマノミハムシ、後者にはキイロタマノミハムシが多く見られる。それらに混じってハッとする獲物第1号はあまり多くない

写真⑭ アシカガミヤマヒサゴコメツキ（スケールは3mm）

ハイイロチョッキリ。次いでアミの濡れるのもかまわずスウィーピングを試みたところ、さらに珍品のクビアカトビハムシをゲットした。

渓流沿いの道は次第に薄暗いスギの植林地となるが、チドリノキやムラサキシキブなどの灌木やアザミ、シダ類などの草本が多く茂っていて、虫のいそうな臭いが漂っている。登山道は渓流を石伝いに、あるいは半ば朽ちた丸木橋で頻繁に左右に渡るようになった。時には流れに沿ってやや切り立った岩盤を四つんばいで越えなければならないところもあり、仙人の山らしくなってきた。

流れや道の上をスーと行きかう大型のトンボを発見。2度、3度とアミを振るがヘタクソで入らない。焦り始めたころ、近くの木の枝に止まってくれたのでようやくネットイン。ミルンヤンマであった。その後、渓流沿いの水面近くの土の中や朽ち木に腹部を差し込んで産卵中の個体を観察することができた。

また、渓流沿いの草葉上に止まっているアシカガミヤマヒサゴコメツキ（写真⑭）1匹を捕らえた。このコメツキムシは足利市在住の大川秀雄さんが、足利市周辺地域から初めて発見し、1986年に岸井尚博士によって新亜種として記載されたもので、私にとっては初めての採集となった。

写真⑭ オオホシカメムシ（体長17mm）

途中の不動明王を祀った生満不動尊近くではハサミのあるカメムシ、ヒメハサミツノカメムシやオオホシカメムシ（写真⑭）、ミヤマヒシガタクモゾウムシ、タマゴゾウムシ、ツヤチビヒメゾウ

ムシ、ジュウジトゲムネサルゾウムシなどが見られ、予感どおりのなかなかの収穫である。

　沢が終わるとロープのある急登があり、熊の分岐と呼ばれる尾根にたどりついた。そこから若干の上り下りがあり、出発から3時間ほどで頂上に着いた。頂上はやや広く平らであるが、樹林帯の中にあるため、遠望は利かない。1人弁当を広げていると、60代くらいのおじさんが登ってきた。私の虫アミを見るなり、「下の方でオオムラサキを見た」という。虫のことはあまり知らないが、オオムラサキはきれいなチョウなので覚えているという。

　頂上からは尾根コースを下ることにした。ツツジやハギ類、コナラなどの茂る道で、何度も何度もアップダウンが続く。時々露岩混じりの険しい岩登りもある。その最たるものは「犬返し」という難所である。10m近い切り立った岩場でクサリがついている。これ以上は犬には登れないということで、その名があるのだろう。大丈夫、自信のない人のために犬も歩ける巻き道がついているのである。私がどっちを通ったかはご想像におまかせ。

　このコースでズッと耳にしていたのはミンミンゼミとツクツクボウシ、チッチゼミの混声合唱。チョウではクロアゲハ、キアゲハ、イチモンジチョウ、コミスジ、ダイミョウセセリ、ルリシジミ、ヒョウモンチョウの一種。県内に定着した感のあるモンキアゲハも目撃。地面すれすれを飛んでいるのをよく見かけたジャノメチョウの仲間は、3、4回ア

今日この山で出会った主な昆虫類

オオホシカメムシ *Physopelta gutta* (2exs.)、ヒメハサミツノカメムシ *Acanthosoma forficula* (1ex.)、トゲムネアリバチ *Squamulotilla ardescens* (1ex.)、アシカガミヤマヒサゴコメツキ *Hypolithus motschulskyi ohkawai* (1ex.)、クビアカトビハムシ *Luperomorpha pryeri* (1ex.)、ハイイロチョッキリ *Mechoris ursulus* (1ex.)、オオクチブトゾウムシ *Macrocorynus variabilis* (2exs.)、チビヒョウタンゾウムシ *Myosides seriehispidus* (1ex.)、ツヤチビヒメゾウムシ *Centrinopsis nitens* (5exs.)、タマゴゾウムシ *Dyscerus orientalis* (1ex.) など。

ミに入れて見ると、みなコジャノメであった。

そのほか、尾根道で見たのはオオクチブトゾウムシ、トゲムネアリバチなどごく少数。当方もカンカン照りで暑いのと、激しいアップダウンにすっかりバテ気味で採集意欲を失いかけた。しかも、頂上から東尾根分岐までのコースは大変に長い道のりで、なかなか降り口に到達せず、道に迷ってしまったのかと思ったほどである。

この山は虫の多いいい山であったが、沢登りやいくつものアップダウン、岩場登り、長い長い尾根歩きなど、やはり荒行の僧侶や仙人の山と悟った。

㉑ 赤雪山 *621m*
あかゆきやま

◆登山日　2013年5月27日
◆天　候　曇のち晴
　　　　　佐野市の気温、最低18.4℃、最高27.9℃
◆コース　名草巨石群入口→白坂峠→登山口→頂上（往復）

生きていると鮮やかな朱色のアカイロナガハムシ

赤雪山は足利市北部の佐野市との境に位置し、一角には国の天然記念物に指定されている名草巨石群がある。また、周辺には栃木百名山の仙人ヶ岳や石尊山、行道山などがある。

足利市名草上町の名草巨石群入口付近の市営（？）無料駐車場に車を置き、見事なスギ林の中の舗装された林道を歩き始める。実は、真の登山口は、ここから1時間ほど林道を登ったところにある。

沢に沿った林道わきの草地をアミですくいながら行くと、2cmほどもあるやや大型のコメツキムシが入った。からだは扁平で黒色。脚と触角は褐色をしたアカヒゲヒラタコメツキである。平地から低山地に広く生息しているが、最近あまり見かけなかったので、ここで4匹にも

出会い意外な感じを受けた。

さらに歩いていくと、道の片側の切れ落ちた高さ2mほどの壁の上にギボウシ1株が生えており、その葉を食べているルイスクビナガハムシ1匹を見つけた。体長6mmほどで、からだの色は赤と黒のタテジマのある大変美しい種である。食草としてはギボウシのほか、マイズルソウ、ナルコユリが知られている。筆者はこの虫の写真を撮ろうとして、崖状の壁をよじ登ってカメラを構えたが、シャッターを押す前に虫はポトリと落ちて行方不明。

本稿では一山ごとに虫の生態写真を入れようと心がけてきたが、これがなかなか難しい。やや珍しくて、綺麗な虫が一番良いわけであるが、そんな虫に出くわすことはめったにないのである。今回は願ってもないチャンスであったが逃がしてしまった。その後も、葉の上に止まっていて被写体になりそうな虫を探し続けたが、なかなか見つからない。珍しい虫とか、何とかかんとか贅沢をいわないで、虫なら何でも、という方針転換をしたところ、やっと1つ見つかった。

ここに写真をあげたヒメカメノコハムシ（写真❶❹❽）は、体長5mmほどで、からだは黄褐色。全体的に扁平。体型が亀の子を想像させるところから、この名がある。ただ、この虫は平地から低山地にかけてイノコズチの葉上でよく見かける普通種である。

歩き始めてから登山口までの林道沿いで見かけた主な昆虫類は、タデサルゾウムシ、アカクチホソクチゾウムシ、ジュウジコブサルゾウムシ、ホソアナアキゾウムシ、ヒゲナガオトシブミ、キイロクビナガハムシ、マダラアラゲサルハムシ、コウゾチビタマムシなどなど。そのほか、名前のわからない、多分まだ名前の付いてないと思われるヒメゾウムシの一種を得た。

写真❶❹❽ イノコズチ葉上のヒメカメノコハムシ（体長5mm）

林道は白坂峠付近でいくつかに分岐するが、道標がしっかりしていて道迷いの不安はない。長い林道歩きを終え、ようやく田沼町飛駒の道標とともに赤雪山登山口の看板のある真の登山口に着いた。山道はいきなり木の丸太を並べた階段の急登から始まった。間もなく広葉樹の多い尾根に出たが、その後いくつかアップダウンがあって、簡単な山ではないな、と感じた。

　いつもやるように、道端の樹木や草葉をアミですくいながら、珍しい虫がたくさん入ってくれ、と祈りながら歩く。5、6分すくったところでアミの中をのぞくと、いろいろな虫やクモなどが入っている。登山口から頂上にかけてアミに入った虫で、オヤ！と思ったのは次の2つ。

　1つは、クサカゲロウに近い仲間のラクダムシ。片方の前翅の長さが1cmほど。透き通った翅を持っている。この虫とはめったに出くわさないのであるが、このところ行道山（足利市）と葛老山（日光市）でも出会っている。この虫の幼虫はマツやスギなどの樹皮下に棲み、小昆虫を食べて生活しているという（本虫の写真が葛老山の項にあり）。

　もう1つは、ハムシの一種のアカイロナガハムシ（写真149）。大きさは4mmほどで小型であるが、鮮やかな朱色をしていて、大変目立つ美しい虫である（死ぬと色が褪せて茶褐色になる）。本虫は栃木県内では那須、塩原、西那須野、茂木、鹿沼などで、ニシキギ、イボタ、ツルマサキから得られているが、発見例はごく少数である。

写真149　アカイロナガハムシ（スケールは1mm）

　登山口から1時間10分ほどで頂上に到着。広さは10畳プラス4.5畳ほどのあずま屋。周りにはコナラ、クリ、ミズナラ、カシワ、アカマツなどが茂っている。それらの樹木の間からは目の前の仙人ヶ岳を始め、群馬県や日

光方面の山並みが遠望でき、大変良い眺めである。頂上には近くの岩舟町から来たという70歳前後の山ガールと山ボーイの先客あり。時々ご夫婦で県南の山を歩いているという。別れ際に奥さんが私の手に飴を握らせて下された。

　登山口から頂上間で出会った主な種は、ゾウムシ類ではムネミゾサルゾウムシ、セダカシギゾウムシ、ムネスジノミゾウムシ、ガロアノミゾウムシ、ツンプトクチブトゾウムシ、ルリホソチョッキリなど。ハムシ類ではチビルリツツハムシ、ダイコンナガスネトビハムシ、ツツジコブハムシ、サメハダツブノミハムシ、セモンジンガサハムシなど。コメツキムシではカバイロコメツキ、ヒラタクロクシコメツキ、キバネホソコメツキ、コハナコメツキ、コガタクシコメツキなど。これらの中ではセダカシギゾウムシとチビルリツツハムシはあまり多くない種である。そのほか、名前のわからないサルゾウムシとヒメゾウムシ各1種を得た。

　1989年7月29～31日にかけて、宇都宮大学農学部応用昆虫学研究室の野外観察合宿で名草地区を訪れ、本山周辺で昆虫採集を行った。今回見かけなかったキオビクビボソハムシ、ハギツツハムシ、ウスイロサルハムシ、アカガネサルハムシ、アオバノコヒゲハムシなどと出会っている（稲泉、1989. インセクト 40(2)：105-108）。

今日この山で出会った主な昆虫類

ラクダムシ *Inocellia japonica*（1ex.）、アカヒガヒラタコメツキ *Neopristilophus serrifer serrifer*（4exs.）、テングベニボタル *Platycis nasutus*（1ex.）、アカイロナガハムシ *Zeugophora varipes*（1ex.）、ルイスクビナガハムシ *Lilioceris lewisi*（1ex., 目撃）、チビルリツツハムシ *Cryptocephalus confusus*（4exs.）、ツンプトクチブトゾウムシ *Myllocerus nipponensis*（2exs.）、ムネスジノミゾウムシ *Orchestes amurensis*（2exs.）、セダカシギゾウムシ *Curculio convexus*（1ex.）、ムネミゾサルゾウムシ *Ceutorhynchus sulcithorax*（2exs.）、ジュウジコブサルゾウムシ *Sinauleutes bigibbosus*（2exs.）など。

92 太平山 341m 93 晃石山 419m

◆登山日　2004年4月25日
◆天　候　快晴
　　　　　栃木市の気温、最低5℃、最高20℃
◆コース　東武日光線新大平下駅→太平山→晃石山→馬不入山→JR岩舟駅

奇妙な産卵習性をもつカタビロハムシ

　新大平下駅に降りると、眼前に瑞々しい新緑の太平山系の山並みが飛び込んできた。案内書や地図を頼りにようやく客人神社登山口を探し当て、まず太平山へ向かう。暗いスギ林の石段を登っていくと道端に可憐なチゴユリの白い花が出迎えてくれた。この花は道案内をしてくれるように、今日の行程に沿って稜線上でもよく見られた。神社入り口の謙信平直下の陽当たりの良い斜面でコミスジに出会う。謙信平からの東南方の眺めは遠くに筑波山、真下には陸の松島と呼ばれる絶景が広がる。ここのトイレに立ち寄ったところ、建物内の窓枠にアケビコノハ1匹を見つけ三角紙に収めた。この蛾は夏から秋にかけて発生し、夜、果樹園に飛来して果実から甘い汁を吸うため害虫となる。しかし、越冬した成虫が見つかることはあまりないらしい。これは幸先良い収穫かも。間もなく参拝客で賑わう太平山神社に到着。本日の無事と大漁を祈願した後、境内を見回すと、何やら小型のチョウが地面すれすれを素早く飛び回っている。失敗したら恥ずかしいなと思いながら網を振ったら見事に入った。ミヤマセセリだ。ここから太平山頂に至る暗いスギ林の山道で、踏みつけられたばかりのエサキオサムシ1匹を拾った。富士浅間神社を祀る頂上（346m）を経て、いよいよ晃石山、馬不入山への稜線上の縦走路へ入る。

　稜線上は5～7分咲きのヤマツツジやサクラ類、エゴノキ、コナラ、サカキ、ムラサキシキブなど多数の樹木が新緑を演出している。これら

をスウィーピングしながら歩いていると、ハイカーたちから「何を採っているのか」という質問多数。この日山で出会った人は中高年を中心に予想外に多い200名くらいに上った。晃石山の山頂付近でコバノトネリコに新

写真⑮ カタビロハムシ（スケールは3mm）

梢の切り落とされた独特の食痕を発見。いた！カタビロハムシ（写真⑮）である。新梢を切り捨て、残った枝の切り口の真下に卵を産む。新梢で生産される植物成分が幼虫の生育に有害に働くことを、この虫は長い間に感知し受け継いできたのであろうか。

　晃石山の頂上は小さな祠があるだけで、ごく狭く、見晴らしも利かない。ハイカーたちは少し南へ下った広い空間とベンチなどもある晃石神社でお弁当を広げていた。社殿の脇には小さな花壇があり、なぜかこの山には自生しないはずのスズランやヤマオダマキが花を付けている。確かにこの山には春なのにさしたる花はみられないので、麓の人たちが気を利かせてくれたのかも知れない。この神社の境内はスギ、ヒノキに囲まれているが、時折カラスアゲハ、アゲハ、キマダラヒカゲの一種が、われわれの様子を伺うかのように飛来しては去って行った。

　晃石山を少し下った桜峠で白いクサイチゴの花に数匹のマルハナバチが訪れている。名前を調べてみようと2匹採集して持ち帰った。中村和夫氏の同定でコマルハナバチとわかった。晃石山と馬不入山間は数回のアップダウン、特に下りは長い急坂である。馬不入山の頂上では埼玉県から来たという同好者が捕虫網をかまえている。昨年ここでアオバセセリを捕まえたという。今日はアカタテハ、キアゲハ、ミヤマセセリが飛び回っていた。ここから岩舟町方面に下山。麓のやや暗い雑木林の中で黒っぽいチョウを採ってみると、コジャノメであった。

　前回の山行で虫の生態写真を撮りっぱぐれていたので、2013年4月

写真⑮ クロボシツツハムシ（体長5mm）

23日、太平山を訪ねた。太平神社→グミの木峠→大中寺→太平山と歩いてみたが、林の中の尾根道は空気がヒンヤリしていて虫の気配は感じられない。それではと、太平山神社参道の陽当たりの良い南側斜面に回ってみると、ようやく草葉上にオオアカマルノミハムシ、クロボシツツハムシ、トビサルハムシ、クワハムシなどを見つけ、カメラを向けた。オオアカマルは地面に近い葉裏にいて撮りづらい。トビサルハムシはカメラを近づけるとピョンと飛び去った。クワハムシは捜し物でもしているようにシダ植物の葉上を動き回って、シャッターチャンスが訪れない。ようやく撮れたのが、葉上でおとなしくしていたクロボシツツハムシである（写真⑮）。

そのほか、この日出会った主な種は、フタホシアトキリゴミムシ、ヒメアサギナガタマムシ、ウグイスナガタマムシ、クロオビカサハラハムシ、チビルリツツハムシ、ヒメベニボタル、ファーストハマキチョッキリ、ムモンチビシギゾウムシ、プライアシリアゲ、ヨツボシカメムシなど。

また、この日太平山で採ったハバチの一種を片山栄助氏に見ていただいたところ、栃木県初記録のアカマルナギナタハバチ *Pleroneura hiko-*

今日この山で出会った主な昆虫類

アケビコノハ *Adris tyrannus*（大平町太平山、1ex.）、コマルハナバチ *Bombus ardens ardens*（2exs.）、プライアシリアゲ *Panorpa pryeri*（4esx.）、フタホシアトキリゴミムシ *Lebia bifenestrata*（2exs.）、ヒメアサギナガタマムシ *Agrilus hattorii*（1ex.）、ヒメベニボタル *Lyponia delicatula*（1ex.）、カタビロハムシ *Colobaspis japonica*（1ex.）、チビルリツツハムシ *Cryptocephalus confusus*（1ex.）、ファーストハマキチョッキリ *Byctiscus fausti*（1ex.）、ムモンチビシギゾウムシ *Curculio antennatus*（1ex.）など。地名の無いものは大平町晃石山で採集。

*sana*と判明。本種はきわめて稀な種で、メスは腹端にナギナタ状の産卵管（鋸鞘）を持つところから、この名があるという。

94 諏訪岳 342m 95 唐沢山 241m

◆登山日　2013年5月9日
◆天　候　晴
　　　　　佐野市の気温、最低6.7℃、最高27.2℃
◆コース　京路戸公園→京路戸峠→諏訪岳→唐沢山→京路戸峠→村檜神社→京路戸峠→京路戸公園

春を謳歌し歓喜に舞うアゲハチョウ類

　今回は佐野市の北東に位置する栃木百名山の諏訪岳と唐沢山の縦走を試みる。本地域の大部分は栃木県立唐沢山自然公園に指定され、縦走路は「関東ふれあいの道」の中の「松風の道」として整備されている。国道293号を足利方面に走り、旧田沼町にさしかかると、東側に富士山型の諏訪岳とそれに連なる唐沢山への山並みが一望できる。まず諏訪岳を目指すため、東武佐野線多田駅近くから京路戸公園に向かい、車を止めた。

　杉林の中のジグザグの道を登り始めると、間もなく道の両側にアズマネザサと思われる竹ヤブが現れ、その刈り取られた竹が放置されている。それを何気なく眺めながら歩いていると、竹の幹に止まっている小さな虫を見つけた。枯れた竹を食べる体長5mmほどのササコクゾウムシ（写真152）である。また、すぐ近くのササの葉上に、堅い竹の茎の中で繁殖するコガシラコバネナガカメムシを見つけた。意外にも竹につく虫が本日

写真152 ササコクゾウムシ（スケールは1.5mm）

の初エモノとなった。

　30分ほどで諏訪岳への分岐となる京路戸峠に到着。ここからは一転して明るく眩しい新緑の尾根道となった。コナラやツツジ、トネリコ、ハギなどをスウィーピングしながら登る。時々アミの中をのぞいてみると、カシワクチブトゾウムシ、マダラアラゲサルハムシ、ケブカクロナガハムシ、キバネマルノミハムシ、キイロテントウなど低山の常連が顔を見せた。中でもネズミモチを食草とするキバネマルノミハムシが多く、この後、唐沢山にかけてよく見られた種の1つである。

　頂上近くになると急な登りが続く。峠から30分ほどで頂上に着いた。低山でも甘く見てはいけない。すっかり息が切れた。頂上は6畳間くらいの広さ。西側の眺望が良く、佐野の市街地方面が眼下に広がっている。チョウは山頂がお好きなようで、カラスアゲハやクロアゲハ、オナガアゲハ、アゲハがひっきりなしにやってきては飛び回っている。まるで春の訪れを謳歌し、歓喜に充ちて舞っているようである。

　一端京路戸峠に戻り、いよいよ唐沢山への縦走路へ。植生もコナラ、ツツジ類のほか、サクラ、ガマズミ、ネジキなどが多く見られるようになる。途中に東京農工大学の演習林があり、植生などに関する立て看板が設置されている。虫の方はレロフチビシギゾウムシ、ガロアノミゾウムシ、ホソルリトビハムシ、セモンジンガサハムシ、ヒラタクロクシコメツキなどが見られるが、これといった大物は現れない。「何かいい虫はいないのかね」と、やけになってアミを振り回していると、やっと、これはという虫にありついた。大きさ7mmほど、細くて小さなハネを持つコジマヒゲナガコバネカミキリという長い名前のカミキリムシである。本種は栃木県内では平地から山地にかけて点々と得られているが、あまり多くない種である。

　諏訪岳から2時間ほどかかって唐沢山神社に着いた。まずは本殿で参拝。ところで山頂はどこかいな、とキョロキョロするが、それらしい看板は見当たらない。社務所でお聞きしたところ、神社の本殿が山

頂になっていて、特に看板などはないとのことである。

唐沢山神社は藤原秀郷が居城を構えたところで、本丸跡が本殿になっているという。社務所付近の展望所からは関東平野の眺望がすばらしく、東京スカイツリーも見えるというが、今日はあいにく霞で見えない。

神社の境内で昼食を摂っていると、ムジェームジェーというハルゼミの鳴声が聞こえる。近く、また消費税が上がるという。私どものような年金生活者にとっては痛い増税であり、なんとかムジェー（無税）というセミの声が千代田区永田町に届かないかなぁー。

また、境内を何気なく眺めていると、20mくらい離れた地上40〜50cmを飛ぶ、やや大型で赤い色をした甲虫が目に入った。すぐ駆けよってネットに入れてみると、ヘリグロベニカミキリ（写真153）であった。体長約2cm。真っ赤な大変美しい種である。寄主植物としてはイタヤカエデやヤツデ、センノキなどが知られている。栃木県内では日光市や塩谷町から得られているが、やや少ない種である。

昼食後、京路戸方面へ元来た道をもどる。帰路に得た主な種はダンダラカッコウムシ、ミヤマヒシベニボタル、ケブカクロコメツキ、ヒメクロコメツキなどで、特にこれといった種には出会わなかった。

京路戸峠に戻り、そのまま帰ろうかと思ったが、せっかく来たということで、東方に下ったところにある村檜神社まで足を延ばすことにした。途中には長い長い階段の道が続き、こりゃ大変なところに来てしまったぞ！30分ほど下ってやっと神社にたどり着いた。

村檜神社は室町時代に建築された神社で、大変に立派な春日造りの本殿がある。境内には胸高直径が5mを超えるような檜と思われる巨木があり、古い神

写真153 ヘリグロベニカミキリ（スケールは6mm）

社であることを実感する。神社の裏手におびただしいヤマイモの蔓の茂った草地があり、この植物を食べるキイロクビナガハムシが見られた。神社に来たのが夕方近くであったため、虫の姿は少なく、そのほかヒメカクムネベニボタル、モンキツノカメムシを見かけた程度であった。

今日この山で出会った主な昆虫類

コガシラコバネナガカメムシ *Ischnomorphus japonica*（1ex.諏）、ヒメクロコメツキ *Ampedus carbunculus*（1ex.唐）、ケブカクロコメツキ *Ampedus vestitus vestitus*（1ex.唐）、ダンダラカッコウムシ *Stegmatium pilosellum*（1ex.唐）、コジマヒゲナガコバネカミキリ *Glaphyra kojimai*（1ex.唐）、ヘリグロベニカミキリ *Purpuricenus spectabilis*（1ex.唐）、キバネマルノミハムシ *Hemipyxis flavipennis*（多数目撃：諏唐）、ササコクゾウムシ *Diocalandra sasa*（1ex.諏）など。＊出会った場所。諏：諏訪岳、唐：唐沢山

---

96 三毳山 *229m*
みかもやま

◆登山日　2012年5月19日
◆天　候　晴
◆コース　三毳山公園南口→中岳→青竜ヶ岳（頂上）→カタクリの里

公園の山に響くハルゼミの鳴声

　三毳山は栃木県南部佐野市など1市2町にまたがる、全山公園化された低山で、万葉の歌碑とカタクリの群生地として知られている。

　今回は公園南口から頂上を経て、北口のカタクリの里まで縦走することにした。公園入り口に車を置いて、新緑の眩しいアスファルトの車道を上がっていくと、フラワートレインの発着所があり、大勢の家族連れで賑わっている。さらに、七曲坂をあがっていくと、予想外に大勢のハイカーに出会い驚いた。その坂を登り切った山頂中継広場付近でヒメジョンの花上に止まったヒョウモンチョウの一種をネットイ

ン。本日の初獲物はクモガタヒョウモンでした。その周りを飛び回っていたシジミチョウも確認のため採ってみるとヤマトシジミであった。ついでに道端の草葉をすくってみると、ヤブガラシにつくドウガネサルハムシやノイバラにつくバラルリツツハムシなど平地の虫が顔を揃える。まだ標高100mも上っていないのだからさもありなんである。

写真154 ヒラタクロクシコメツキ（体長16mm）

　中継広場からはいよいよアスファルトとお別れして、ツツジやコナラなどの茂った山道に入る。早速、バサバサすくいながら前進すると、トビサルハムシ、サメハダツブノミハムシ、マダラアラゲサルハムシ、アカクチホソクチゾウムシ、ヒラタクロクシコメツキ（写真154）など山麓性の甲虫類が顔を見せ始めた。

　歩き始めて1時間余で中岳に着き一休みしていると、ムゼームゼーと確かなセミの声。この時期に発生しているのはハルゼミ以外にない。この後、頂上方面にかけてかなり多くの鳴声が聞かれた。本種は県内では宇都宮より南部地域で記録されているが、個体数は少なく、県のレッドリストで準絶滅危惧（Cランク）種に選定されている。この山ではアカマツの多いところで特に多くの鳴き声が聞かれたが、姿は見えず捕まえるのは相当難しいと思われ、断念。

　狭い中岳の頂上付近では行き交う人間の個体数が大変に多い。特に中高年の2〜3人連れが多い。しかし、多いのはこのあたりまでで、ここから頂上方面に行くにつれてグンと少なくなった。中岳付近で見かけた虫でオヤッと思ったのはクワ、イヌシデなどを食草とするキイロナガツツハムシ。本種は県の中北部ではめったに見かけないが、南部では少なくないらしい。そのほか、キバネマルノミハムシ、ハラグロヒメハムシ、ガロアノミゾウムシ、ヒトツメアトキリゴミムシなど。

中岳からさらに1時間余り、若干のアップダウンがあって頂上（青竜ヶ岳）に到着。ここからは佐野市や足利市方面の眺望がすばらしい。山頂には前回来たときにも感じたことであるが、狭い頂上のど真ん中にテレビ局の中継アンテナがデンと占領していて、登山者の休憩場所がほとんど無いのである。もう少し考えて造ってほしかったなぁーと思いながら、今回も片隅で昼食を摂る。

　あたりを見渡すと、高いところの大好きな虫がいたいた。クマバチ5、6匹とキアゲハ2、クロアゲハ1、ツマグロヒョウモン1である。それらがお互いに縄張りを主張しあっているらしく、熾烈な空中戦を展開している。ここではクマバチとキアゲハが二大勢力のように見受けられる。ご飯をたべていると、1匹のクマバチが私の顔の40～50cmまで接近してきて、しばらくつきまとう。侵入者の様子を伺っているのか、威嚇しているのか。

　頂上からはツツジのほか、ヤブムラサキ、ヒサカキ、コアジサイ、トネリコ、コナラなどの茂る下り道。白い小花をつけたコゴメウツギではたくさんのキバネホソコメツキやヒメクロトラカミキリに出会った。そのほか、ヒメクロコメツキ、クロコハナコメツキ、カクムネベニボタル、ヨツモンクロツツハムシ、コゲチャホソクチゾウムシ、ヨツボシテントウなどを得た。

　また、スウィーピングしていて何処で、何から採ったか不明であるが、私にとって初めてのカミキリムシを得た。名前はカッコウメダカカミキリ（写真155）。本種は広葉樹の枯れ木に集まることが知られているが、少ない種で栃木県内からも少数の記録しかないようである。採集の最大の喜びは、まだ見たことのない虫に出会うことである。

写真155 カッコウメダカカミキリ（スケールは3mm）

頂上から1時間ほどで「カタクリの里」へ下りてきた。3月下旬から4月上旬には一面ピンク色に埋まり、大勢の人たちで賑わっていた群生地も、今日は誰もいない、花もないひっそりとした佇まい。カタクリの代わりにカメバヒキオコシやチゴユリの生えた草地を、何かいるかな、とすくってみると、イヌシデにつく多数のズグロキハムシ、ギボウシにつくナガトビハムシ、アブラナ科植物につくダイコンナガスネトビハムシとミドリサルゾウムシがアミに入った。

　いよいよ本日の採集行も終了かな、と山と別れて麓の水田地帯にさしかかると、ミズバショウの生えた小さな湿地がある。ふと目をやると1匹の大型のトンボがお回りしている。これは確認しておかないといけないな、と思い勝負してみようかと。しかし、案の定手強い相手のようだ。近くに寄ってきたところを、入ると確信してネットを振ってみたが、空振り。あきらめかけたが、また戻ってきたので3回ほどアミを振ってやっと捕まえた。私のアミを振る速さよりもトンボの身のかわしの方が遙かに速いと痛感。獲物はサラサヤンマ♂であった。本種の身体には緑や黄色の斑紋が有り、大変にきれいなヤンマである。

今日この山で出会った主な昆虫類

サラサヤンマ *Jagoria pryeri*（1ex.）、ハルゼミ *Terpnosia vacua*（鳴声多数）、ヒトツメアトキリゴミムシ *Parena monostigma*（3exs.）、ヒメクロコメツキ *Ampedus carbunculus*（2exs.）、カッコウメダカカミキリ *Stenhomalus cleroides*（1ex.）、ヒメクロトラカミキリ *Rhaphuma diminuta*（1ex.）、キイロナガツツハムシ *Smaragdina nipponensis*（1ex.）、ヨツモンクロツツハムシ *Cryptocephalus nobilis*（1ex.）、ズグロキハムシ *Gastrolinoides japonicus*（多数目撃）、ダイコンナガスネトビハムシ *Psylliodes subrugosa*（3exs.）など。

97 大小山 *314m*　98 大坊山 *285m*

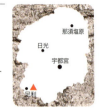

◆登山日　2014年4月23日
◆天　候　快晴
　　　　　佐野市の気温、最低6.2℃、最高22.3℃
◆コース　阿夫利神社→妙義山コース→頂上→見晴らしコース→石尊の滝→阿夫利神社

◆登山日　2014年5月7日
◆天　候　快晴
　　　　　佐野市の気温、最低7.8℃、最高22.2℃
◆コース　阿夫利神社→見晴らしコース（女坂、天狗岩）→285ｍ頂上→314m頂上→越床峠→大坊山→大山祇神社（タクシー）→阿夫利神社

宝石のような美しさのフチトリヒメヒラタタマムシ

　大小山、大坊山とも栃木県足利市の東部に位置する低山である。

　大小山は頂上直下の岩壁に「大小」の文字板が掛けられていて、近隣の沿道からもよく見えることで知られている。山名は、登山口の阿夫利神社が、昔大天狗、小天狗の棲む霊場として栄えたことにちなむとされる。また、大坊山は大小山から越床峠を経て西へ3km余り離れていて、頂上に城跡があり、大山祇神社の奥宮が祀られている。隣接する尾根上にはヤマツツジの多いつつじ山と呼ばれるピークがあり、ハイキングコースとして人気がある。

　今回は、登山口の確認と今年初山行の足慣らしを兼ねて、妙義山コースから見晴らしコースを一周した。

　宇都宮の自宅から車を飛ばし、山頂近くに設置された山名板を目指して山麓までは到達。しかし、そこから登山口の神社へはいくつかの案内板はあるが、細い道が迷路のように走っていて分かりづらい。

　阿夫利神社からの登山コースは3つほどあるようであるが（上方で分かれたり、またくっついたりして分かりづらい）、今回は東寄りの妙義山コースから登り始める。しばらくマツや広葉樹の混じった直登気

味の斜面を登って行く。間もなく尾根に出ると、露岩のあるガレた道となり、この後も尾根では同様なトレイルが続く。

　尾根上の道の両側には、この後通ったどのコースでも主にツツジとナラ類、コバノトネリコが茂っており、早速、今年初の捕虫網によるすくい取りを開始。初エモノはキバネホソコメツキ、クロハナコメツキ、ホソアナアキゾウムシ、カシワノミゾウムシなど。

　さらに登っていくと、いくつかの小ピークと、その巻き道があり、頂上方を見やると木々の間から「大小」の文字がすぐ目の前に見えてきた。小ピークにはロープのぶら下がったところもあり、片手に虫アミを持ちながら、懸命によじ登っていくと、上方の岩の上で3名ほどのハイカーが休憩中である。「こんにちは、どちらから」と声を掛けてみると、地元の足利からとの返答。この日、この山で出会った登山者は20名ほどであるが、埼玉県と群馬県からの方が各1名で、あとは全部足利からの人たちであった。

　中腹より上部では濃いピンクのミツバツツジと白い房状の花を着けたコバノトネリコが満開。ヤマツツジも2、3部咲きといったところで目を楽しませてくれる。また、中腹より上部で出会った昆虫類はセスジツツハムシ、レロフチビシギゾウムシ、イチゴハナゾウムシなど。

　神社から1時間20分ほどで頂上（妙義山、314m）に着いた。5、6畳の広さの岩峰である。周囲は遮るもののない360度の展望。やや霞んではいるものの、日光や群馬の山々が一望できてすばらしい。一休みしていて気がつくと、キアゲハやアゲハ、カラスアゲハ、ミヤマカラスアゲハ、ミヤマセセリ、ヒオドシチョウがひっきりなしに飛び回っていて、春を謳歌しているようである。

　頂上からは急な岩のガレ場を下って登り返すと、「大小山山頂、282m」の標識のあるピークに着いた。アレ、頂上が2つもあるんか？ついさっき登った妙義山の方が標高が高く、あちらがホンマの頂上ではないのか？

このあと、見晴らしコースをたどって下山。途中に見晴台のあるあずま屋があるらしかったが、それに至る分岐を通り過ぎてしまい、見損なった。このコースの下部はスギなどの林となってガレ場も消え歩き易くなった。帰路で見掛けたのはヒメクロコメツキ、ケブカコクロコメツキ、イチモンジカメノコハムシ、チャバネアオカメムシなど。今回はまだ春になったばかりとあって、見かける昆虫類も少なく、特にこれといった収穫はなかった。

［2014年5月7日の山行］

　大小山へは今年2度目であるが、今回が本番で、今日は大坊山への縦走を試みる。

　今回は阿夫利神社から見晴らしコースを登る。半月前の前回来たとき咲き始めだったヤマツツジは終わりかけている。尾根に飛び出してからナラ類、コバノトネリコ、ツツジ、ハギ類をスウィーピングしながら進む。頂上（妙義山）までの間で出会った前回見掛けなかった主な種は、ルリオトシブミ、ムシクソハムシ、キバネマルノミハムシ、チビルリツツハムシ、チビシギゾウムシ類など。チビシギゾウムシ類ではレロフチビシギゾウムシが特に多く、ムラカミチビシギゾウムシ（写真⑯）も数匹見られた。2種のチビシギゾウムシは大きさ2mmほどの微小種であるが、ナラ類の葉上にいて活発に動き回っている。

　頂上では前回同様アゲハチョウ類が頻繁に飛び回っていて、今回は、そのほかヒョウモンチョウ類が多く見られた。しかし、ヒョウモンチョウ類は素早くて捕獲できず、種名の確認にはいたらなかった。

写真⑯ ムラカミチビシギゾウムシ（スケールは1mm）

　頂上から進路を北西にとり、第2目的の大坊山に向かう。途中、ドウダンツツジのような白い花を着けたアブラツツジに出会いながら、4つほどのピークを越

え長坂を下って越床峠に着いた。ここから、さらに急坂を登り返し、つつじ山を経て大坊山にたどり着いた。

　大小山から大坊山までで出会った主な種類は、ヒラタクロクシコメツキ、アカクチホソクチゾウムシ、ヒメアサギナガタマムシ、ツンプトクチブトゾウムシ、ホソハリカメムシなど。この中のヒメアサギナガタマムシは体長5mmほど。上翅は藍色で胸（前胸背）の両側が金銅色に輝き美しい。栃木県内では平地から山地帯で記録されているが、あまり多くない。

　大坊山の頂上は30～40m四方くらいあって、平らで大変に広い感じ。1対の狛犬と奥の院の建物、休憩用のテーブルなどがある。ここから登山道は大山祇神社の参道となっていてよく整備されている。

　先ほど大小山の中腹を歩いているとき、クマ錫を鳴らしている女性に出会った。この山にクマはいないはずだがなーと思った。ところが、大山祇神社まで下りてきたところ、案内板に「クマの親子が出没、注意」の張り紙があって、そうだったのか、と納得がいった。

　今日、大小山と大坊山の行程で出会った人間の方は全部で20名ほどで、筆者が「どちらから」とお聞きした方々の居住地は足利の方2組6名、埼玉県の方4組10名、群馬県の方2組5名であった。当方は登山者の方々がどちらから来られているのだろうか、と興味があってお尋ねしたのであるが、お答えと一緒に、逆に「何を採っているのか」、「どんな虫を採っているのか」、「採ってどうするのか」などなどの質問攻めに遭い、お答えしているうちに登山者たちと楽しい交流の一時を持つことができた。

　大坊山の参道も終点に近づいたころ、今日もたいした収穫がなかたなぁーと思いながら、本日最後のアミで道端の草葉上をすくった。ところが、アミの中をのぞいてビックリ。5mmくらいの黒っぽい初めて見る甲虫が入っているではないか。よく見るとタマムシの一種であることはわかった。これはすごいぞ、と帰宅後早速図鑑をめくってみる

写真⓱ フチトリヒメヒラタタマムシ（スケールは1.5mm）

と、フチトリヒメヒラタタマムシ（写真⓱）とわかった。さらに顕微鏡でのぞいてみると、翅は薄い青みのある黒色で、胸と腹部の背面両側が金紅色に輝く、まさに森の宝石のような美しい虫である。

この虫の分布は北海道、本州、九州、対馬、朝鮮、シベリア東部で、ナラ、クヌギ、クリにつくという。栃木県内のこれまでの採集記録を調べてみると、足利市、藤原町、小山市、黒磯市からごく少数得られているに過ぎないことがわかった。しかも、足利市では大坊山に近い迫間町から2例の記録があり、この近辺に多く棲んでいるのかなと思われた。

今日この山で出会った主な昆虫類

フチトリヒメヒラタタマムシ *Anthaxia primorjensis*（C、1ex.）、ヒメアサギナガタマムシ *Agrilius hattorii*（A・C、各1ex.）、ヒメクロコメツキ *Ampedus carbunculus*（A、1ex.）、ケブカコクロコメツキ *Ampedus aureovestitus aureovestitus*（A、1ex.）、チビルリツツハムシ *Cryptocephalus confusus*（B、6exs.）、ムネスジノミゾウムシ *Orchestes amurensis*（A、2exs.）、イチゴハナゾウムシ *Anthonomus bisignifer*（A、1ex.）、ムラカミチビシギゾウムシ *Curculio murakamii*（B、3exs.）など。
＊A：4月23日、大小山。B：5月7日、大小山。C：5月7日、大坊山。

頂上直下に山名文字のある大小山

99 行道山 442m 100 両崖山 251m

◆登山日　2011年5月16日
◆天　候　晴
◆コース　行道山浄因寺→石尊山見晴台→剣ヶ峰→大岩毘沙門天→両崖山→織姫神社

北米原産マツの害虫・マツヘリカメムシ

　行道山、両崖山は足利市街の西部に連なる山並み上に位置している。今回は北部の行道山から両崖山を経て南部の織姫神社まで、稜線上の縦走路を歩く。

　杉林の中の薄暗い渓流沿いの参道を登り始める。道の両側の斜面にはたくさんのシャガの花が満開である。間もなく道端を飛び回る小さな黒っぽいチョウが目に入った。ネットに入れて確認すると、ムラサキシジミであった。渓流沿いのコクサギの葉上に目をやると、つい1週間前に益子町の高館山で出会ったばかりのネグロクサアブ（写真158）が止まっているのにびっくり。県内での記録があまり多くない大型のアブの一種である。

　参道は急な長い石段に代わり、多数の石仏や石塔を眺めながら浄因寺に着く。まずはほんの少しばかりのお賽銭をあげて、本日の大漁と織姫神社までの縦走登山の安全を祈願。ここから少し登ったところに寝釈迦があるというので立ち寄った。大きさ50cmほどの石像が横たわっている。ツツジやコナラの多い山道に入り、それらをすくいながら歩いていると、早速御利益か。私にとって2度目となるウシカメムシが入った。

写真158　ネグロクサアブ（体長21mm）

かなり角の立派なかっこいいカメムシで、県内記録もあまり多くない。そのほか、ヒシカミキリ、ヨツキボシコメツキ、シリブトヒラタコメツキ、クロトゲムネサルゾウムシ、ムネスジノミゾウムシ、レロフチビシギゾウムシなどが得られた。

歩き始めて1時間15分ほどで行道山の頂上に着いた。実は行道山という名の山はなくて、「行道山浄因寺」というお寺の名前から、このあたりの山一帯を行道山と呼ぶらしい。頂上には「石尊山見晴台442m」という看板がある。石尊山はすぐ西の方角に見える山である。いずれにしてもチトややこしい。頂上からはやや霞がかかっているが、西に赤城山、北に男体山などが遠望できる。頂上付近には少し終わりかけのヤマツツジの花が咲いており、キアゲハやカラスアゲハ、オナガアゲハが訪れている。

ここからはいよいよ稜線歩きとなる。ツツジやトネリコ、コナラなどの灌木の茂る道で、しばらく平坦であるが、2回ほどアップダウンがあり、剣ガ峰へ。テーブルやベンチがあり、眺望もすばらしく、しばし休憩。ここで3名ほどのハイカーに出会う。この後、ツバキやヒサカキ、ヒノキの薄暗い林を下ると突然車道に出た。道端のセンニンソウには橙色で丸っこいオオアカマルノミハムシ、ハルジョンの花にはツマグロヒョウモンが立ち寄っている。この車道を少し下ったところで、日本3大毘沙門天の1つ大岩毘沙門天に着いた。大変に立派な神社で誰かいるかなと見渡すが人の気配はなく、静まりかえっている。お昼になったので境内でおにぎりを食べていると、2人連れの若い女性が車でやってきて、参拝のあとすぐに帰っていった。何を祈願したのであろうか。

ここまでの稜線上では、カタビロトゲトゲ、テントウノミハムシ、チビルリツツハムシ、キイロテントウ、ムーアシロテントウ、アカガネチビタマムシ、スネアカヒゲナガゾウムシ、ガロアノミゾウムシ、ツノヒゲボソゾウムシ、ハネナガオオクシコメツキなど多くの甲虫類を得た。

毘沙門天からはアカマツの混じったコナラ、サクラ、ツツジなどの大変に緑爽やかな林の中の道が続く。しかし、いくつもアップダウンがあって体力を消耗。低山ながら手強い山である。毘沙門天から1時間半ほどかかって、両崖山頂に着いた。タブノキやカシなどの常緑樹の中に御嶽神社と天満宮が祭られているほか、足利城址の石垣などが見られる。このあたりまで来ると、織姫神社側からのハイカーが多く見られるようになった。

　毘沙門天から両崖山間では、さらにキバネマルノミハムシ、ツンプトクチブトゾウムシ、アカタマゾウムシ、ナラルリオトシブミ、アカアシオオクシコメツキ、ホソアシナガタマムシ、ヨツキボシテントウなどが得られ、上々の収穫である。

　両崖山から織姫神社にかけては、足利市街や周辺の山々の絶景を楽しみながら下山。途中、ツツジの葉に止まっている珍中を発見。久し振りにお目にかかるラクダムシである。体長1cmほどで、ウスバカゲロウやクサカゲロウ、カマキリモドキなどに近い脈翅目の昆虫である。幼虫はマツの樹皮下に住んで小昆虫などを捕食することが知られているが、栃木県内では奥日光、小山、旧今市、宇都宮などから極少数しか見つかっていない。見つけてすぐ手が出てしまって写真に撮り損ねた。

　ラクダムシに出会って気を良くして織姫神社のすぐ近くまで来たとき、道端で数匹のアリの集っているカメムシの一種を見つけた。死後間もない完全品である。初めて見かける種類で、帰宅後、早速図鑑を開いてみたが該当する種が見当たらない。その後、このカメムシは北米原産のマツの害虫でマツヘリカメムシ（写真⓯）といい、日本では2008年に東京

写真⓯ マツヘリカメムシ（スケールは5mm）

都内で初めて発見され、以後、埼玉や神奈川県を含む首都圏を中心に分布を拡げている外来種とわかった。栃木県内では2010年に初めて県南から発見された（前原、2011）。本種の後頸節には特徴的な船を漕ぐ時に用いるオール状をした葉状片がある。

今日この山で出会った主な昆虫類

マツヘリカメムシ *Leptoglossus occidentalis*（1ex.、両）、ウシカメムシ *Alcimocoris japonensis*（1ex.、行）、ラクダムシ *Inocellia japonica*（1ex.、両）、ネグロクサアブ *Coenomiya basalis*（1ex.、行）、ハネナガオオクシコメツキ *Melanotus japonicus*（2exs.、行）、ヒシカミキリ *Microlera ptinoides*（2exs.、行）、テントウノミハムシ *Argopistes biplagiatus*（1ex.、行）、アカタマゾウムシ *Stereonychus thoracicus*（1ex.、両）、ムネスジノミゾウムシ *Orchestes amurensis*（行両、各1ex.）、クロトゲムネサルゾウムシ *Mecysmoderes nigrinus*（行両、各1ex.）など。＊行：行道山、両：両崖山

引用文献

前原諭. 2011. 栃木県内で採集したカメムシと甲虫について. インセクト 62(1):56-59.

---

101 深高山 *506m*　102 石尊山 *486m*

◆登山日　2012年6月4日
◆天　候　晴
◆コース　石尊不動尊→石尊神社奥宮→石尊山頂上→深高山→猪子峠→岩切（タクシー）→石尊不動尊

山頂付近で縄張りをつくるアオスジアゲハ

　石尊山は足利市の北西部、群馬県桐生市との境界付近に位置し、稜線には美しいツツジやマツの岩道が続くところから、栃木県の自然環境保全地域に指定されている一方、採石の行われている山としても知られている。

　午前10時、登山口の石尊不動尊の境内に車を置いて、小さな流れに

沿った薄暗い杉林の中の道を登って行く。20分くらい登ったところで、「女人禁制」と彫られた高さ3mほどの石塔が目に入った。この山は古くから修験者の信仰の山として知られ、ほかの多くの山と同様、明治初期に禁制が解かれるまで、女性の入山が禁じられていたという。

　さらに、20分ほど急登して、一汗かいたところで、陽の当たる明るい稜線に飛び出した。ベンチがあり一休みしていると、白い紋の目立つモンキアゲハが現れた。本種は南方系のチョウであるが、ここ十数年来、栃木県では普通に見られるようになり、すでに県内に定着している感がある。今日も、このあとひっきりなしに本種に出会った。

　標高200mを過ぎたあたりから、ツツジ、マツ、コナラ、トネリコなどの多い、岩のある道に変わった。突然、大型の虫が目の前を飛んだ。近くの岩に止まったところを確認すると、秋でもないのに大きなバッタの一種。ツチイナゴである。体長6cmくらいで、からだは茶色っぽい。このバッタは秋に羽化し、成虫越冬することが知られている。

　11時半頃、石尊神社の奥宮に着いた。お参りしようとして正面を見ると、入り口の戸は無くなっており、中もかなり荒らされている。お賽銭を投げようにも、手を合わせようにも、ままならない状態である。人間の仕業であることは明白で、こんなことをする人にはバチが当たると確信した。

　奥宮の真下を見ると、山肌が削られ、ブルドウザーやパワーシャベルなどが動き回っている。採石が行われているのである。個人所有の山ならどうしようと勝手かも知れない。しかし、山は大昔から多くの人々が眺め、登り、花や動物などの自然と関わってきた歴史があると思う。どうか、山が無くなるようなことだけはないように願いたい。このような採石の行われている山は、私の訪れたところでは、県内では三峰山（栃木市）、高峰（茂木町）、県外では伊吹山（滋賀県）や藤原岳（三重県）、武甲山（埼玉県）などで見かけた。特に、武甲山では石灰石の採取により、山の形も高さも変わってしまったほか、チチブイワ

ザクラなどのこの山に固有な植物が絶滅してしまった。地元の人たちは故郷の山の変貌をどう思っているのであろうか。

　奥宮からは、少し上がったところにある芝生の生えた広い「見晴台」に着いた。陽当たりが良く、足利や太田の街並み、日光連山や群馬の山々の眺めがすばらしい。ここが頂上かなと思ったが、ホンマの頂上はアト少し先に行った林の中にある。まあ、お昼になったので、ここで昼食を摂ることに。

　ご飯をたべながら、あたりを見渡していると、1〜2m上空に1匹のクマバチが、4〜5m上空にはアオスジアゲハ1匹がお回りし、縄張り行動をとっている、上空に入ってきたキアゲハやカラスアゲハはアオスジが、低いところに侵入してきたヒョウモンチョウの一種やアゲハにはクマバチがスクランブルをかけている。しかし、クマバチとアオスジはお互いの領域を守っているらしく、両者の小競り合いは見られない。

　山のテッペンでは、よくこうしたチョウやアブ、ハチなどによる縄張り行動が見られるが、チョウではキアゲハ、アゲハ、ヒオドシチョウ、ミヤマセセリなどが多く、アオスジアゲハというのは筆者にとって、今日が初めてである。

　登山口から見晴台までの間で出会った主な種類は、チビルリツツハムシ、ツツジコブハムシ、キバネマルノミハムシ、カタビロトゲトゲ、クロシギゾウムシ、サムライマメゾウムシ、ヒメアサギナガタマムシ、ヒラタクロクシコメツキ、ベニボタル（写真160）など。

写真160 ベニボタル（体長11mm）

　見晴台からは道端に山名看板だけの頂上に立ち寄って、その前方、歩程50分ほどのところにある深高山を目指す。深高山へのトレイルはカシワや広葉樹の多いゆったりした歩きやすい尾根道で、虫も多く大変にすばらし

い。カシワからはガロアノミゾウムシ、ムネスジノミゾウムシ、ウスモンノミゾウムシ、カシワノミゾウムシの4種を得た。

また、道の側の枯れ枝を叩いたところ、体長1cmほどのヒゲの長いカミキリムシが落ちてき

写真161 チャボヒゲナガカミキリ（スケールは3mm）

た。私にとって初めてのチャボヒゲナガカミキリ（写真161）である。本種は県内では日光市や旧藤原町、旧栗山村、塩谷町などから得られているが、あまり多くない種のようである。そのほか、石尊山～深高山間ではマダラヒゲナガゾウムシ、コガタクシコメツキ、イカリモンテントウダマシなどを得た。

石尊山頂から1時間ほどで深高山頂に到着。15×15mほどの広さで、中央に小さな祠がある。周囲は樹木に覆われ眺望は利かない。一休みして深高山を後にし、猪子峠へ向かう。下山路はところどころロープの張ってある急坂や、杉林の道で、これといったエモノは見られない。1時間ほどで県道名草小俣線218号に下りた。

ここから、車の止めてある登山口までは5kmほど。携帯電話でタクシーを呼ぼうとするが、「圏外」の表示でアウト。高い山奥なら通じないのはわかるが、こんな低地のどんどん車の通るところで、ケイタイが使えないのは情けないではないか。ケイタイは日々いろいろな機能

今日この山で出会った主な昆虫類

ヒメアサギナガタマムシ *Agrilus hattorii*（1ex.）、コガタクシコメツキ *Melanotus erythropygus*（1ex.）、イカリモンテントウダマシ *Mycetina ancoriger*（1ex.）、チャボヒゲナガカミキリ *Xenicotela pardalina*（1ex.）、チビルリツツハムシ *Cryptocephalus confusus*（2exs.）、サムライマメゾウムシ *Bruchidius japonicus*（2exs.）、コナライクビチョッキリ *Deporaus unicolor*（1ex.）、ムネスジノミゾウムシ *Orchestes amurensis*（1ex.）、カシワノミゾウムシ *Orchestes japonicus*（1ex.）、ウスモンノミゾウムシ *Orchestes variegatus*（2exs.）など。

を進化させ目をみはるものがあるが、「圏外」というのを早く解消してもらいたいものだ。仕方ないので、通ずるところまでか、人家のあるところまで歩くしかない。結局、人家のある岩切集落まで20分ほど歩いて、最初に発見した人家で固定電話をお借りして、ようやく帰路についた。

宇都宮市赤川ダムからの古賀志山

足利市からの仙人ヶ岳

あとがき

　2004年の芳賀富士を皮切りに栃木県内の虫採り登山を開始し、10年かかって2014年の9月で、ようやく目標の100山を越えることができた。今回本書で取り上げたのは、栃木百名山の中から84山と、そのほか筆者が独自に選んだ18山である。なにしろ、筆者は70歳を越える高齢である上に、登りながら昆虫を採集するということで、当初は栃木百名山を目指す予定であったが、行程が長くテント泊を要する山や、道の無い山などがあり、完登は諦めざるを得なかった。

　県内の山の自然環境の様子は、2、3の山岳道路の建設による人為的破壊が目に付いたくらいで、大きな自然破壊は生じていないと感じた。しかし、人為的以外の環境破壊では、奥日光全域のシカの増加に伴う植生の破壊が重大な局面にあると感じた。稚樹や多くの高山植物は食害により著しく減少し、林床や高山帯ではシカの食べない植生へと変わりつつある。これにより、多くの昆虫類は食草を奪われ、植生の単純化とともに種類数も激減している。一部地域で防鹿柵による囲い込みによって、シカによる食害を防ごうとしているが、根本的な解決策とはなっていない。早急にシカ個体数の適正管理がなされるよう望みたい。

　山の虫の状況については、私が登ったここ十数年間では特に大きな変化は見られなかったと思われる。山では平地と違って急激な自然破壊や生息地の環境変化は起こりにくいのである。栃木県内で絶滅が危惧されている昆虫類で、筆者が登山中に出会ったのは、アカガネカミキリ（南月山、準絶滅危惧・Cランク）、ムラサキトビケラ（白根山、要注目）、アヤヘリハネナガウンカ（鶏岳、準絶滅危惧・Cランク）、キバネツノトンボ（高館山、要注目）、フトハチモドキバエ（古峰原、要注目）など7種。

また、全国的にも珍虫として知られる昆虫類で今回出会ったのは、ルイスナガタマムシ（大倉山）、ヒメキマダラコメツキ（南平山）、ガロアムネスジダンダラコメツキ（横根山）、オビモンナガハムシ（安戸山）、ハラグロノコギリゾウムシ（熊鷹山）、イッシキホソゾウムシ（高山）、ミスジシリアゲ（田代山）、トビイロカミキリ（大鳥屋山）など多数に上る。

　今回、栃木県から初記録となった種では、ツヤヒメアリガタバチ（多気山）、アカマルナギナタハバチ（太平山）、キヌゲマルトゲムシ（鶏頂山）、シリダコグミトビハムシ（安戸山）、チビヒゲボソゾウムシ（塩沢山）、ハルニレノミゾウムシ（外山）、ホソフタホシヒメゾウムシ（仏頂山）、ヤマトヒメクモゾウムシ（日留賀岳）、ヨツオビクチブトノミゾウムシ（大鳥屋山）、ニセミヤマカレキゾウムシ（半月山）など16種がある。

　山登りで苦労した点。筆者がこれまで登った「日本百名山」と「花の百名山」の山々では、いずれでも道標がしっかりしていて、しかも登山中に多くの人たちに出会うため、道迷いの心配はほとんどなかった。これらの山で唯一苦労した点を強いて挙げれば、アルプス方面の山小屋で何回か、寝返りも打てないほどの混雑に遭遇したことくらいである。一方、栃木の山ではどうだったかと言えば、いつも苦労したのは登山口が分かりにくい、道標がなくて迷いやすいということであった。山によっては、案内標識が完璧なところもあった。また、多くの山では道端の木に道しるべの赤や黄色のテープが巻き付けてあり、助かることもあったが、まだ完全とは言えない。行政や山岳会の方々にぜひとも登山道の案内標識の完備をお願いしたい。

　山でいやな思いをしたことと言えば、吸血鬼との出会いである。どこの山でもよく襲われるのはマダニとウシアブである。マダニはササの茂る登山道でズボンの裾に付着し、運が悪いとふくらはぎあたりに食いつかれる。ウシアブは大小数種類いるが、しつこく身体につきまとい油断すると露出部から吸血される。もう1つ、600m以下くらいでは、ところによりヤマビルが登山道上で人間や大型哺乳動物の通るの

を待ち伏せている。筆者が栃木県内の山でヤマビルに出会ったのは尾出山と大鳥屋山、不動岳、鶏岳、外山である。痛くも、痒くもなんともなくて、知らぬ間にクツからはい上がってきて足などに吸い付く。たいした実害はないが、この上なく不快な生き物であり、特に初めてのかたはショックが大きいと思われるので、十分な注意が必要であろう。

　謝辞。少年時代に育った山形県酒田市で、しょっちゅう自宅にお邪魔させていただいて、虫のことをいろいろお教え下された故白畑孝太郎さんと宇都宮大学の学生時代に昆虫学をご教授いただいた故田中正先生に、まず厚く御礼申し上げたい。また、お忙しい中、懲りずに虫の名前をお教え下された大平仁夫先生、滝沢春雄氏、堀川正美氏、大桃定洋氏、片山栄助氏、野津裕氏、岸井尚氏、森島直哉氏に深く感謝申し上げたい。そのほか、いちいちお名前は挙げ切れませんが、私の昆虫人生においていろいろお世話になった方々にも厚く御礼申し上げたい。
　さらに、多くの山に同行して虫採りや山登りを援助してくれた妻の弘子にありがとうと言いたい。

索 引

●あ

アイズミヤマヒサゴコメツキ 24
アイノカツオゾウムシ 110, 121, 201
アイノシギゾウムシ 88, 108, 147, 152, 155
アオオサムシ 243
アオグロツヤハムシ 20, 165, 185
アオグロナガタマムシ 29
アオジョウカイ 245
アオスジアゲハ 296
アオバセセリ 59, 207, 277
アオハナムグリ 138
アオバネサルゾウムシ 213
アオバノコヒゲハムシ 275
アオボホソハナカミキリ 152
アオハムシダマシ 114
アオフキバッタ 247
アカアシオオクシコメツキ 113, 130, 147, 293
アカアシクチブトカメムシ 257
アカアシクチブトサルゾウムシ 20
アカアシクロコメツキ 35, 45, 137, 206, 209, 213, 234, 245
アカアシノミゾウムシ 49, 219, 263
アカアシヒゲナガゾウムシ 122, 219, 229
アカイネゾウモドキ 156
アカイロナガハムシ 274
アカイロマルノミハムシ 20, 201
アカウシアブ 172
アカオビニセハナノミ 111, 163, 166
アカガネカミキリ 17
アカガネサルハムシ 110, 275
アカガネチビタマムシ 180, 198, 201, 209, 268, 292
アカクチホソクチゾウムシ 51, 130, 135, 189, 194, 273, 283, 289
アカクビナガオトシブミ 141, 151
アカシジミ 267
アカスジキンカメムシ 66
アカスジヒシベニボタル 93, 108
アカソハムシ 143, 246

アカタテハ 160, 268, 277
アカタデハムシ 206, 215, 221
アカタマゾウムシ 31, 143, 152, 169, 256, 293
アカナガクチカクシゾウムシ 201
アカバデオキノコムシ 105
アカハナカミキリ 86
アカハムシダマシ 13
アカヒゲヒラタコメツキ 227, 235, 272
アカマキバサシガメ 122
アカマルナガナタハバチ 278
アキアカネ 17, 58, 60, 73, 78, 87, 96, 109, 159, 174, 200
アゲハ 134, 182, 191, 197, 205, 212, 219, 226, 277, 280, 287, 296
アケビコノハ 276
アケビタマノミハムシ 217
アサギマダラ 17, 23, 28, 37, 47, 62, 77, 102, 111, 164, 197, 200, 237
アサマヒメハナカミキリ 91
アザミオオハムシ 199
アザミカミナリハムシ 192, 201
アシアカカメムシ 88
アシカガミヤマヒサゴコメツキ 270
アシグロツユムシ 188
アシナガコガネ 108
アシボソネクイハムシ 64
アシマガリニセクビボソムシ 71
アタミアリガタバチ 218
アトコブゴミムシダマシ 144
アトボシハムシ 208, 244
アトモンサビカミキリ 211, 228
アブクマナガゴミムシ 199
アブラゼミ 142, 178, 236, 247
アヤヘリハネナガウンカ 51
アラハダトビハムシ 17, 41, 155
アラメクビボソトビハムシ 155, 260
アリガタハネカクシ 85
アルファルファタコゾウムシ 217
アルマンコブハサミムシ 258

アルマンサルゾウムシ 182
●い
イカリモンテントウダマシ 206, 297
イシイツヤアシブトコバチ 228
イタドリハムシ 137
イチゴハナゾウムシ 135, 287
イチゴハムシ 209
イチモンジカメノコハムシ 205, 242, 288
イチモンジセセリ 16, 71, 126, 179, 191, 238, 240
イチモンジチョウ 160, 197, 271
イッシキホソゾウムシ 94
イネゾウムシ 229
イネミズゾウムシ 233
イノデホウシハバチ 210
●う
ウエツキブナハムシ 199
ウグイスナガタマムシ 135, 198, 206, 278
ウシアブ 141, 172, 248
ウシカメムシ 291
ウスアカオトシブミ 211, 255
ウスイロオトシブミ 14
ウスイロオナガシジミ 162
ウスイロクサキリ 190
ウスイロクチキムシ 230
ウスイロクビボソジョウカイ 97
ウスイロサルハムシ 275
ウスグロアシブトゾウムシ 268
ウスグロチビヒゲナガゾウムシ 260
ウスチャイロカネコメツキ 45, 58, 155
ウスバカゲロウ 50, 142
ウスバキトンボ 240
ウスバシロチョウ 31, 104, 120, 129, 134, 136, 195
ウスモンオトシブミ 229
ウスモンチビシギゾウムシ 35, 57
ウスモンノミゾウムシ 134, 147, 233, 253, 256, 297
ウスモンヒゲボソゾウムシ 235
ウメチビタマムシ 213
ウラギンシジミ 191, 236, 240
ウラギンスジヒョウモン 126

ウラギンヒョウモン 16, 36, 126, 168, 174, 197
ウラジャノメ 36, 156, 168, 263
ウリハムシモドキ 13
ウンモンテントウ 45
●え
エグリトラカミキリ 226, 245
エゴシギゾウムシ 245
エゴツルクビオトシブミ 233, 264
エサキオサムシ 276
エサキモンキツノカメムシ 247
エゾアリガタハネカクシ 75
エゾサビカミキリ 20, 36
エゾゼミ 50, 127, 178
エゾツノカメムシ 242
エゾトラカミキリ 149
エゾハルゼミ 24, 32, 38, 44, 47, 66, 93, 110, 121, 146, 152, 158, 161, 172, 196, 251, 254
エゾヒメゾウムシ 268
エルタテハ 107, 174
エンマコオロギ 188, 190
●お
オオアカコメツキ 194
オオアカマルノミハムシ 33, 131, 186, 217, 219, 246, 268, 278, 292
オオイチモンジ 103
オオウラギンスジヒョウモン 16, 42
オオカバイロコメツキ 90
オオキイロノミハムシ 63, 111, 141
オオキイロマルノミハムシ 237, 259
オオクチカクシゾウムシ 41, 68, 104
オオクチブトゾウムシ 241, 272
オオクビボソムシ 105
オオクロカミキリ 28
オオゴマシジミ 62
オオサビコメツキ 199
オオセンチコガネ 146, 162
オオタコゾウムシ 25, 242
オオチャイロカスミカメ 88
オオチャバネセセリ 60, 61, 62, 93, 179, 191
オオツノカメムシ 238
オオトビサシガメ 226
オオトラフコガネ 57, 151, 156

オオトラフトンボ *101*
オオハサミシリアゲ *20, 101*
オオハナアブ *19*
オオハナコメツキ *221*
オオヒメハナカミキリ *105*
オオヒラタカメムシ *215*
オオフタホシヒラタアブ *19*
オオヘリカメムシ *66*
オオホシカメムシ *270*
オオホソコバネカミキリ *38*
オオホソルリハムシ *21*
オオミズアオ *265*
オオモンキカスミカメ *88*
オオヨコモンヒラタアブ *59*
オオヨツアナアトキリゴミムシ *230*
オオルリヒメハムシ *45, 143, 197, 244, 251, 257*
オサシデムシモドキ *139*
オトシブミ *77, 83, 92*
オナガアゲハ *120, 136, 141, 197, 207, 215, 222, 280, 292*
オニヒラタシデムシ *104*
オニヤンマ *42, 249*
オビアカサルゾウムシ *94*
オビモンナガハムシ *31*
オンブバッタ *190, 236*

●か

カオジロトンボ *64*
カオジロヒゲナガゾウムシ *233*
カクアシヒラタケシキスイ *211*
カクムネベニボタル *34, 68, 173, 194, 284*
カサアブラムシ *35*
カシルリチョッキリ *226*
カシワクチブトゾウムシ *51, 57, 113, 129, 159, 233, 267, 280*
カシワツツハムシ *139, 241*
カシワノミゾウムシ *135, 287, 297*
カタアカチビオオキノコ *39*
カタクリハムシ *169, 204, 217, 234*
カタビロトゲトゲ *292, 296*
カタビロハムシ *111, 183, 226, 277*
カッコウメダカカミキリ *284*

カナムグラトゲサルゾウムシ *134, 206*
カナムグラヒメゾウムシ *246*
カバイロコメツキ *24, 32, 34, 49, 82, 121, 144, 147, 152, 156, 234, 255, 275*
カバイロヒラタシデムシ *159*
カバノキハムシ *14, 25, 35, 61, 90, 101, 108, 130, 144, 148, 152, 158, 169, 197, 205, 213, 223, 256*
カマキリ *236*
ガマズミトビハムシ *108*
カメノコテントウ *48*
カヤコオロギ *190*
カラスアゲハ *17, 33, 42, 49, 51, 58, 61, 70, 93, 97, 126, 127, 134, 182, 200, 207, 223, 226, 238, 249, 263, 277, 280, 287, 292, 296*
カラマツカミキリ *84*
ガロアノミゾウムシ *34, 45, 51, 67, 111, 114, 146, 156, 241, 249, 253, 267, 275, 280, 283, 292, 297*
ガロアムネスジダンダラコメツキ *157*
カンタン *236*
カントウヒゲボソゾウムシ *82*
カントウミズギワコメツキ *15*

●き

キアゲハ *14, 30, 33, 49, 51, 75, 88, 97, 134, 166, 174, 181, 197, 219, 238, 271, 277, 284, 287, 292, 296*
キアシイクビチョッキリ *16, 29, 35, 58, 61, 75, 101, 147*
キアシクロムナボソコメツキ *12, 19*
キアシチビアオゾウムシ *219, 246*
キアシチビツツハムシ *21, 151, 163*
キアシノミハムシ *113, 116, 209, 268*
キアシヒゲナガアオハムシ *52, 71, 111*
キアシヒメカネコメツキ *24, 198*
キアシヒラタクビナガキバチ *131*
キアシルリツツハムシ *77*
キイチゴトゲサルゾウムシ *121, 129, 143, 156, 185, 209, 211, 255, 263*
キイロクビナガハムシ *25, 110, 185, 217, 273, 282*
キイロクワハムシ *127, 165*

キイロタマノミハムシ 121, 189, 201, 269
キイロテントウ 280, 292
キイロトラカミキリ 268
キイロナガツツハムシ 283
キオビクビボソハムシ 275
キオビツチバチ 237
キオビナガカッコウムシ 165, 249
キガシラオオナミシャク 168
キクスイカミキリ 244, 268
キクビアオハムシ 41, 75, 148, 166, 192, 206
キシタトゲシリアゲ 45
キスイモドキ 211
キスジアシナガゾウムシ 123, 143, 208
キスジコガネ 215, 260
キスジトラカミキリ 230
キスジナガクチキ 79, 84, 93, 153
キタテハ 212, 220
キタヒメツノカメムシ 88
キタベニボタル 155
キチョウ 42, 126, 164, 191, 212, 226
キッコウモンケシカミキリ 250
キヌゲマルトゲムシ 48
キヌツヤミズスマシハムシ 48, 155, 194, 228
キノコアカマルエンマムシ 264
キノコヒラタケシキスイ 108, 256
キバネシリアゲ 29, 35, 83
キバネセセリ 16, 28
キバネツノトンボ 226
キバネニセハムシハナカミキリ 67, 226
キバネホソコメツキ 116, 133, 185, 211, 215, 226, 275, 284, 287
キバネマルノミハムシ 38, 57, 118, 133, 185, 257, 261, 268, 280, 283, 288, 293, 296
キバラアカクビボソハムシ 186, 217, 246
キベリクビボソハムシ 141
キベリコバネジョウカイ 83
キベリタテハ 30, 88, 96, 164
キベリハナボタル 169
キベリハバビロオキノコ 192
キボシクチカクシゾウムシ 68
キボシトゲムネサルゾウムシ 25, 51, 111, 121, 197, 251

キボシルリハムシ 163
キムネアオハムシ 113
キモンカミキリ 268
キンケノミゾウムシ 41, 118, 166, 197, 201, 256
キンケハラナガツチバチ 187
キンスジコガネ 63
ギンボシヒョウモン 205

●く
クギヌキヒメジョウカイモドキ 182, 186
クサキリ 188
クシヒゲベニボタル 152, 169, 256
クジャクチョウ 13, 88, 96, 99, 101
クズチビタマムシ 189
クチキクシヒゲムシ 124, 252
クチブトカメムシ 192, 234
クチブトコメツキ 74, 162, 169, 229
クチブトチョッキリ 152
クチブトノミゾウムシ 252
クチブトヒゲボソゾウムシ 113
クビアカトビハムシ 270
クビアカモリヒラタゴミムシ 51, 244
クビナガムシ 90
クマバチ 134, 179, 181, 227, 268, 284, 296
クモガタヒョウモン 197, 205, 283
クモノスモンサビカミキリ 264
クモヘリカメムシ 236
クリイロクチブトゾウムシ 42, 58, 68, 152, 155, 159, 163, 197, 238, 241, 248, 256, 259
クリイロジョウカイ 29
クリシギゾウムシ 165
クリチビカミキリ 68, 217
グルーベルカタビロサルゾウムシ 137
クルマバッタ 179
クルマバッタモドキ 240
クロアゲハ 36, 123, 142, 166, 197, 205, 207, 271, 280, 284
クロアシコメツキモドキ 63
クロアワフキ 86
クロウスバハムシ 234
クロオビカサハラハムシ 267, 278
クロクシコメツキ 129

クロクチカクシゾウムシ 185
クロクチブトサルゾウムシ 143
クロゲンゴロウ 135
クロコハナコメツキ 284
クロサナエ 160, 200, 257
クロサワツブノミハムシ 217
クロサワツヤケシコメツキ 199
クロシギゾウムシ 29, 42, 68, 130, 296
クロシデムシ 137
クロスジギンヤンマ 135
クロセスジハムシ 25
クロチビオオキノコ 39
クロツツミツギリゾウムシ 103
クロツブゾウムシ 17, 41, 68, 77, 108, 256
クロツヤハダコメツキ 29, 79, 82, 94, 108, 148, 152, 156, 169, 173, 229, 268
クロツヤハネカクシ 145
クロツヤバネクチキムシ 230
クロツヤヒラタコメツキ 57, 68
クロツヤマグソコガネ 35
クロトゲムネサルゾウムシ 151, 185, 249, 255, 292
クロナガタマムシ 227
クロナガハナゾウムシ 68, 194
クロニセリンゴカミキリ 64
クロバチビオオキノコ 65, 73
クロハナケシキスイ 204
クロハナコメツキ 219, 234, 287
クロハナボタル 57, 93, 169
クロバヒゲナガハムシ 28, 81
クロバヒシベニボタル 65
クロヒカゲ 14, 16, 35, 38, 42, 68, 75, 93, 97, 141, 156, 160, 166, 168, 191, 200
クロヒゲナガジョウカイ 118
クロヒメツノカメムシ 86
クロフヒゲナガゾウムシ 163
クロヘリイクビチョッキリ 91, 105
クロボシツツハムシ 221, 278
クロホシテントウゴミムシダマシ 250
クロボシヒラタシデムシ 41
クロホシビロウドコガネ 13, 19, 97
クロホソクチゾウムシ 20, 83, 88, 90, 93, 189

クロマルエンマコガネ 46
クワナガタマムシ 198
クワハムシ 204, 215, 226, 244, 278
クワヤマギングチ 65

●け
ケシカミキリ 223
ケナガクビボソムシ 63
ケブカクロコメツキ 187, 194, 198, 221, 234, 245, 281
ケブカクロナガハムシ 57, 67, 93, 280
ケブカコクロコメツキ 24, 35, 67, 144, 153, 156, 288
ケブカトゲアシヒゲボソゾウムシ 14, 35, 37, 44, 57, 64, 97, 105, 108
ケブカヒメカタゾウムシ 244
ケブカホソクチゾウムシ 226
ケモンケシキスイ 163
ケヤキナガタマムシ 71

●こ
コアカソグンバイ 127
コイチャコガネ 134
コウゾチビタマムシ 208, 273
コウノジュウジベニボタル 65, 85, 155, 174
コエゾゼミ 28, 41, 64, 174
コガシラコバネナガカメムシ 227, 279
コガタクシコメツキ 121, 275, 297
コガタシモフリコメツキ 68, 152, 255
コカタビロゾウムシ 127
コガネコメツキ 12
コガネホソコメツキ 90
コクシヒゲベニボタル 26, 108
コクロシデムシ 41
コクワガタ 223
コゲチャホソクチゾウムシ 118, 197, 208, 215, 227, 235, 284
コゲチャホソヒラタコメツキ 45, 71
コサナエ 138
コシボソヤンマ 111
コジマヒゲナガコバネカミキリ 280
コジャノメ 45, 121, 127, 142, 166, 200, 223, 263, 272, 277
コチャバネセセリ 36, 93, 141, 168, 222

コツバメ 137, 182, 193, 212
コツヤホソゴミムシダマシ 222
コナライクビチョッキリ 58, 152
コハナコメツキ 275
コバネイナゴ 190
コヒラセクモゾウムシ 185
コブクチブトサルゾウムシ 195
コブスジツノゴミムシダマシ 39
コブヒゲボソゾウムシ 35, 37, 61, 82, 85, 92, 100, 105, 108, 143, 146, 151, 158, 163, 169, 173, 261
コブヤハズカミキリ 105
コブルリオトシブミ 71, 155, 169
ゴマダラオトシブミ 158
ゴマダラモモブトカミキリ 64
コマルハナバチ 277
コミスジ 38, 51, 126, 136, 164, 191, 197, 200, 205, 222, 271, 276
コミミズク 226
コムラサキ 62
コメツキガタナガクチキ 28
コモンチビオオキノコ 71
コモンヒメヒゲナガゾウムシ 213
コモンマダラヒゲナガゾウムシ 146, 147, 153
コルリチョッキリ 153, 230

●さ
サカハチチョウ 61, 120, 123, 136, 168, 200, 209
サキグロムシヒキ 141
サクライクビチョッキリ 198
サクラムジハムシ 160
ササコクゾウムシ 279
ササジノミゾウムシ 197, 198
サシゲトビハムシ 28, 52, 127, 206, 217
サッポロギングチ 15, 85
サトキマダラヒカゲ 236
サムライマメゾウムシ 197, 296
サメハダツブノミハムシ 52, 127, 139, 209, 234, 259, 275, 283
サラサヤンマ 285
サンゴジュハムシ 165, 241

●し
シナノクロフカミキリ 264, 268
シバスズ 188, 190
シマアメンボ 236
シマハナアブ 182
シモフリクチブトカメムシ 247
シモフリコメツキ 198
ジャコウアゲハ 190
ジャノメチョウ 165
ジュウジコブサルゾウムシ 143, 251, 263, 273
ジュウジトゲムネサルゾウムシ 38, 58, 59, 201, 206, 223, 271
ジュウジナガカメムシ 94
ジュウシホシツツハムシ 199
ジョウカイボン 268
ジョウザンミドリシジミ 168
ショウリョウバッタ 139, 190
ショウリョウバッタモドキ 190
シラネヒメハナカミキリ 61, 91, 100
シラフシロオビナミシャク 137
シラフヒゲナガカミキリ 87, 96
シラホシカミキリ 148, 198
シラホシヒメゾウムシ 28, 78
シリアカタマノミハムシ 209, 223, 227
シリアゲムシ 209
シリダコグミトビハムシ 32
シリブトチョッキリ 105
シリブトヒラタコメツキ 162, 292
シロオビアシナガゾウムシ 260
シロオビゴマフカミキリ 73, 234
シロオビチビカミキリ 29, 156, 163, 198
シロオビナカボソタマムシ 66
シロジュウホシテントウ 114, 219
シロスジナガハナアブ 260
シロスジベッコウハナアブ 59
シロトホシテントウ 113, 194, 248
シロヘリカメムシ 131
シロホシテントウ 134, 229, 261

●す
スカシシリアゲモドキ 35, 45, 89, 97, 152, 174, 209
スグリゾウムシ 230

ズグロキハムシ 130, 263, 268, 285
スゲヒメゾウムシ 209
スコットヒョウタンナガカメムシ 202
スジアカベニボタル 152
スジグロシロチョウ 61, 62, 93, 160, 164, 168, 238
スジグロボタル 169
スジバナガタマムシ 170
スネアカヒゲナガゾウムシ 292
スネビロオオキノコ 245
スミナガシ 209

●せ
セアカツノカメムシ 121, 180, 202, 238, 247
セアカナガクチキ 163
セアカヒメオトシブミ 206
セアカホソクチゾウムシ 67
セグロヒメツノカメムシ 148
セスジクビボソトビハムシ 36
セスジツツハムシ 14, 19, 82, 101, 287
セスジツユムシ 139, 188, 190, 236
セスジトビハムシ 67, 73, 201
セスジナガカメムシ 226, 227
セダカクムネトビハムシ 20, 29, 79, 100
セダカシギゾウムシ 182, 197, 229, 275
セマルトビハムシ 185, 195, 205
セミスジニセリンゴカミキリ 44
セモンジンガサハムシ 275, 280
センチコガネ 41, 46, 71, 146, 251
センノカミキリ 20

●そ
ソーンダーススチビタマムシ 198, 209

●た
ダイコンナガスネトビハムシ 52, 275, 285
タイセツギンブチ 85
ダイミョウセセリ 36, 38, 45, 191, 200, 222, 226, 236, 263, 271
ダイミョウツブゴミムシ 42
ダイミョウナガタマムシ 251
タカネヒシバッタ 108
タカハシトゲゾウムシ 117
タカミネヨコバイバチ 88
タケウチアオハバチ 65

タデサルゾウムシ 143, 191, 273
タテジマカネコメツキ 45
タテスジグンバイウンカ 237
タバゲササラゾウムシ 189
ダビドサナエ 143, 207
タマゴゾウムシ 20, 270
ダンダラカッコウムシ 185, 281
タンボコオロギ 139

●ち
チッチゼミ 238, 271
チビアナアキゾウムシ 209
チビイクビチョッキリ 118
チビカサハラハムシ 134, 216, 249, 259
チビクチカクシゾウムシ 38, 83
チビヒゲボソゾウムシ 45
チビヒョウタンゾウムシ 57, 195
チビルリツツハムシ 197, 234, 275, 278, 288, 292, 296
チャイロクチブトカメムシ 236
チャイロサルハムシ 31, 66, 257
チャイロツヤハダコメツキ 28, 155
チャイロヒメコメツキ 13
チャイロヒメハナカミキリ 170, 198
チャグロヒラタコメツキ 19, 255
チャバネアオカメムシ 117, 288
チャバネシギゾウムシ 197
チャバネツヤハムシ 195, 234, 255
チャボヒゲナガカミキリ 297
チャマダラヒゲナガゾウムシ 41, 248
チュウジョウキスジノミハムシ 195

●つ
ツクツクボウシ 50, 126, 138, 178, 189, 236, 247, 271
ツチイナゴ 295
ツチイロゾウムシ 45, 51
ツツオニケシキスイ 67
ツツキクイゾウムシ 103
ツツジコブハムシ 121, 129, 166, 215, 226, 275, 296
ツツジトゲメネサルゾウムシ 118
ツツムネチョッキリ 220
ツノアオカメムシ 60

ツノアカツノカメムシ 147
ツノコバネナガカメムシ 219
ツノゼミ 86, 248
ツノヒゲボソゾウムシ 14, 21, 84, 108, 121, 123, 147, 151, 155, 159, 169, 173, 227, 252, 256, 261, 292
ツノボソキノコゴミムシダマシ 237
ツバメシジミ 191
ツブケシデオキノコムシ 104
ツブノミハムシ 51, 74, 77, 86, 116, 129, 158, 181, 219
ツマアカヒメテントウ 259
ツマキクロツツハムシ 14
ツマキタマノミハムシ 121, 165
ツマキチョウ 212, 220
ツマグロイナゴモドキ 43
ツマグロキチョウ 179
ツマグロシリアゲ 17, 77, 86, 89, 97, 108, 174
ツマグロヒメコメツキモドキ 165
ツマグロヒョウモン 30, 93, 120, 156, 161, 174, 191, 284, 292
ツヤクロツブゾウムシ 63
ツヤケシハナカミキリ 201
ツヤケシヒメゾウムシ 201
ツヤチビヒメゾウムシ 185, 205, 237, 263, 268, 270
ツヤチビホソアリモドキ 41
ツヤヒサゴゴミムシダマシ 75
ツヤヒメアリガタバチ 191
ツヤヒメゾウムシ 51
ツユムシ 188, 240
ツンプトクチブトゾウムシ 133, 182, 215, 219, 233, 267, 275, 289, 293

●て
テツイロハナカミキリ 46
テングチョウ 16, 197
テングベニボタル 68
テントウノミハムシ 292

●と
ドウガネサルハムシ 283
ドウガネツヤハムシ 189
ドウボソカミキリ 67, 171, 198, 250

トウヨウダナエテントウダマシ 67, 238
トゲアシクビボソハムシ 191
トゲアシゾウムシ 29
トゲアシヒゲボソゾウムシ 20, 45, 108, 146, 152, 171, 173, 255
トゲカタビロサルゾウムシ 25, 28, 123, 143, 155, 206, 251
トゲカメムシ 19, 236
トゲヒゲトラカミキリ 121, 130, 198, 204
トゲムネアリバチ 272
トゲムネツナガクチキ 153
トドキボシゾウムシ 14
トドマツアナキゾウムシ 191
トネリコアシブトゾウムシ 82
トビイロカミキリ 263
トビサルハムシ 114, 209, 213, 215, 221, 223, 234, 245, 278, 283
トホシカミキリ 94
トホシクビボソハムシ 220
トホシハムシ 31, 45, 58, 152
トラフシジミ 195
トラマルハナバチ 179
ドロハマキチョッキリ 14

●な
ナガアシヒゲナガゾウムシ 256
ナカグロヒメコメツキ 64, 86
ナガゴマフカミキリ 51, 180
ナカスジカレキゾウムシ 197, 252
ナガチャクシコメツキ 205
ナガトビハムシ 57, 134, 209, 217, 285
ナガナカグロヒメコメツキ 79, 107, 144, 152, 159, 169, 173
ナカムラノミゾウムシ 14, 16
ナシハナゾウムシ 100
ナトビハムシ 242
ナナフシモドキ 189
ナナホシテントウ 97
ナミテントウ 242
ナラコメツキモドキ 249
ナラルリオトシブミ 41, 75, 84, 111, 153, 197, 215, 293
ナラルリチョッキリ 57, 231

ナルカワナガクシコメツキ 24
●に
ニイジマトラカミキリ 75
ニイニイゼミ 142, 178
ニセシラホシカミキリ 230
ニセチビヒョウタンゾウムシ 25, 139
ニセヒシガタヒメゾウムシ 231
ニセホソアシナガタマムシ 156
ニセミヤマカレキゾウムシ 108
ニセヨコモンヒメハナカミキリ 68, 198
ニセリンゴカミキリ 201
ニッコウコエンマコガネ 152, 166
ニッコウヒメハナカミキリ 100, 152
ニッポンホオナガスズメバチ 43
ニホンカネコメツキ 36, 71, 251
ニホンキバチ 36, 50, 127
ニホンヒゲナガハナバチ 219
ニホンミツバチ 210
ニワハンミョウ 120, 125, 212, 232, 241
ニンフハナカミキリ 59, 113, 170, 201, 234
ニンフホソハナカミキリ 198
●ぬ
ヌスビトハギチビタマムシ 189
ヌバタマハナカミキリ 25, 148, 152, 162, 174
ヌルデケシツブチョッキリ 246
●ね
ネグロクサアブ 185, 227, 291
ネジキトゲムネサルゾウムシ 38, 57, 113, 268
ネジロカミキリ 122
ネジロモンハナノミ 202
●の
ノコギリカミキリ 242
ノコギリクモゾウムシ 29
●は
ハイイロチビタマムシ 217
ハイイロチョッキリ 270
ハイイロハナカミキリ 105
ハイイロビロウドコガネ 77, 79
ハギツツハムシ 275
ハコネホソハナカミキリ 94, 156
ハサミツノカメムシ 216
ハチジョウノミゾウムシ 14, 90, 101, 197

ハナアブ 19, 59
ハナムグリ 114, 204, 268
ハネダヨコバイバチ 85
ハネナガオオクシコメツキ 24, 292
ハネナガヒシバッタ 63, 190
ハネビロハナカミキリ 198
ハモグリゾウムシ 152
ハヤシノウマオイ 188
ハラオカメコオロギ 188, 190
ハラグロノコギリゾウムシ 260
ハラグロヒメハムシ 131, 154, 205, 234, 283
バラルリツツハムシ 97, 283
ハルゼミ 281, 283
ハルニレノミゾウムシ 115
ハンミョウ 52, 125, 192, 231
●ひ
ヒオドシチョウ 182, 183, 193, 212, 219, 287
ヒカゲチョウ 93, 174, 191, 236
ヒガシカワトンボ 136, 200, 205, 207
ヒグラシ 72, 142
ヒゲコメツキ 232
ヒゲナガアラハダトビハムシ 131, 139, 180, 201, 231, 255, 259
ヒゲナガウスバハムシ 14, 16, 29, 34, 41, 45, 64, 74, 86, 93, 97, 100, 111, 116, 146, 154, 158, 162, 169, 201, 255, 259
ヒゲナガオトシブミ 113, 141, 192, 268, 273
ヒゲナガシラホシカミキリ 25, 46, 94
ヒゲナガビロウドコガネ 171
ヒゲナガホソクチゾウムシ 28, 51, 113, 118, 133, 143, 162, 180, 186, 209, 216, 229, 233, 244, 251, 257
ヒゲナガルリマルノミハムシ 34, 113, 118, 244
ヒゲブトジュウジベニボタル 26, 108, 256
ヒサゴクチカクシゾウムシ 139
ヒシカミキリ 235, 292
ピックニセハムシハナカミキリ 33
ヒトツメアトキリゴミムシ 194, 283
ヒトツメタマキノコムシ 90
ヒメアオツヤハダコメツキ 83, 100
ヒメアカタテハ 101

ヒメアサギナガタマムシ 278, 289, 296
ヒメアシナガコガネ 14, 79, 171
ヒメアメンボ 48
ヒメイクビチョッキリ 73
ヒメウラナミジャノメ 164, 200
ヒメエンモンバチ 26
ヒメカクムネベニボタル 45, 152, 245, 282
ヒメカミナリハムシ 53
ヒメカメノコテントウ 49
ヒメカメノコハムシ 273
ヒメキバネサルハムシ 189
ヒメキマダラコメツキ 71
ヒメキマダラセセリ 42, 126, 160
ヒメキマダラヒカゲ 14, 16, 35, 61, 64, 164
ヒメクモヘリカメムシ 259
ヒメクロコメツキ 194, 234, 245, 268, 281, 284, 288
ヒメクロサナエ 205
ヒメクロツヤハダコメツキ 20, 75, 169
ヒメクロトラカミキリ 284
ヒメケブカチョッキリ 34, 158
ヒメコブオトシブミ 131, 135
ヒメシギゾウムシ 63, 75
ヒメシロコブゾウムシ 205, 208
ヒメスギカミキリ 136
ヒメツノカメムシ 122, 179, 247
ヒメトホシハムシ 20, 86
ヒメトラカミキリ 226
ヒメナガサビカミキリ 152
ヒメハサミツノカメムシ 230, 270
ヒメヒゲナガカミキリ 42, 118
ヒメヒラタタマムシ 152
ヒメベニボタル 35, 36, 135, 251, 278
ヒメリンゴカミキリ 25
ヒヨドリバナアシナガトビハムシ 127
ヒラズネヒゲボソゾウムシ 37, 82, 113, 124, 129, 143, 205, 208, 213, 268
ヒラタアオコガネ 135, 186, 225, 228
ヒラタクシコメツキ 114
ヒラタクロクシコメツキ 24, 34, 121, 130, 134, 186, 195, 216, 226, 234, 255, 260, 275, 280, 283, 289, 296

ヒラタシデムシ 20
ヒラタチビコメツキ 216
ヒラタチビタマムシ 52, 122, 141, 180, 201, 260
ヒラタハナムグリ 130, 204, 245
ヒラノクロテントウダマシ 265
ヒレルチビシギゾウムシ 116
ヒレルホソクチゾウムシ 113, 165, 201, 219
ヒロアシタマノミハムシ 20, 25, 77, 82, 90, 107, 147, 152, 154, 163, 166, 169, 255, 259
ビロウドアシナガオトシブミ 38, 71
ビロウドホソナガクチキ 152
ヒロオビジョウカイモドキ 189
ヒロオビモンシデムシ 79
ヒロバネヒナバッタ 63, 139, 240

●ふ
ファーストハマキチョッキリ 198, 278
フタイロセマルトビハムシ 197, 201, 209, 216
フタオビチビオオキノコ 145
フタオビノミハナカミキリ 33, 46, 114, 121, 130, 234, 245
フタツバトゲセイボウ 167
フタホシアトキリゴミムシ 278
フタホシオオノミハムシ 130, 185, 201, 205
フタモンアラゲカミキリ 29
フチトリヒメヒラタタマムシ 290
ブチヒゲケブカハムシ 28
フトノミゾウムシ 230
フトハサミツノカメムシ 258
フトハチモドキバエ 148
フトヒシベニボタル 173
フトベニボタル 26, 152
プライアシリアゲ 35, 90, 209, 278

●へ
ベッコウバエ 136
ベニコメツキ 67, 216
ベニシジミ 220
ベニバネテントウダマシ 201
ベニヒラタムシ 68
ベニボタル 57, 296
ベニモンツノカメムシ 60, 116
ヘラクヌギカメムシ 247

ヘリアカアリモドキ 42, 71
ヘリアカナガクチキ 105, 153
ヘリアカナガハナゾウムシ 223
ヘリグロベニカミキリ 281
ヘリグロリンゴカミキリ 82, 110, 165, 171, 202
ヘリムネマメコメツキ 144, 182, 213, 251
●ほ
ホオジロアシナガゾウムシ 206
ホオノキセダカトビハムシ 110, 121, 130, 201
ホシベッコウカギバ 128
ホソアシナガタマムシ 226, 256, 293
ホソアナアキゾウムシ 124, 143, 205, 206, 258, 273, 287
ホソクビツユムシ 165
ホソクビナガハムシ 52, 124, 131, 182
ホソクロツヤヒラタコメツキ 90
ホソスジデオキノコムシ 71
ホソツツリンゴカミキリ 160
ホソツヤハダコメツキ 63, 71, 94, 169
ホソトラカミキリ 116
ホソハラアカヒラタハバチ 79
ホソハリカメムシ 236, 289
ホソヒゲナガキマワリ 158
ホソフタホシヒメゾウムシ 233
ホソベニボタル 63, 67, 84, 86, 90
ホソミオツネントンボ 50, 193, 195, 211, 220
ホソルリトビハムシ 130, 219, 229, 280
ホタルガ 189
ホンサナエ 211, 234
ホンドヒロオビモンシデムシ 21
●ま
マイコアカネ 179
マエアカクロベニボタル 65, 169
マエカドコエンマコガネ 75, 146
マエグロチビオオキノコ 71
マエバラナガクチカクシゾウムシ 197
マガタマハンミョウ 21
マダラアラゲサルハムシ 51, 139, 192, 215, 221, 227, 229, 234, 273, 280, 283
マダラカマドウマ 187
マダラカミキリモドキ 34

マダラクワガタ 68
マダラノミゾウムシ 58
マダラヒゲナガゾウムシ 297
マダラヒメコキノコムシ 39
マダラホソカタムシ 68
マツアナアキゾウムシ 222
マツオオキクイゾウムシ 230
マツコブキクイゾウムシ 151
マツノマダラカミキリ 222
マツヘリカメムシ 293
マツモムシ 48, 60
マメゲンゴロウ 48
マメチビタマムシ 52
マルガタハナカミキリ 59
マルカメムシ 219
マルキマダラケシキスイ 105
マルバネシリアゲ 77, 83, 174
マルヒメキノコムシ 51
マルムネチョッキリ 45, 67, 215
マルモンササラゾウムシ 180
マルモンタマゾウムシ 93, 223, 250, 259
●み
ミカドキクイムシ 256
ミズイロオナガシジミ 111
ミズギワコメツキ 91
ミスジシリアゲ 61
ミスジチョウ 62, 168
ミスジヒシベニボタル 169
ミツボシチビオオキノコ 152
ミツボシツチカメムシ 237
ミドリカミキリ 56
ミドリクチブトゾウムシ 77
ミドリサルゾウムシ 285
ミドリツヤナガタマムシ 93
ミドリトビハムシ 14, 63, 75, 257
ミドリヒメコメツキ 13
ミドリヒョウモン 16, 61, 62, 164, 191, 197, 238
ミヤマイクビチョッキリ 25, 53, 268
ミヤマオビオオキノコ 52
ミヤマカラスアゲハ 144, 287
ミヤマカワトンボ 136

ミヤマクワガタ 71
ミヤマシギゾウムシ 228
ミヤマジュウアトキリゴミムシ 261
ミヤマセセリ 33, 45, 183, 193, 212, 220, 226, 276, 277, 287
ミヤマタテスジコメツキ 68
ミヤマハナゾウムシ 197
ミヤマハンミョウ 13, 22, 80, 96, 100, 107
ミヤマヒシガタクモゾウムシ 121, 127, 154, 165, 248, 263, 270
ミヤマヒシベニボタル 67, 186, 281
ミヤマヒラタコメツキ 13
ミヤマヒラタハムシ 32, 97, 101
ミヤマベニコメツキ 152, 222, 224, 261
ミルンヤンマ 237, 270
ミンミンゼミ 50, 126, 138, 142, 178, 237, 238, 240, 247, 269, 271

●む
ムーアシロテントウ 292
ムカシトンボ 192
ムギヒサゴトビハムシ 180
ムシクソハムシ 133, 234, 288
ムツキボシツツハムシ 141, 161
ムツボシチビオオキノコ 206
ムツボシハチモドキハナアブ 130
ムツモンオトシブミ 88
ムナグロツヤハムシ 74, 116, 159, 185, 189, 268
ムナビロサビコメツキ 242
ムネアカウスイロハムシ 51
ムネアカオオホソトビハムシ 143
ムネアカクシヒゲムシ 71
ムネアカサルハムシ 25, 155, 201, 231
ムネアカタマノミハムシ 186, 269
ムネアカツヤケシコメツキ 199
ムネアカテングベニボタル 219, 245
ムネスジノミゾウムシ 38, 156, 163, 206, 213, 249, 255, 275, 292, 297
ムネダカアカコメツキ 67
ムネトゲアシブトコバチ 79
ムネナガカバイロコメツキ 13, 19, 20, 29, 84, 90, 94, 105

ムネミゾサルゾウムシ 275
ムモンチビシギゾウムシ 25, 38, 88, 153, 156, 223, 278
ムモンノミゾウムシ 68, 147, 152, 153, 165, 185, 235
ムラカミチビシギゾウムシ 213, 288
ムラサキシジミ 291
ムラサキシラホシカメムシ 236
ムラサキトビケラ 102
ムラサキヒメカネコメツキ 94, 217, 231, 235, 244

●め
メスグロカミキリモドキ 63
メスグロヒョウモン 126, 191, 197, 236
メスグロベニコメツキ 100, 104
メススジゲンゴロウ 64
メダカヒシベニボタル 105, 152, 156, 169, 229
メノコツチハンミョウ 220

●も
モモグロチビツツハムシ 93, 156, 159
モンイネゾウモドキ 14
モンキアゲハ 51, 111, 142, 179, 191, 205, 238, 241, 249, 268, 271, 295
モンキチョウ 220
モンキツノカメムシ 229, 247, 282
モンクロアカマルケシキスイ 148
モンクロカスミガメ 108
モンシロチョウ 42, 191

●や
ヤスマツトビナナフシ 166, 248
ヤツボシツツハムシ 267
ヤドリクモバチ 181
ヤドリホオナガスズメバチ 98
ヤナギチビタマムシ 198
ヤナギノミゾウムシ 74
ヤナギルリハムシ 14
ヤノナミガタチビタマムシ 127, 265
ヤブキリ 165
ヤマイモハムシ 189
ヤマキマダラヒカゲ 33, 35, 68, 75, 96, 160, 174, 182, 223, 226
ヤマクダマキモドキ 190

ヤマトアミメボタル 26, 152, 156
ヤマトシジミ 164, 191, 283
ヤマトシロアリ 193
ヤマトヒバリ 247
ヤマトヒメクモゾウムシ 29, 65
ヤマトヨツスジハナカミキリ 20

●ゆ
ユアサクロベニボタル 57
ユアサハナゾウムシ 68, 197

●よ
ヨウロウヒラクチハバチ 198
ヨコモンヒメハナカミキリ 105, 155, 159, 170
ヨコヤマトラカミキリ 149
ヨツオビクチブトゾウムシ 263
ヨツキボシコメツキ 114, 209, 292
ヨツキボシテントウ 293
ヨツスジハナカミキリ 70, 141
ヨツボシカメムシ 182, 278
ヨツボシゴミムシダマシ 212
ヨツボシテントウ 284
ヨツボシトンボ 134
ヨツボシハムシ 189, 208, 217, 268
ヨツボシヒラタシデムシ 48, 105
ヨツボシモンシデムシ 20, 41, 137
ヨツモンクロツツハムシ 31, 284
ヨモギハムシ 197, 202

●ら
ラクダムシ 67, 274, 293

●り
リュイスアシナガオトシブミ 68
リンゴコフキハムシ 245, 268
リンゴノミゾウムシ 35, 147, 223, 251
リンゴヒゲボソゾウムシ 29, 35, 37, 113, 121, 143, 154, 162, 201, 205, 208, 235, 244, 255

●る
ルイスクビナガハムシ 34, 111, 160, 273
ルイスコメツキモドキ 131, 137, 265
ルイスジンガサハムシ 235, 248
ルイステントウ 35
ルイスナガタマムシ 21
ルリイクビチョッキリ 14, 25, 36, 86, 108, 233
ルリウスバハムシ 57, 121, 152, 260

ルリオトシブミ 14, 19, 34, 113, 242, 288
ルリクビボソハムシ 208
ルリクワガタ 199
ルリシジミ 36, 51, 126, 236, 271
ルリタテハ 62, 164, 181, 192, 212
ルリツツハムシ 121, 159, 215
ルリハムシ 31, 66, 111, 148, 153, 158
ルリボシヤンマ 60
ルリボシホソチョッキリ 16, 63, 146, 163, 275
ルリマルノミハムシ 75, 141

●れ
レロフチビシギゾウムシ 38, 66, 130, 181, 229, 267, 280, 287, 288, 292

●わ
ワシバナヒラタキクイゾウムシ 71
ワモンナガハムシ 48, 163, 197, 206

主な参考図書

◆昆虫関係

原色日本甲虫図鑑Ⅱ　保育社　514p. 1985.
原色日本甲虫図鑑Ⅲ　保育社　500p. 1985.
原色日本甲虫図鑑Ⅳ　保育社　438p. 1984.
原色昆虫大図鑑(第Ⅰ巻)北隆館　284p. 2001.
原色昆虫大図鑑(第Ⅱ巻)北隆館　443p. 2001.
原色昆虫大図鑑(第Ⅲ巻)北隆館　358p. 2002.
日本産ハムシ類　幼虫・成虫分類図説　木元新作・滝沢春雄　東海大学出版会　539p. 1994.
原色蝶類検索図鑑　猪又敏男　北隆館　223p. 1990.
〈復刻版〉日本産カミキリ大図鑑　日本鞘翅目学会　講談社　565p. 1995.
日本の昆虫Vol.3　ゾウムシ上科概説・ゾウムシ科(1)　森本桂他　日本昆虫学会『日本の昆虫』　櫂歌書房　406p. 2006.
日本産トンボ幼虫・成虫検索図説　石田昇三他　東海大学出版会　140Pl.72　Fig.105 140p.
バッタ・コオロギ・キリギリス生態図鑑　村井貴史・伊藤ふくお　北海道大学出版会　449p. 2011.
日本産タマムシ大図鑑　月刊むし・昆虫大図鑑シリーズ7　大桃定洋・福富宏和　むし社　208p. 2013.
とちぎの昆虫Ⅰ　栃木県自然環境調査研究会昆虫部会　栃木県林務部　735p. 2003.
とちぎの昆虫Ⅱ　栃木県自然環境調査研究会昆虫部会　栃木県林務部　557p. 2003.
新・栃木県の蝶　新・栃木県の蝶編集委員会　昆虫愛好会　291p. 2000.

◆山関係

栃木百名山ガイドブック　栃木県山岳連盟　下野新聞社　422p. 2005.
栃木百名山ガイドブック(改訂新版)　栃木県山岳連盟　下野新聞社　224p. 2012.
とちぎとっておきの山48　小杉国夫　下野新聞社　119p. 2004.
分県登山ガイド8　栃木県の山　山と渓谷社　112p. 2000.
新日本山岳誌　社団法人日本山岳会　ナカニシヤ出版　1974p. 2005.
栃木の山140　栃木県勤労者山岳連盟　宇都宮ハイキングクラブ　随想舎　310p. 2004.
阿武隈・奥久慈・八溝の山87　アルペン・クラブ　随想舎　206p. 2001.
風の里水の里　足の向くまま　栃木の山52山　蓮実淳夫　下野新聞社　258p. 2004.

[著者略歴]

稲泉三丸（いないずみ みつまる）

白根山頂にて

　1939年山形県酒田市生まれ。宇都宮大学農学部卒。元宇都宮大学教授。農学博士。専攻は応用昆虫学。現在、宇都宮大学名誉教授。環境省稀少野生動植物種保存推進員。

　専門分野では、主にアブラムシの生活環や多型に関する研究を行い、日本昆虫学会誌や日本応用動物昆虫学会誌等に発表。

　また、著書に『栃木県の動物と植物』（下野新聞社、共著）、『日光の動物と植物』（栃の葉書房、共著）、『栃木の昆虫』（栃の葉書房、共著）、『花の百名山登山紀行―次世代に残そう山の花―』（郁朋社、稲泉弘子と共著）など。

現住所　〒321-0944　栃木県宇都宮市東峰町3101-26

山登りで出会った昆虫たち　とちぎの山102山

2015年5月15日　第1刷発行

著　者 ● 稲泉三丸

発　行 ● 有限会社 随 想 舎
　　　　〒320-0033　栃木県宇都宮市本町10-3 TSビル
　　　　TEL 028-616-6605　FAX 028-616-6607
　　　　振替　00360-0-36984
　　　　URL http://www.zuisousha.co.jp/

印　刷 ● 株式会社シナノ パブリッシング プレス

装丁 ● 栄舞工房

定価はカバーに表示してあります／乱丁・落丁はお取りかえいたします
© Inaizumi Mitsumaru 2015 Printed in Japan　ISBN978-4-88748-309-5